图解电气控制入门

秦钟全　主编

化学工业出版社

·北京·

图书在版编目（CIP）数据

图解电气控制入门/秦钟全主编. —北京：化学工业
出版社，2012.6 （2023.3重印）
ISBN 978-7-122-15112-4

Ⅰ.①图… Ⅱ.①秦… Ⅲ.①电气控制-图解
Ⅳ.①TM921.5-64

中国版本图书馆 CIP 数据核字（2012）第 193043 号

责任编辑：宋　辉　　　　　　　　　　文字编辑：徐卿华
责任校对：吴　静　　　　　　　　　　装帧设计：韩　飞

出版发行：化学工业出版社（北京市东城区青年湖南街 13 号　邮政编码 100011）
印　　装：三河市延风印装有限公司
787mm×1092mm　1/16　印张 17　字数 414 千字　2023 年 3 月北京第 1 版第 16 次印刷

购书咨询：010-64518888　　　　　　售后服务：010-64518899
网　　址：http://www.cip.com.cn
凡购买本书，如有缺损质量问题，本社销售中心负责调换。

定　　价：49.00 元

前　言

随着我国国民经济的飞速发展，各种电气设备在社会生产和人们生活的各个领域得到了广泛普及和应用，电的作用日益显得重要。电气控制技术的发展需要大量的应用型人才，不仅需要一支精干的设计队伍，同时还需要一支特别能干的从事设备检修和维护的队伍。

对于刚刚接触电路的电工，往往一见到电路图中的英文字母和各种图形符号及各种控制关系就会产生畏难情绪。其实，掌握电工常用电路知识并不困难，只要静下心来细心阅读本书中每一幅电路图的原理说明及动作分析，再亲手去实践一下，也许您原来的想法就会改变。不亮的电灯，经过你的处理发光了；不能转动的电动机，经过你的处理转起来了；不会用的电器，看看说明书，对号操作几遍，这么简单！见多了，干多了，记多了，能力也就逐步提高了。

本书是一本实践的产物，是根据目前人们在生产生活中经现场采集、参考相关文献、整理加工、实践及教学实践后编著而成的。其中，有些是长期使用的电路，有些是近年来新的控制电路，本书着力于每个范例的详细解释。每个示例既是独立的个体，又是本书整体的一部分。每个示例都有其自身的特点，各个示例之间互为补充，既可以单独选读，也可以由前至后、由浅入深地进行系统阅读。本书集学习、维修、教学需要于一体，既是初、中级电工自学的读本，又是检修设备答疑解惑的工具书，同时还是教学参考的可靠资料。如果是初学者，建议通读全书，定会无师自通。

书中的电气简图所用的图形符号是按国家标准编制，实际使用中有与旧的电气简图所用符号不一致的地方，读者应逐步废弃旧的图形符号，掌握新的电气图形符号。其次，书中使用了实物图形与标准图形相结合的表达方式，目的是方便初学者尽快地掌握电路的实质内容。从实践中来，到实践中去，再回到书本中。这样多次反复，既不脱离书本，又不脱离实践，使理论密切联系实际，不仅能学以致用、节省精力，而且还可以节约大量的时间。本书源于现场，服务于现场，是一本实用价值较高的参考书。

本书的编写力求精益求精。在电路原理说明中，尽量使用简洁的语言、易读的电路，使读者一目了然。对部分长期应用而认知概念模糊的电路，本书力求作出较为客观的分析，以帮助读者加深对应用电路的认识，抹去心中的疑惑。只要读者按照目录顺序，逐节细心阅读，领悟其中的道理，定会受益匪浅。

本书由秦钟全主编，秦浩、任永萍、赵亚君、蒋国栋、崔克俭、陈学元、时光、吕凤祥、李新康、魏嘉宇、陈益民等同志参与了编写。

在本书编写的过程中，编者查阅了大量文献资料，并与现场使用和维护电气设备的工人、技术人员交流经验体会，有些电路还通过实验证明或教学实践。但由于水平有限，又受硬件条件制约，书中定有疏漏之处，敬请读者批评指正。

编　者

目 录

第一章 电气控制电路图的基本知识

一、什么叫电气控制电路

电气控制电路是各种生产设备的重要组成部分。电气控制电路图是采用统一的图形和文字符号按照控制功能绘制的图纸，它是电气工作人员的工程语言，也可以说控制电路图是设备动作的说明书，通过控制电路图能详细了解线路的工作原理，看懂电气控制图更便于对设备电路的测试和寻找故障。为了生产设备的正常运行，并能准确迅速排除设备故障，电气工作人员必须熟悉电气系统的控制原理。

由于生产设备的种类繁多，各种电力拖动系统的控制方式和控制要求各不相同，因此掌握电气控制系统的基本分析方法是电工的基本技能。

二、电气控制电路的基本组成

电气控制电路是由电源、负载、控制元件和连接导线组成的并能够实现预定动作功能的闭合回路。在电气控制电路中目前应用最广泛的是由各种有触点的电器，如接触器、继电器、按钮等有各种触点电器组成的控制电路，这样电路也称为继电控制电路。如图 1-1 所示是一个电动机顺序启动的控制电路的基本控制组成。

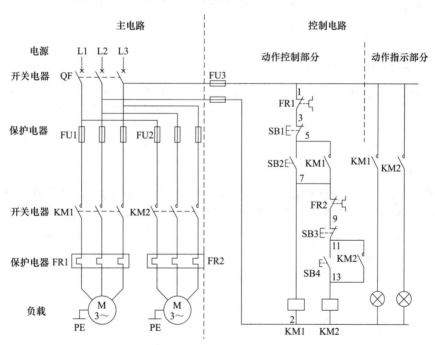

图 1-1　控制电路的基本组成

电气控制电路通常分为两大部分：主电路（又称为一次回路）和控制电路（又称为二次回路）。

主电路：是电源向负载输送电能的电路，即发电→输电→变电→配电→用电能的电路，它通常包括了发电机、变压器、各种开关、互感器、接触器、母线、导线、电力电缆、熔断器、负载（如电动机、照明和电热设备）等。

控制电路：是为了保证主电路安全、可靠、正常、经济合理运行的而装设的控制、保护、测量、监视、指示电路，它主要是由控制开关、继电器、脱扣器、测量仪表、指示灯、音响灯光信号设备组成。

三、电路中的关系

同时对于一个电气系统中各种电气设备和装置之间，从不同角度、不同侧面去考虑存在不同的关系。如图1-1电动机主回路中，有很多的电气元件它们之间就存在着不同的关系。

1. 功能关系

一个电路中所元件相互间的功能关系，如图1-2所示。

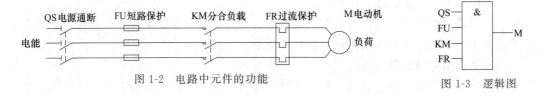

图 1-2　电路中元件的功能　　　　　　　　　图 1-3　逻辑图

2. 逻辑关系（在 PLC 控制中主要使用逻辑控制原理）

如逻辑图1-3所示。只有当 QS、FU、KM、FR 都正常时，电动机 M 才能得到电能。所以他们之间存在"与"关系，$M＝QS \cdot FU \cdot KM \cdot FR$，表示只有 QS 合上为"1"、FU 正常为"1"、KM 合上为"1"、FR 没有烧断为"1"时，电动机 M 才能为"1"，表示得到电能。

四、电气控制图的主要特点

电气控制图与其他的工程图纸有着很大的区别，不像其他图纸要标明元件或设备的具体位置和尺寸，而电气控制图只表明系统或装置的电气关系，所以它具有其独特的一面，电气控制图的主要特点如下。

1. 必须关系清楚

电气控制图是用图形符号、连接线或简化外形来表示系统或设备中各组成部分之间相互电气关系和连接关系的一种图纸，如图1-4是一个变电所的系统图，10kV 电压通过变压器变成 0.4kV 的低压，分配给三条负荷支路，一条功率补偿的电容器组支路，图中用文字符号表示出各个电气设备的名称、功能和电流方向及各个设备的连接关系和相互位置，但没有给出具体的位置和尺寸。

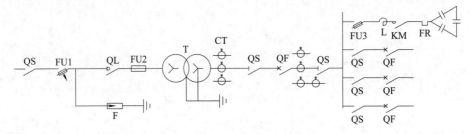

图 1-4　变电所的系统图

2. 图纸简洁明了

电气控制图示采用统一的电气元件或设备的图形符号、文字符号和连线表示的，没有必要画出电气元件的外形构造，所以对于电气系统构成、功能及连接等，采用统一的图形符号和文字符号来表示，这种采用统一符号绘制的电气控制图非常便于各地的电气工作人员的识读。

3. 功能布局合理

电气控制图的布局是依据控制需要表达的内容而定，对于电路图、系统图是按控制功能布局，是考虑便于看出元件之间功能关系而不考虑元件的实际位置，突出设备的工作原理和操作的过程，按照电气元件动作顺序和功能作用，从上至下，从左至右绘制。如图 1-5 所示是一个机床的电气控制电路原理图从上至下，从左至右的布局关系始终贯穿整个电路。

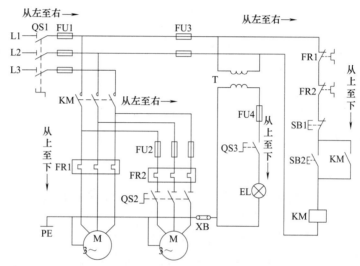

图 1-5　控制图中的功能布局

五、电气控制图的表示

对于系统元件和连接线的描述方法的不同构成了电气控制图表示方法有多种形式，如电气元件可采用集中表示法、半集中表示法、分散表示法。

1. 元件表示法

（1）集中表示法　它是把设备或成套装置中的一个项目各个组成部分的图形符号在简图上绘制在一起的方法，它只适用于简单的控制图，如图 1-6 为电流继电器和时间继电器的图形符号的集中表示法示例，元件的驱动（线圈）和触点连接在一起，这种表示方法动作分析明了，但在绘制中元件连接交叉较多，会使图面混乱。

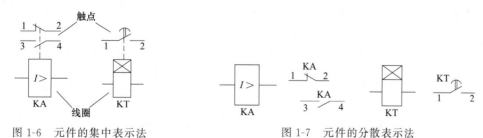

图 1-6　元件的集中表示法　　　　　图 1-7　元件的分散表示法

（2）分散表示法　也称展开表示法，它是把一个元件中的不同部分用图形符号，按不同功能和不同回路分开表示的方法，不同部分的图形符号用同一个文字符号表示，如图 1-7

所示，分散表示法可以避免或减少图中线段的交叉，可以使图面更清晰，而且给分析电路控制功能及标注回路标号带来方便，工作中使用的控制原理图就是用分散表示法绘制的，如图1-8所示，就是采用了分散表示法，表明电流互感器TA在电路中的连接位置和功能作用。

（3）半集中表示法　是应用最广泛的一种电气控制图表示方法，这种表示方法对设备和装置的电路布局清晰，易于识别，把一个控制项目中的某些部分的图形符号用集中表示法，另些部分分开布置，并用机械连接线（虚线）表示它们之间的关系，称为半集中表示法，其中机械连线可以弯曲、分支或交叉，如图1-9所示的鼠笼异步电动机可点动、运行正反转控制电路就是采用半集中表示法绘制的。

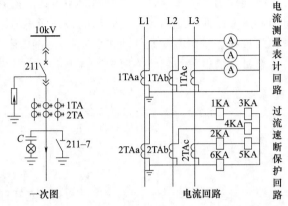

图1-8　分散表示法高压电流互感器二次回路接线图

2. 连接线表示法

（1）多线表示法　每根连接线或导线各用一条图线表示的方法。

特点：能详细地表达各相或各线的内容，尤其在各相或各线内容不对称的情况下采用此法。如图1-9中的控制部分。

（2）单线表示法　两根或两根以上的连接线或导线，只用一条线表示的方法。

特点：适用于三相或多线基本对称的情况，如图1-10的系统图就是采用单线表示三相电源供电。

（3）混合表示法　一部分用单线，一部分用多线。

特点：兼有单线表示法简洁精炼的特点，又兼有多线表示法对描述对象精确、充分的优点，并且由于两种表示法并存，变化灵活，如图1-11所示两台电动机顺序启动电路，电动机主回路采用单线表示，控制回路采用多线表示。

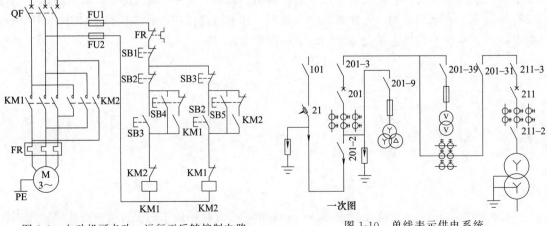

图1-9　电动机可点动、运行正反转控制电路　　　图1-10　单线表示供电系统

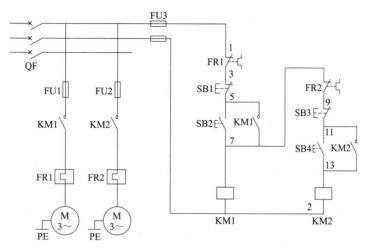

图 1-11　两台电动机顺序启动电路

3. 图中导线连接点的表示

导线在图中的连接有"T"和"+"形两种，"T"形表示必须连接，连接点可以加实心圆点"•"，也可以不加实心圆点，对于"+"字形交叉连接则必须加实心圆点，否则表示导线交叉而不连接，如图 1-12 所示。

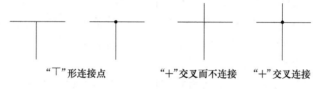

图 1-12　导线连接点的表示方法

4. 导线画法的表示

在电气控制图中的线段有各种绘制方法，它们所表示的含义不同，如图 1-13 所示。

一般导线采用细单实线画法，母线采用粗单实线画法，明设电缆采用细单实线画法两头有倒三角，暗设电缆采用虚线画法两头有倒三角，虚线表示两个触点联动，多条导线同时敷设时用斜道表示根数或用（n）数字表示根数。

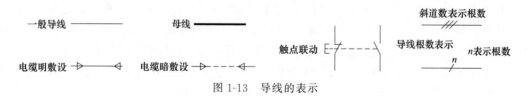

图 1-13　导线的表示

5. 电气元件触点位置、工作状态的表示方法

（1）**触点分两类**　一类靠电磁力或人工操作的触点（接触器、电继电器、开关、按钮等）；另一类为非电磁力和非人工操作的触点（压力继电器、行程开关等的触点）。

（2）**触点表示**　接触器、电继电器、开关、按钮等项目的触点符号，在同一电路中，在加电和受力后，各触点符号的动作方向应取向一致，如图 1-14 所示触点的正确画法。

对非电和非人工操作的触点，必须用图形、操作器件符号及注释、标记和表格表示，在其触点符号附近表明运行方式，如图 1-15 所示是常用的操作形式。

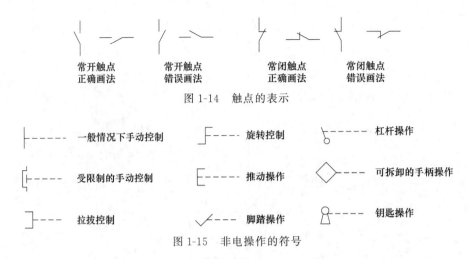

图 1-14　触点的表示

图 1-15　非电操作的符号

（3）元件的工作状态的表示方法　元件、器件和设备的可动部分通常应表示在不工作的状态或位置。

① 继电器和接触器应在非得电的状态；

② 断路器、负荷开关和隔离开关应在断开位置；

③ 带有零位的手动控制开关应在零位位置，不带零位的手动控制开关应在图中规定的位置；

④ 机械操作的开关的工作状态与工作位置的对应关系，一般应表示在其触点符号的附近，或另附说明。事故、备用、报警等开关应表示在设备正常使用的位置，多重开闭器件的各组成部分必须表示在相互一致的位置上，而不管电路的工作状态。

6. 看电气控制图的基本要求

（1）看标题栏　由此了解电气项目名称、图名等有关内容，对该图的类型、作用、表达的大致内容有一个比较明确的认识和印象。

（2）看技术说明或技术要求　了解该图设计要点、安装要求及图中未予表达而需要说明的事项。

（3）看电气图形　这是识图的最主要的内容，包括看懂该图的组成，各组成部分的功能、元件、工作原理、能量流或信息流的方向及各元件的连接关系等。由此对该图所表达电路的功能、工作原理有比较深入的理解。识读电气图形的关键在于必须具有一定的专业知识，并熟悉电气图绘制的基本知识，熟知常用电气图形符号、文字符号和项目代号。

首先，根据绘制电气图的一般规则，概要了解该图的布局、主要元器件图形符号的布置、各项目代号的相互关系及相互连接等。按不同情况可分别用下列方法进行分析。

① 是按能量流、信息流的流向逐级分析。如从电源开始分析到负载，或由信号输入分析到信号输出。此法适用于供配电及电子电路图。

② 是按布局从主到次、从上到下、从左到右逐步分析。

③ 是按主电路、副电路（习惯称为二次回路）各单元进行分析。先分析主电路，然后分析各二次回路与主电路之间、二次回路相互之间的功能及连接关系。这种办法适用于识读工厂供配电、电力拖动及自动控制方面的电气图。

④ 由各元器件在电路中的作用，分析各回路乃至整个电路的功能、工作原理。

⑤ 由元件、设备明细表了解元件或设备名称、种类、型号、主要技术参数、数量等。

最后，除了读懂工作需要的本专业图样外，对有关的其他电气图、技术资料、表图等，以及相关的其他专业技术图也应有所了解，以便全面掌握该电气项目情况，并对识读本专业图样起到重要的帮助作用。

六、电气设备常用文字符号与图形符号

电气设备的文字符号与图形符号是为了便于设计人员的绘图与现场技术人员、维修人员的识读，必须根按照我国已颁布实施的有关国家标准，用统一的文字符号、图形符号及画法来绘制电气图。并且要随时关注最新国家标准中有关电气元件的文字符号与图形符号的更新，以便及时调整。

文字符号和图形符号表明各种电气设备、装置和元器件的专用符号，它简单明了，在各种电气图中应用，统一了对电气设备、装置和元器件的说明。表 1-1 是根据国标 GB/T 4728《电气图用图形符号》摘录常用电气的文字符号。表 1-2 是根据国标 GB/T 4728《电气图用图形符号》摘录常用电气的图形符号。

表 1-1　常用电气文字符号

序号	设备名称	文字代号	序号	设备名称	文字代号
1	发电机	G	43	频率表	PF
2	电动机	M	44	功率因数表	PPF
3	电力变压器	TM	45	指示灯	HL
4	电流互感器	TA	46	红色指示灯	HR
5	电压互感器	TV	47	绿色指示灯	HG
6	熔断器	FU	48	蓝色指示灯	HB
7	断路器	QF	49	黄色指示灯	HY
8	接触器	KM	50	白色指示灯	HW
9	调节器	A	51	继电器	K
10	电阻器	R	52	电流继电器	KA
11	电感器	L	53	电压继电器	KV
12	电抗器	L	54	时间继电器	KT
13	电容器	C	55	差动继电器	KD
14	整流器	U	56	功率继电器	KPR
15	压敏电阻器	RV	57	接地继电器	KE
16	开关	Q	58	气体继电器	KB
17	隔离开关	AS	59	逆流继电器	KR
18	控制开关	SA	60	中间继电器	KA
19	选择开关	SA	61	信号继电器	KS
20	负荷开关	QL	62	闪光继电器	KFR
21	蓄电池	GB	63	热继电器（热元件）	KH/FR
22	避雷器	F	64	温度继电器	KTE
23	按钮	SB	65	重合闸继电器	KRR
24	合闸按钮	SB	66	阻抗继电器	KZ
25	停止按钮	SBS	67	零序电流继电器	KCZ
26	试验按钮	SBT	68	接触器	KM
27	合闸线圈	YC	69	母线	W
28	跳闸线圈	YT	70	电压小母线	WV
29	接线柱	X	71	控制小母线	WC
30	连接片	XB	72	合闸小母线	WCL
31	插座	XS	73	信号小母线	WS
32	插头	XP	74	事故音响小母线	WFS
33	端子板	XT	75	预告音响小母线	WPS
34	测量设备	P	76	闪光小母线	WF
35	电流表	PA	77	直流母线	WB
36	电压表	PV	78	电力干线	WPM
37	有功功率表	PW	79	照明干线	WLM
38	无功功率表	PR	80	电力分支线	WP
39	电能表	PJ	81	照明分支线	WL
40	有功电能表	PJ	82	应急照明干线	WEM
41	插接式母线	WI	83	应急照明支线	WE
42	无功电能表	PJR			

表1-2 常用电气图形符号

序号	图形符号	说明	序号	图形符号	说明
1		常开触点	19		限位常闭触点
2		常闭触点	20		先断后合的转换触点
3		接触器常开触点	21		座(内孔的)或插座的一个极
4		接触器常闭触点	22		插头(凸头的)或插头的一个极
5		负荷开关(隔离)	23		插头和插座(凸头的和内孔的)
6		具有自动释放功能的负荷开关	24		接通的连接片
7		断路器	25		换接片
8		熔断器	26		电抗器 扼流圈
9		跌落式熔断器	27		双绕组变压器
10		熔断器式隔离开关	28		自耦变压器
11		通电延时闭合的动合触点	29		电流互感器
			30		只有两个铁芯和两个二次绕组的电流互感器
12		通电延时断开的动断触点	31		在一个铁芯上具有两个二次绕组的电流互感器
13		断电延时闭合的动合触点	32		三相变压器 星形-星形连接
			33		三相变压器 三角-星形连接
14		断电延时断开的动断触点	34		线圈的一般符号
			35		通电延时线圈
15		常开按钮	36		断电延时线圈
16		常闭按钮	37	$U<$	欠电压继电器线圈
17		旋钮按钮(闭锁)	38	$I<$	欠电流继电器线圈
18		限位常开触点	39	$I>$	过电流继电器线圈

续表

序号	图形符号	说明	序号	图形符号	说明
40		热继电器的驱动器件	61		热执行器操作
41		接地一般符号	62		电钟操作
42		接机壳或接底板	63		液位控制
43		一般情况下手动控制	64		计数控制
44		受限制的手动控制	65		液面控制
45		拉拔控制	66		气流控制
46		旋转控制	67		温度控制（θ可用t代替）
47		推动操作	68		压力控制
48		接近效应操作	69		滑动控制
49		接触效应操作	70		端子
50		紧急开关	71		可拆卸的端子电气图形符号
51		手轮操作	72		连接点
52		脚踏操作	73		接近传感器
53		杠杆操作	74		接触传感器
54		可拆卸的手柄操作	75		接近开关动合触点
55		钥匙操作	76		接触敏感开关动合触点
56		曲柄操作	77		磁铁接近时动作的接近开关，动合触点
57		滚轮操作	78		单相插座
58		凸轮操作	79		暗装单相插座
59		过电流保护的电磁操作	80		密闭(防水)单相插座
60		电磁执行器操作	81		防爆单相插座

序号	图形符号	说明	序号	图形符号	说明
82		带接地插孔的单相插座	103		接触器常闭触点
83		带接地插孔的暗装单相插座	104		单极拉线开关
84		带接地插孔的密闭(防水)单相插座	105		单极限时开关
85		带接地插孔的防爆单相插座	106		具有指示灯的开关
86		带接地插孔的三相插座	107		双极开关(单极三线)
87		带接地插孔的暗装三相插座	108		调光器图形符号
88		带接地插孔的密闭(防水)三相插座	109	A	电流表
89		带接地插孔的防爆三相插座	110	V	电压表
90		插座箱(板)	111	$I\sin\varphi$	无功电流表
91		多个插座	112	var	无功功率表
92		具有单极开关的插座	113	$\cos\varphi$	功率因数表
93		带熔断器的插座	114	Hz	频率表
94		开关一般符号	115	θ	温度计、高温计(θ可由 t 代替)
95		单极开关	116	n	转速表
96		暗装单极开关	117	Ah	安培小时计
97		密闭(防水)单极开关	118	Wh	电能表
98		防爆单极开关	119	varh	无功电能表
99		双极开关	120	Wh →	带发送器电能表
100		暗装双极开关	121		屏、台、箱、柜的一般符号
101		密闭(防水)双极开关	122		多种电源配电箱(盘)
102		防爆双极开关	123		电力配电箱(盘)

续表

序号	图形符号	说明	序号	图形符号	说明
124		照明配电箱(盘)	137		电铃开关
125		电源切换箱	138		原电池或蓄电池
126		事故照明配电箱(盘)	139		原电池组或蓄电池组
127		组合开关箱	140		电缆终端头
128		天棚灯座(裸灯头)	141		等电位
129		墙上灯座(裸灯头)	142		手动报警器
130		灯具一般符号	143		感烟火灾探测器
131		花灯	144		感温火灾探测器
132		投光灯	145		气体火灾探测器
133		单管荧光灯	146		火警电话机
134		双管荧光灯			
135		三管荧光灯	147		报警发声器
136		荧光灯花灯组合	148		电铃

第二章　常用低压电气控制元件

低压电器一般是指额定电压在 1000V 以下的开关电器，其种类繁多。主要作用是用来接通和断开电路。刀开关、自动开关、接触器、主令电器、启动器、各种控制电器等都属于低压电器。

第一节　开关电器

一、刀开关

刀开关广泛用于低压配电柜、电容器柜及车间动力配电箱中。一般适用于交流额定电压 380V 的电源线路中，刀开关不能带负荷操作。刀开关在电路中的图形符号如图 2-1 所示。装有灭弧罩的或在动触头上装有辅助速断触头的刀开关，可以接通或切断小负荷电流，以控制小容量的用电设备或线路。

1. HK 系列胶盖刀闸开关的使用

胶盖刀闸开关即 HK 系列开启式负荷开关（以下称刀开关），它由闸刀和熔丝组成，如图 2-2 所示。刀开关有二极、三极两种，具有明显断开点，熔丝起短路保护作用。它主要用于电气照明线路、电热控制回路，也可用于分支电路的控制，并可作为不频繁直接启动及停止小型异步电动机（4.5kW 以下）之用。

2. HS、HD 系列开关板用刀闸

HS、HD 系列开关板用刀闸如图 2-3 所示，可在额定电压交流 500V、直流 440V、额定电流 1500A 以下，用于工业企业配电设备中，作为不频繁地手动接通和切断或隔离电源之用。

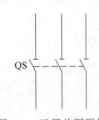

图 2-1　刀开关图形符
号及文字代号

图 2-2　HK 型刀闸
（胶盖刀闸）

图 2-3　HD、HS 系列刀闸

3. HH 系列封闭式负荷开关

HH 系列封闭式负荷开关（俗称铁壳开关）如图 2-4 所示，适用于工矿企业、农业排灌、施工工地、电焊机和电热照明等各种配电设备中，供手动不频繁的接通和分断负荷电路，内部装有熔断器具有短路保护，并可作为交流异步电动机的不频繁直接启动及分断用。

图 2-4　HH 系列封闭式负荷开关　　　　　　　　图 2-5　HR 系列刀熔开关

4. HR 系列刀熔开关

HR3 型熔断器式刀开关是 RTO 型有填料熔断器和刀开关的组合电器，如图 2-5 所示，因此具有熔断器和刀开关的基本性能。适用于交流 50Hz、380V 或直流电压 440V，额定电流 100～600A 的工业企业配电网络中，作为电气设备及线路的过负荷和短路保护用。一般用于正常供电的情况下不频繁地接通和切断电路，常装配在低压配电屏、电容器屏及车间动力配电箱中。

二、DZ 系列断路器的应用

DZ 系列断路器适用于交流 50Hz、380V 电路中。配电用断路器在配电网络中用来分配电能和作线路及电源设备的过载和短路保护之用。

保护电动机用断路器用来保护电动机的过载和短路，亦可分别作为电动机不频繁启动及线路的不频繁转换之用。目前常使用塑壳断路器如图 2-6 所示，国产型号有 DZ、C45、NC、DPN 等系列。

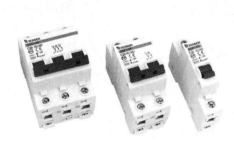

图 2-6　常用 DZ 系列断路器的外形

DZ 系列断路器也称低压自动开关或空气开关，俗称塑壳开关，断路器在电路中的图形符号如图 2-7，它既能带负荷通断电路，又能在线路上出现短路故障时，其电磁脱扣器动作，使开关跳闸；出现过负荷时，其串联在一次线路的热元件，使双金属片弯曲，热脱扣器使开关跳闸。DZ 型断路器内部构造如图 2-8 所示，但 DZ 系列断路器断开时没有明显的断开点。

三、框架式断路器应用

框架式断路器适用于交流 50Hz，额定电流 4000A 及以下，额定工作电压 380V 的配电网络中，用来分配电能和线路及电源设备的过负载、欠压和短路保护。在正常工作条件下可作为线路的不频繁转换之用。此断路器的额定的电流规格有 200A、400A、630A、1000A、1600A、2500A、4000A 七种，1600A 及以下的断路器具有抽屉式结构，由断路器本体与抽屉座组成。主要型号有 SCM1（CM1）、DW10、DW17（ME）、CW、DW15 等系列的断路器，如图 2-9 所示。

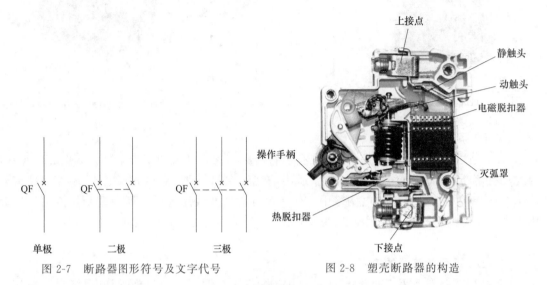

图 2-7　断路器图形符号及文字代号　　　　　图 2-8　塑壳断路器的构造

CW型断路器　　　　　　　　DW15型断路器　　　　　　　　DW10型断路器

图 2-9　常用框架式断路器

框架式断路器为立体布置，由触头系统、操作系统、过电流脱扣器、分励脱扣器、欠压脱扣器等部分组成。其过电流脱扣器有热-电磁式、电磁式、电子式三种。热-电磁式过电流脱扣器具有过载长延时动作和短路瞬时动作保护功能，电磁式瞬时脱扣器是由拍合式电磁铁组成，DW10 系列断路器主要采用的是电磁式脱扣器，其原理是主回路穿过铁芯，当发生短路电流时，电磁力增大电磁铁动作使断路器断开，电磁脱扣器的原理如图 2-10 所示，电子式脱扣器是利用装在开关负荷侧电流互感器，将检测到电流变成电子信号，利用电子电路分析并发出控制指令，如图 2-11 所示。电子式脱扣器有代号为 DT1 和 DT3 两种，DT1 型由分立元件组成，DT3 型由集成电路组成。两者都具有过负载长延时、短路短延时、短路瞬时保护、欠电压保护和接地保护功能。DT3 型还具有故障显示和记忆过负载报警功能。

图 2-10　电磁脱扣器原理

图 2-11　电子脱扣器原理

四、交流接触器的应用

交流接触器是一种广泛使用的开关电器。在正常条件下，可以用来实现远距离控制或频繁地接通、断开主电路。接触器主要控制对象是电动机，可以用来实现电动机的启动及正、反转运行等控制。也可用于控制其他电力负荷。如电热器、电焊机、照明支路等。接触器具有失压保护功能，有一定过载能力，但不具备过载保护功能。交流接触器在电路的图形符号如图 2-12 所示。

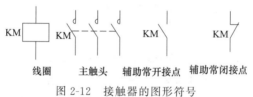

图 2-12　接触器的图形符号

工作原理：结构如图 2-13 所示，交流接触器具有一个套着线圈的静铁芯，一个与触头机械地固定在一起的动铁芯（衔铁）。当线圈通电后静铁芯产生电磁引力使静铁芯和动铁芯吸合在一起，动触头随动铁芯的吸合与静触头闭合而接通电路。当线圈断电或加在线圈上的电压低于额定值的 40％时，动铁芯就会因电磁吸力过小而在弹簧的作用下释放，使动、静触头自然分开，交流接触器外形与接线端如图 2-14 所示。

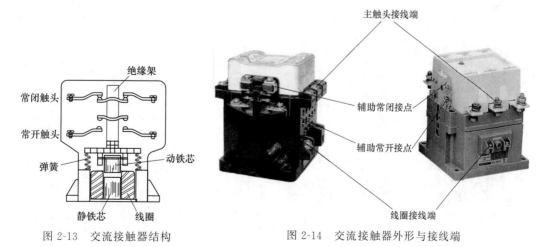

图 2-13　交流接触器结构

图 2-14　交流接触器外形与接线端

接触器的种类很多，国产的型号主要有 CJ10、CJ12、CJ20、CJ22、CJ24、B 系列等，还有引进的新系列如 3TH、3TB 等。

五、倒顺开关

倒顺开关是一种广泛使用控制电动机的开关电器，如图 2-15 所示。在正常条件下，可以用来实现小容量电动机频繁启动、停止的操作。倒顺开关主要控制功率在 5.5kW 以下电动机的启动、停止、反转运行控制。倒顺开关不具有失压保护功能，也不具备过载保护功能，必须与熔断器或断路器配合使用。

图 2-15　倒顺开关实物

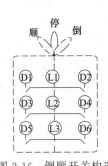

图 2-16　倒顺开关构造

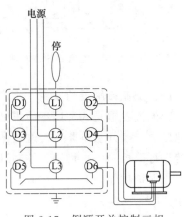

图 2-17　倒顺开关控制三相
电动机正、反转接线

倒顺开关构造如图 2-16 所示，它的内部有六个动触点，分成两组，L1、L2、L3 接电源，D1～D6 分别接电动机。开关手柄有三个位置，当手柄置于"停"的位置时，开关的两组触点都不接通；当手柄置于"顺"位置时，L1、L2、L3 与 D1、D3、D5 接通；当手柄置于"倒"位置时，L1、L2、L3 与 D2、D4、D6 接通，再通过不同的接线方法就可以实现电动机的停止、运行、反转控制。图 2-17 是利用 HY2 型倒顺开关控制三相电动机正、反转的接线。

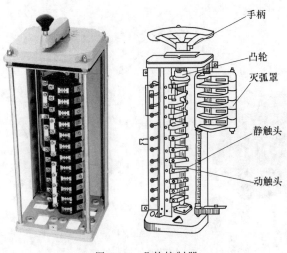

图 2-18　凸轮控制器

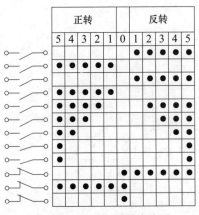

图 2-19　凸轮控制器接线图

六、凸轮控制器

凸轮控制器（也称鼓形开关）是一种用于 50Hz，电压 380V 以下的电力电路中，主要用于改变三相异步电动机定子电路的接法或绕线式电动机转子电路的电阻值，可直接控制电动机的启动、调速、制动或换向，也适用于有相同要求的其他电力拖动场合，实物如图 2-18 所示。凸轮控制器从外部看，由机械、电气、防护三部分结构组成。其中，手柄、转轴、凸轮、杠杆、弹簧、定位棘轮为机械结构，触头、接线柱和联板等为电气结构，而上下盖板、外罩及灭弧罩等为防护结构。图 2-19 是凸轮控制器的接线图，图中的"·"表示所对应的触点接通状态。

第二节　主 令 电 器

主令电器是用作接通或断开控制电路，以发出操作命令或作程序控制的开关电器。主要包括控制按钮、万能转换开关及主令开关等。

一、控制按钮

控制按钮属于主令电器之一，一般情况下不直接控制主电路的通断，而是在控制电路中发出"指令"去控制接触器或继电器等。它一般按按钮帽、复位弹簧、桥式动触点、静触点和外壳组成，其触点容量小，通常不超过 5A。有动合（常开）触点、动断（常闭）触点及组合触点（常开、常闭组合为一体的按钮），按钮颜色有红、绿、黑、黄、白等颜色。按钮的图形符号和外形如图 2-20 所示，按动作形式分有按钮式、钥匙锁型［图 2-21（a）］、板把式［图 2-21（b）］、锁闭型［图 2-21（c）］等。

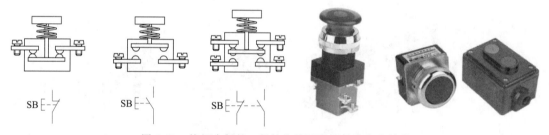

图 2-20　按钮内部的一般结构及图形符号及文字符号

(a) 钥匙锁型按钮与符号　　　　(b) 板把式按钮与符号　　　　(c) 锁闭型按钮与符号

图 2-21　几种常用的控制按钮外形

电气装置中控制按钮的颜色标志的使用规定介绍如下。

控制按钮使用的颜色有红、黄、绿、蓝、黑、白和灰色，控制按钮的颜色及其含义如下。

① 红色控制按钮的一种含义是"停止"或"断电"，另一个含义是"处理事故"。

② 绿色控制按钮的含义是"启动"或"通电"：正常启动、启动一台或多台电动机、装置的局部启动、接通一个开关装置（投入运行）。

③ 黑、白或灰色控制按钮的含义是"无特定用意"。应用举例：除单功能的"停止"和"断电"按钮外的任何功能。

④ 黄色控制按钮的含义是"参与"。

应用举例：a. 防止意外情况；b. 参与抑制反常的状态；c. 避免不需要的变化（事故）。

⑤ 蓝色控制按钮的含义是"上列颜色未包含的任何用意"。应用举例：凡红、黄和绿色未包含的用意，皆可采用蓝色。

二、万能转换开关

LW 型万能转换开关：用在交、直流 220V 及以下的电气设备中，可以对各种开关设备作远距离控制之用，它可作为电压表、电流表测量换相开关，或小型电动机的启动、制动、正反转转换控制，及各种控制电路的操作，其特点是转换开关的切换挡位多、触点数量多，一次切换操作可以实现多个命令切换，

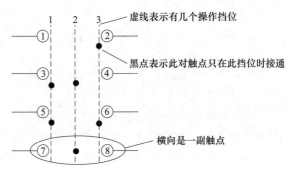

图 2-22　万能转换开关图形符号和触点通断表示含义

用途非常广泛，故称为万能转换开关。在原理图中的图形符号和文字符号如图 2-22 所示。有时还需给出转换开关转动到不同位置的接点通断表。图 2-23 是常用的几种万能转换开关。

图 2-23　几种万能转换开关的外形

组合开关图形符号　　　　组合开关的外形　　　　组合开关的构造

图 2-24　组合开关的图形符号与外形结构

三、组合开关

组合开关实质上也是一种特殊刀开关，只不过一般刀开关的操作手柄是在垂直安装面的平面内向上或向下转动，而组合开关的操作手柄则是平行于安装面的平面内向左或向右转动而已。组合开关多用在机床电气控制线路中，作为电源的引入开关，也可以用作不频繁地接通和断开电路、换接电源和负载以及控制 5kW 以下的小容量电动机的正、反转和星-三角启动等。图 2-24 是组合开关的符号和结构。

第三节　控 制 电 器

一、时间继电器

时间继电器是控制线路中常用电器之一。它的种类很多，在交流电路中使用较多的有：空气阻尼式时间继电器、电子式时间继电器，时间继电器在电路中的符号如图 2-25 所示。

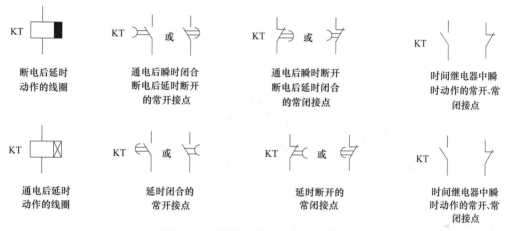

图 2-25　时间继电器在电路中的符号

空气阻尼式时间继电器，有通电延时型和断电延时形两种，图 2-26 是通电延时型时间继电器，其动作过程是：线圈不通电时，线圈的衔铁释放压住动作杠杆，延时和瞬时接点不动作，当线圈得电吸合后，衔铁被吸合，衔铁上的压板首先将瞬时接点按下，触点动作发出瞬时信号，这是由于衔铁吸合动作杠杆不受压力，在助力弹簧作用下慢慢地动作（延时），动作到达最大位置杠杆上的压板按动延时接点，接点动作发出延时信号，直至线圈无电释放，动作结束。

图 2-27 是断电延时型时间继电器，特点是线圈是倒装的，其动作过程是：线圈得电吸合时，瞬时接点受衔铁上的压板动作，接点动作发出瞬时动作的信号，同时衔铁的尾部压下动作杠杆，延时接点复位，当线圈失电时，衔铁弹回，动作杠杆不再受压而在助力弹簧的作用下，开始动作，（延时）动作到达最大位置时，杠杆上的压板按动延时接点，接点动作发出延时信号。

电子式时间继电器如图 2-28 所示，它是通过电子线路控制电容器充放电的原理制成的。它的特点是体积小，延时范围宽，可达 0.1～60s、1～60min。它具有体积小、重量轻、精度高、寿命长等优点。

二、信号灯（指示灯）

信号灯主要用于各种电气控制线路中作指示信号、预告信号、事故信号及其他指示信号之用。目前较常用的型号有 XD、AD1、AD11 系列等。信号灯的图形符号和文字代号如图 2-29 所示。

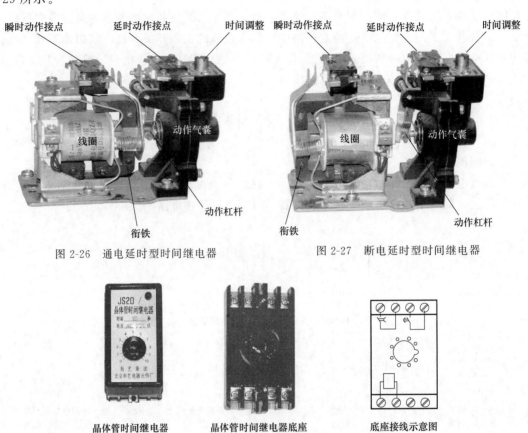

图 2-26　通电延时型时间继电器　　　　图 2-27　断电延时型时间继电器

晶体管时间继电器　　　晶体管时间继电器底座　　　底座接线示意图

图 2-28　电子式时间继电器

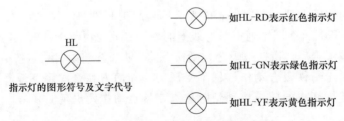

图 2-29　信号灯的图形符号及文字代号

　　信号灯供电的电源可分为交流和直流，电压等级有 6.3V、12V、24V、36V、48V、110V、127V、220V、380V 多种。常用的信号灯如图 2-30 所示。

　　电气装置中信号灯的颜色标志的使用规定如下。

　　① 红色指示灯的含义是"危险和告急"。红色指示灯说明"有危险或必须立即采取行动"，"设备已经带电"。

　　应用举例：a. 有触及带电或运动部件的危险；b. 因保护器件动作而停机；c. 温度已超过（安全）极限；d. 润滑系统失压。

　　② 黄色指示灯的含义是"注意"。黄色指示灯说明"情况有变化或即将发生变化"。

　　应用举例：a. 温度（或压力）异常；b. 仅能承受允许的短时过载。

图 2-30　常用的信号灯外形

③ 绿色指示灯的含义是"安全"。绿色指示灯说明"正常或允许进行"。

应用举例：a. 机器准备启动；b. 自动控制系统运行正常；c. 冷却通风正常。

④ 蓝色指示灯的含义是"按需要指定用意"。蓝色指示灯说明"除红、黄、绿三色之外的任何指定用意"。

应用举例：a. 遥控指示；b. 选择开关在"设定"位置。

⑤ 白色指示灯的含义是"无特殊用意"。

三、中间继电器

中间继电器主要在电路中起信号传递与转换作用，用它可实现多路控制，并可将小功率的控制信号转换为大容量的触点动作。中间继电器触点多（一般四对接点），可以扩充其他电器的控制作用，中间继电器各部分的图形符号及文字符号如图 2-31 所示，中间继电器适用于交流 50Hz、电压 500V 及以下及直流电压 440V 及以下的控制电路中，触点额定电流为 5A。

图 2-31　中间继电器各部分的图形符号及文字符号

选用中间继电器，主要依据控制电路的电压等级，同时还要考虑触点的数量、种类及容量应满控制线路的要求，中间继电器外形及其各接线端位置如图 2-32 所示。

图 2-32　中间继电器外形及其各接线端位置

四、行程开关

行程开关是位置开关的主要种类。行程开关的图形符号和文字符号如图 2-33 所示，其作用与按钮相同，能将机械信号转换为电气信号，只是触点的动作不靠手动操作，而是用产生机械运动部件的碰撞使触点动作来实现接通和分断控制电路，其结构如图 2-34 所示，达到一定的控制目的。通常被用来限制机械运动的位置和行程，使运动机械按一定位置或行程自动停止、反向运动、变速运动或自动往返运动等。使用时应根据机械与行程开关的传动与位移关系选择合适的操作头形式，如图 2-34 是常用行程开关和操作头。

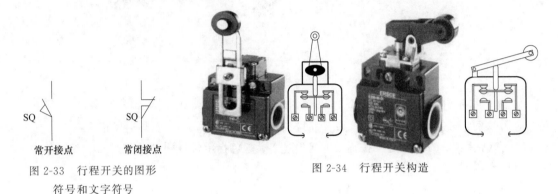

图 2-33　行程开关的图形　　　　　　　　图 2-34　行程开关构造
　　　　　符号和文字符号

五、温度继电器

当外界温度达到给定值时而动作的继电器实物如图 2-35 所示。它在电路图中的符号是 KTP 如图 2-36 所示。

图 2-35　温度继电器　　　　　　　　图 2-36　温度控制接点图

温度继电器的构造，是将两种热膨胀系数相差悬殊的金属牢固地复合在一起形成蝶形双金属片，当温度升高到一定值，双金属片就会由于下层金属膨胀伸长大，上层金属膨胀伸长小而产生向上弯曲的力，弯曲到一定程度便能带动接点动作，实现接通或断开负载电路的功能；温度降低到一定值，双金属片逐渐恢复原状，恢复到一定程度便反向带动电触点，实现断开或接通负载电路的功能。

六、电接点温度计

电接点双金属温度计是利用温度变化时带动触点变化，当其与上下限接点接通或断开的同时，使电路中的继电器动作，从而自动控制及报警，实物如图 2-37 所示。

上接点的指针是温度上限，下接点的指针是温度下限，中间的黑色指针指示是实际温度的数值，同时也是控制接点的公共端，如图 2-38 的②，当温度达到上限时与上限接点接通如图 2-38 中的②、③通，当温度达到下限时，与下限接点接通，如图 2-38 中的②、①通，实际温度在上、下限之间时，公共端与上限、下限都断开，以达到温度控制的目的。

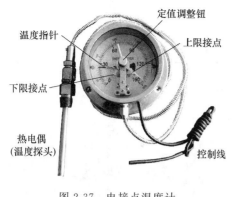

图 2-37　电接点温度计

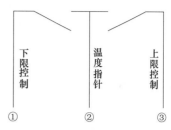

图 2-38　电接点温度计接线

七、压力继电器

当气压、液压系统中压力达到预定值时，能使电接点动作的元件是压力继电器，符号如图 2-39 所示，压力继电器是利用气体或液体的压力来启动电气接点的压力电气转换元件。当系统压力达到压力继电器的调定值时，接点动作发出电信号，使电气元件（如电磁铁、电机、时间继电器、电磁离合器等）动作，迫使系统卸压、换向，或关闭电动机，使系统停止工作，起安全保护作用等。图 2-40 是压力继电器实物。

压力继电器的工作原理如图 2-41 所示，当从继电器下端进口进入的液体或气体，压力达到调定压力值时，推动柱塞向上推进，使杠杆移动，并通过杠杆放大后推动微动开关动作。调整钮可以改变弹簧的压缩量，从而调节继电器的动作压力。

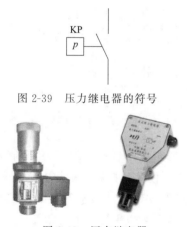

图 2-39　压力继电器的符号

图 2-40　压力继电器

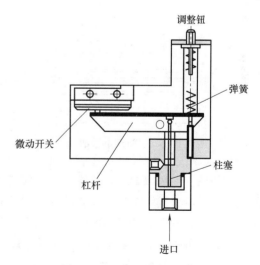

图 2-41　压力继电器的构造

八、速度继电器

速度继电器是将机械的旋转信号转换为电信号的电气元件。速度继电器的转子与被控制电动机的转子相接，其辅助触点在一定转速情况下会动作，其动合触点闭合，动断触点断开，主要作用是对电动机实现反接制动的控制。在原理图中，速度继电器的图形符号和文字符号如图 2-42 所示。速度继电器的结构如图 2-43 所示。

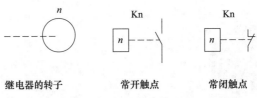

图 2-42   速度继电器的图形符号和文字符号

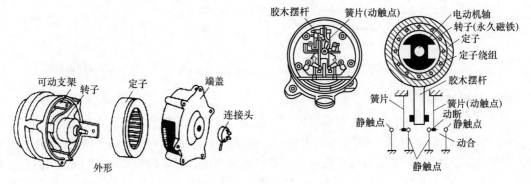

图 2-43   速度继电器的结构

九、干簧继电器

干簧继电器主要由干式舌簧片与励磁线圈组成。干式舌簧片（触点）是密封的，由铁镍合金做成，接触良好，具有优良的导电性能。触点密封在充有氮气等惰性气体的玻璃管中，因而有效地防止了尘埃的污染，减少了触点的腐蚀，提高了工作可靠性。其结构如图 2-44 所示。

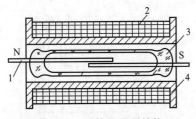

图 2-44   干簧继电器结构

1—舌簧片；2—线圈；3—玻璃管；4—骨架

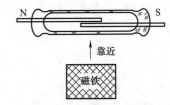

图 2-45   干簧管工作原理

工作原理：如果把一块磁铁放到干簧管附近，如图 2-45 所示，或者在干簧管外面的线圈上通入电流，则两个簧片在磁场的作用下被磁化而相互吸引，使簧片接触，被控电路就会接通；把磁铁拿开或断开线圈的电流，由于磁场消失，簧片依靠自身的弹力分开，被控电路就会断开。可以套在干簧管的外面，利用线圈内磁场驱动干簧管。也可以放在干簧管的旁边，利用线圈磁场驱动干簧管。

十、固体继电器（SSR）

固态继电器是一种无触点通断电子开关，固体继电器的文字符号是 SSR，固态继电器由三部分组成：输入电路、隔离（耦合）和输出电路。按输入电压的不同类别，输入电路可分为直流输入电路、交流输入电路和交直流输入电路三种，如图 2-46 所示是几种常用固体继电器，它利用电子元件（如开关三极管、双向晶闸管等半导体器件）的开关特性，可达到无触点无火花地接通和断开电路的目的。固态继电器为四端有源器件，其中两个端子为输入控制端，另外两端为输出受控端。图 2-47 为固体继电器的图形符号，为实现输入与输出之间的电气隔离，器件中采用了高耐压的专业光电耦合器。当施加输入信号后，其主回路呈导通状态，无信号时呈阻断状态。整个器件无可动部件及触点，可实现相当于常用电磁继电器一样的功能，其封装形式也与传统电磁继电器基本相同。它问世于 20 世纪 70 年代，由于它的无触点工作特性，使其在许多领域的电控及计算机控制方面得到日益广泛的应用。

输入控制电压为 4～32V，输出电流为 4～800A。

单线式　　　　　　　　两线式　　　　　　　　三线式

图 2-46　固体继电器

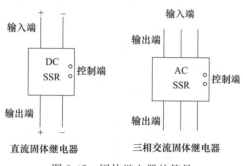

图 2-47　固体继电器的符号

第四节　保护电器

电器保护器是一种用于保护用电设备的装置，当电路出现短路、过流、过电压等异常时立刻断开电源，从而避免电气设备被烧毁以及电器火灾的发生。

一、低压熔断器的应用

低压熔断器适用于低压交流或直流系统中，当电路正常时，熔体温度较低，不能熔断，如果电路发生严重过载或短路并超过一定时间后，电流产生的热量使熔体熔化分断电路，起到保护的作用。作为线路和电气设备的过载及系统的短路保护用，在原理图上，熔断器的图形符号和文字符号如图 2-48 所示。

图 2-48　熔断器符号

图 2-49　常用熔断器外形

熔断器一般由熔断体及支持件组成，支持件底座与载熔件组合，由于熔断器的类型及结构不同，支持件可表示底座与载熔件或只表示底座或载熔件。支持件的额定电流是配用熔断体的最大额定电流，外形如图2-49所示。

熔断器使用时应注意的事项如下。

① 一般照明线路熔体的额定电流不应超过负荷电流的1.5倍。

② 动力线路熔体的额定电流不应超过负荷电流的2.5倍。

③ 运行中的单台电机采用熔断器保护时，熔体电流规格应为电动机额定电流的1.5～2.5倍。多台电动机在同一条线路上采用熔断器保护时，熔体的额定电流应为其中最大一台电动机额定电流的1.5～2.5倍，再加上其余电动机额定电流的总和。

④ 并联电容器在用熔断器保护时，熔体额定电流，单台按电容器额定电流的1.5～2.5倍，成组装置的电容器，按电容器组额定电流的1.3～1.8倍选用。

⑤ 熔断器（或熔断管）的额定电流不应小于熔体的额定电流。

二、热继电器的应用

热继电器是控制保护电气元件。热继电器是利用电流的热效应来推动动作机构，使控制电路分断，从而切断主电路，热继电器的构造如图2-50所示。

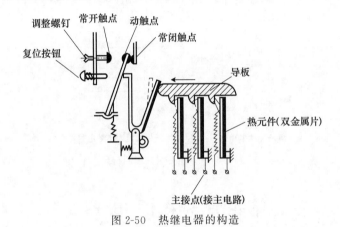

图2-50　热继电器的构造

它主要用于电动机的过载保护，有些热继电器还具有断相保护、电流不平衡保护功能。在原理图中，热继电器各部分的图形符号及文字符号如图2-51所示，图2-52是几种常用的热继电器的外形和接线端。

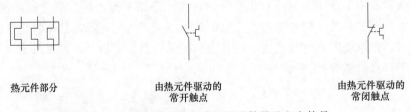

图2-51　热继电器各部分的图形符号及文字符号

热继电器使用时应注意的事项如下。

热继电器的合理选用与正确使用直接影响到电气设备能否安全运行。因此，在选用与使用中应着重注意以下问题。

类型选用：一般轻载启动，长期工作制的电动机或间断长期工作的电动机，可选用两相

  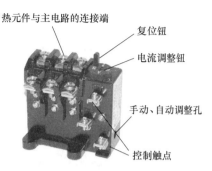

图 2-52　几种热继电器的外形和接线端

结构的热继电器，电源电压均衡性和工作条件较差的可选用三相结构的热继电器，对于定子绕组为三角形接线的电动机可选用带断相保护装置的热继电器，型号可根据有关技术要求和与交流接触器的配合相适应选择。

① 热继电器额定电流的选择：热继电器的额定电流可按被保护电动机额定电流的 1.1～1.5 倍选择。热继电器的动作电流整定值：热继电器的动作电流可在其额定电流的 60%～100% 的范围内调节，整定值一般应等于电动机的额定电流。

② 与热继电器连接的导线截面应满足最大负荷电流的要求，连接应紧密，防止接点处过热传导到热元件上，造成动作值的不准确。

③ 热继电器在使用中，不能自行更动热元件的安装位置或随便更换热元件。

④ 热继电器故障动作后，必须认真检查热元件及触点是否有烧坏现象，其他部件有无损坏，确认完好无损时才能再投入使用。

⑤ 具有反接制动及通断频繁的电动机，不宜采用热继电器保护。

热继电器动作后的复位时间：当处于自动复位时，热继电器可在 5min 内复位；当调为手动复位时，则在 3min 后，按复位键能使继电器复位。

三、电涌保护器

电涌保护器采用了一种非线性特性极好的压敏电阻，在正常情况下，电涌保护器处于极高的电阻状态，漏流几乎为零，保证电源系统正常供电。当电源系统出现过电压时，电涌保护器立即在纳秒级的时间内迅速导通，将该过电压的幅值限制在设备的安全工作范围内。同时把该过电压的能量对地释放掉。随后，保护器又迅速地变为高阻状态，因而不影响电源系统的正常供电。

电涌保护器的外形如图 2-53 所示，图 2-54 是电涌保护器在电路中的接线形式。

图 2-53　电涌保护器外形

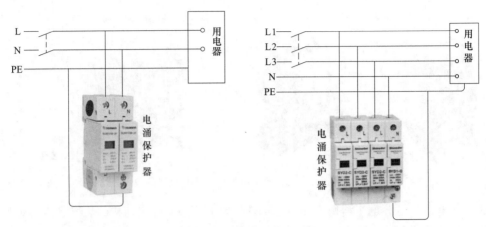

图 2-54　电涌保护器接线

四、电动机保护器

电动机保护器是一种新型的电动机保护装置，它与热继电器工作原理不同，保护器是利用电子测量装置，将电动机电流转换成电子信号，由一个主控电路进行比较运算，得出结果后带动控制元件输出控制指令。电动机保护器的优点是使用范围广，调节电流范围大，一般有 2～80A，动作时间在 0～120s 可调。电动机保护器有两种工作形式：一种是不需要辅助电源的，只有一个常闭接点，如图 2-55 所示，接于电动机控制电路；一种是需要辅助电源的，能够监视各种运行状态并发出信号，如图 2-56 所示。

电动机保护器虽说是一种良好的保护电器，但在使用当中还要认真地选择，应当认真地调整动作电流和动作时间，否则将起不到保护作用。

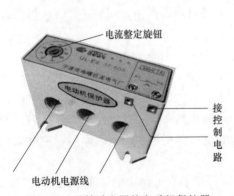

图 2-55　无辅助电源的电动机保护器

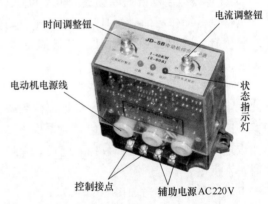

图 2-56　有辅助电源的电动机保护器

第五节　漏电保护器

漏电电流动作保护器（正式名称是剩余电流动作保护器）简称漏电保护器。是在规定条件下当漏电流达到或超过额定值时能自动断开电路的开关电器或组合电器。

漏电保护器在电路中的图形符号和文字符号如图 2-57 所示。

漏电保护器主要用于对有致命危险的人身触电提供间接接触保护，以及防止电气设备或线路因绝缘损坏发生接地故障由接地电流引起的火灾事故。漏电电流不超过 30mA 的漏电保护器在其他保护失效时，也可作为直接接触的补充保护，但不能作为唯一的直接接触保护。现常用的电流动作型漏电保护按其脱扣器形式可分为电磁式和电子式两种。

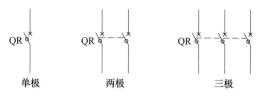

图 2-57 漏电保护器的图形符号和文字符号

漏电保护器主要有单极二线、单相二极、三相三极和三相四极。图 2-58 给出了三种漏电保护器的外形。一般用于交流 50Hz、额定电压 380V，额定电流 250A、额定漏电电流在 10～300mA，动作时间小于 0.1s。

漏电保护器用于不同的低压系统中，设备侧的保护线接法也不同，这里列举了在 TT 系统、TN-C 系统、TN-S 系统中的接法。

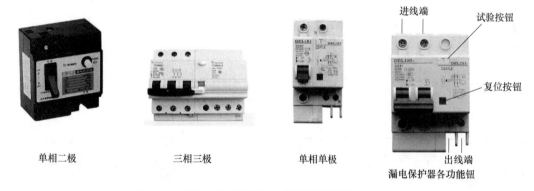

图 2-58 常用漏电保护器的外形

1. TT 系统中漏电保护器的接法

TT 供电系统系指电源侧中性点直接接地，工作接零线，而电气设备的金属外壳采取保护接地的供电系统（图 2-59），这种供电系统，主要用在低压公用变压器供电系统。保护线应与接地极相接，严禁保护线连接在保护器前端的 N 线上。

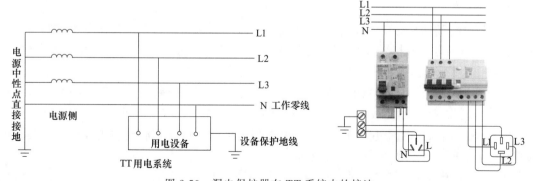

图 2-59 漏电保护器在 TT 系统中的接法

2. TN-C 系统中漏电保护器的接法

TN-C 供电系统系指电气设备的工作零线和保护零线功能合一的供电系统，即三相四线制供电系统（见图 2-60），TN-C 系统中单相用电应采用三线接线（即相线 N、零线 L、保护线 PE），保护线应与电源线的 PEN 相接。

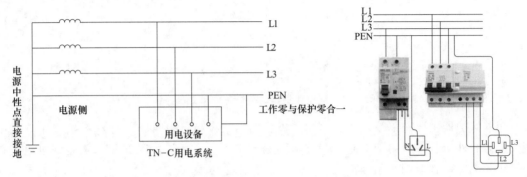

图 2-60　漏电保护器在 TN-C 系统中的接法

3. TN-S 系统中漏电保护器的接法

TN-S 供电系统系指电气设备的工作零线 N 和保护零线 PE 功能分开的供电系统（见图 2-61），即三相五线制，TN-S 系统中禁止零线 N、保护线 PE 线混用，禁止零线 N、保护线 PE 线连接。

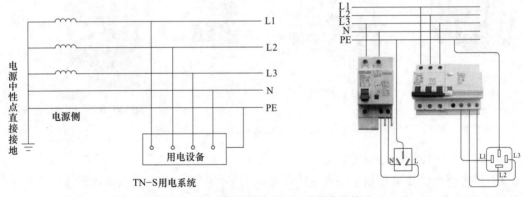

图 2-61　漏电保护器在 TN-S 系统中的接法

为了确保漏电保护器正常工作，有效地实施保护，安装中一定要接线正确，位置得当。要求如下。

① 漏电保护器的种类很多，选用时要和供电方式相匹配。三相四极漏电保护器用于单相电路时，单相电源的相线、零线应该接在保护器试验装置对应的接线端子上，否则试验装置将不起作用。

② 安装前，要核实保护器的额定电压、额定电流、短路通断能力、额定漏电动作电流和额定漏电动作时间。注意分清输入端和输出端、相线端子和零线端子，以防接反、接错。

③ 带有短路保护的漏电保护器，在分断短路电流时，位于电源侧的排气孔往往会有电弧喷出。安装时要注意留有一定防弧距离。

④ 安装位置的选择，应尽量安装在远离电磁场的地方；在高温、低温、湿度大、尘埃多或有腐蚀性气体的环境中的保护器，要采取一定的辅助防护措施。

⑤ 室外的漏电保护器要注意防雨雪、防水溅、防撞砸等。

⑥ 在中性点直接接地的供电系统中，大多采用保护接零措施。当安装使用漏电保护器时，既要防止用保护器取代保护接零的错误做法，又要避免保护器误动作或不动作。这时要注意以下问题。

a. TT 系统中漏电保护器负荷侧的工作零线即 N 线要对地绝缘，以保证流过 N 线的电流不会分流到其他线路中。

b. 在 TN-C 系统中装设三相漏电保护器时，设备的 PE 保护线应接至漏电保护器电源侧的 PEN 线上。漏电保护器后的 N 线应与地绝缘。

c. 对于 TN 系统，在其装设漏电保护器后，重复接地只能接在漏电保护器电源侧，而不能设在负荷侧。

d. 在 TN 系统或 TT 系统中，当 PE 保护线与相线的材质相同时，保护线 PE 的最小截面采用表 2-1 的数值。

表 2-1　PE 保护线最小截面选用

设备的相线截面 S/mm^2	保护线的最小截面/mm^2
$S \leqslant 16$	S
$16 < S \leqslant 35$	16
$S > 35$	$S/2$

e. 多个分支漏电保护器应各自单独接通工作零线，不得相互连接、混用或跨接等，否则会造成保护器误动作。

f. 对于有工作零线端子的漏电保护器，不管其负荷侧零线是否使用，都应将电源零线（N 线）接入保护器的输入端，以便试验其脱扣性能。

g. 安装漏电保护器时，必须严格区分中性线和保护线。使用漏电保护器时，中性线应接入漏电保护器。经过漏电保护器的中性线不得作为保护线。如图 2-62 （a）所示。

h. 工作零线不得在漏电保护器负荷侧重复接地，否则漏电保护器不能正常工作。如图 2-62 （b）所示。

i. 采用漏电保护器的支路，其工作零线只能作为本回路的零线，禁止与其他回路工作零线相连，其他线路或设备也不能借用已采用漏电保护器后的线路或设备的工作零线。如图 2-62 （c）所示。

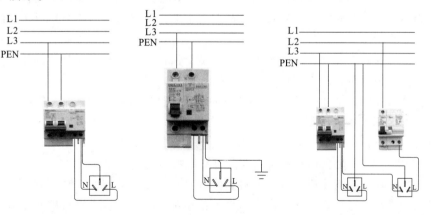

(a) 中性线不得作为保护线　　(b) 负荷侧禁止重复接地　　(c) 零线禁止与其他回路零线混用

图 2-62　漏电保护器的错误接线

第六节　启　动　器

一、磁力启动器

磁力启动器是由交流接触器、热继电器与控制按钮组成的组合控制电器。它广泛用于三相电动机的直接启动、停止及正反转、Y-△启动器等电路控制。磁力启动器按其结构形式分为开启式和防护式。使用时只需接通电源线和电动机线即可，如图 2-63 所示，具有结构紧凑、安装方便优点。

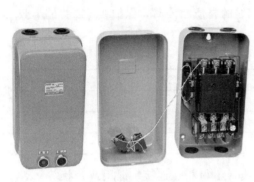

单方向启动器

Y-△启动器

图 2-63　磁力启动器

磁力启动器的选用及使用安全注意事项参照交流接触器及热继电器的有关内容。

二、自耦减压启动器

自耦减压启动器，它是根据自耦变压器的原理设计的。它的原、副线圈共用一个绕组，绕组中引出两组电压抽头，分别对应不同的电压，供电动机在具体条件下降压启动时选用，从而使电动机获得适当启动电流。常用的型号有 QJ3 型、QJ10 型，如图 2-64 所示。自耦减压启动器仅适用于长期工作制或间断长期工作制的电动机的启动，不适宜于频繁启动的电动机。

油浸式自耦减压启动器是一种手动操作的启动器，通过自耦变压器降低加在定子绕组上的电压来限制启动电流。它适用于容量 75kW 及以下的定子绕组星形或三角形接线的笼型电动机，作不频繁启动和停止。

启动器有过负荷脱扣和失压脱扣等保护，过负荷保护是以带有手动复位的热继电器来实现的，失压保护由失压脱扣器来完成，停止运行通过停止按钮完成。

失压脱扣器，在额定电压值的 75% 及以上时能保证启动器接通电路。在额定电压值的 35% 及以下时能保证脱扣，切断电路。

过负荷脱扣的热继电器，在其额定工作电流下运行时，能保证长期工作。如在额定工作电流的 120% 下运行时，在 20min 的时间内能自动脱扣，切断电路。

油浸式自耦降压启动器由金属外壳、接触系统（触头浸在油箱里）、启动用自耦变压器、操作机构及保护系统组成。启动用自耦变压器，采用星形接法三相单圈自耦变压器，在线圈上备有额定电压 65% 及 80% 的两组抽头，供降压启动时接线用。出厂时一般接在 65% 抽头上，如果需要较大的启动转矩，可改接在 80% 抽头上。接线原理如图 2-65 所示。

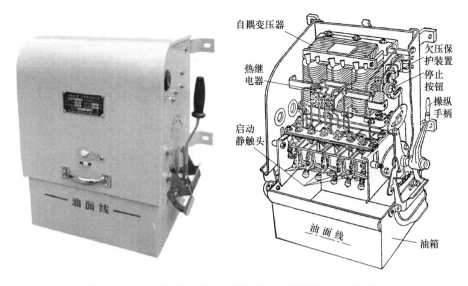

图 2-64　QJ3 系列油浸式自耦降压启动器外形及内部结构

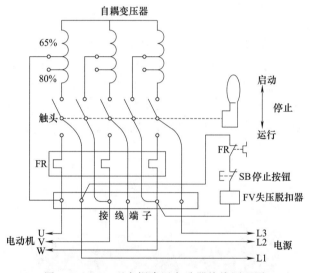

图 2-65　QJ3 型自耦降压启动器接线原理图

三、成套自耦降压启动器

成套自耦降压启动器是由自耦变压器和控制装置组合而成的成套装置，需要时只需将控制柜固定好，接通电源和电动机接线即可使用，国产型号有 XJ01 系列和 QJB、LZQ1 系列，这三种系列的装置，根据所控制的电动机容量不同，其控制柜大小不同。如图 2-66 所示为 QJB 型成套自耦降压启动器，利用接触器控制自耦变压器的投入和退出。

使用自耦降压启动器时应注意以下几点。

① 自耦降压启动器的容量应与被启动电动机的容量相适应。

② 安装的位置应便于操作。外壳应有可靠的接地（用于系系统时）或接零。

③ 如发生启动困难，可将抽头倒在 80％上（出厂时，预接在 65％抽头上）。

④ 连续多次启动时间的累计达到厂家规定的最长启动时间（根据容量不同，一般在

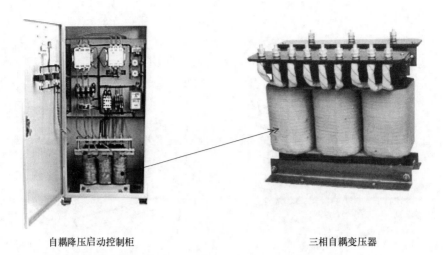

自耦降压启动控制柜　　　　　　　　　　三相自耦变压器

图 2-66　成套自耦降压启动器

30～60s)，再次启动应在 4h 以后。

⑤ 两次启动间隔时间不应少于 4min。

四、频敏变阻启动器

频敏变阻启动器中的主要部分是频敏变阻器，如图 2-67 所示。频敏变阻器用于绕线式电动机的启动，它与电动机转子绕组串联，可以减小启动电流平稳地启动，它的特点是其阻抗随通过电流的频率变化而改变。由于频敏变阻器是串联在绕线式电动机的转子电路中的，在启动过程中，变阻器的阻抗随着转子电流频率的降低而自动减小，电动机平稳启动之后，再短接频敏变阻器，使电动机正常运行。频敏变阻器由数片厚钢板和线圈组成，线圈为星形接线。

图 2-67　频敏变阻器的外形

使用频敏变阻启动器时应注意以下几点。

① 启动电动机时，启动电流过大或启动太快时，可换接在匝数较多的线圈接头，匝数增多，启动电流和启动转矩会相应减小。

② 当启动转速过低时，切除频敏变阻器时冲击电流过大，则可换接到匝数较少的接线端子上，启动电流和启动转矩也会相应增大。

③ 频敏变阻器需定期进行清除表面积尘，检测线圈对金属壳的绝缘电阻。

第七节 执行元件

执行元件能够根据控制系统的输出要求，所驱动的将电能变成其他动作的器件。如实现各种机械动作的电动机、控制管道的电磁阀、令设备停止的制动器等。

一、电动机

电动机是使用最多的电器执行元件，它可以把电能变成各种机械动作，常用的电动机有三相电动机、单相电动机，如图 2-68 所示是常用的电动机。

三相异步电动机　　　　　三相绕线式电动机　　　　　单相电动机

图 2-68　常用的电动机

二、电磁制动器

要使电动机停止转动，首先是切断它的电源。但是由于惯性的作用，电动机需经过一段时间才会完全停下来。在生产过程中有些设备要求缩短停车时间，有些设备要求停车的位置准确，有些设备为了安全，要求立即停车等原因常常要采用一些使电动机在切断电源后，能迅速停止的制动措施，电动机的制动，分机械制动和电力制动。

机械制动是利用机械装置，使电动机在切断电源后迅速停转的方法。应用较普遍的有电磁抱闸。电磁抱闸的结构如图 2-69 所示。电磁抱闸主要由两部分组成：制动电磁铁和闸瓦制动器。制动电磁铁由铁芯、衔铁和线圈三部分组成，并有单相和三相之分。闸瓦制动器包括闸轮、闸瓦、杠杆和弹簧等；闸轮与电动机装在同一根转轴上。制动强度可通过调整机械结构来改变。

电磁抱闸制动器如图 2-70 所示，能广泛应用在起重运输机械中，制止物件升降速度以及吸收运动或回转机构运动质量的惯性。制动器主要由立板架、闸瓦、调整杆、弹簧及底座等部分组成。闸瓦与立板架、立板架与底座均由轴销连接，立板架的一边可以安装电磁铁，主弹簧安装在立板架的上方；调整杆的顶端与电磁铁的停挡相近，为了增加闸瓦与制动轮表面的摩擦系数，在闸瓦上装有可更换的石棉刹车带。当被操纵的电磁铁断电时，由制动器压缩弹簧，保持制动状态；当电磁铁通电吸合时，产生松闸，使机构可以运转。

三、电磁阀

电磁阀是用电磁控制的工业设备，用在工业控制系统中调整介质的方向、流量、速度和其他的参数。电磁阀有很多种，不同的电磁阀在控制系统的不同位置发挥作用，最常用的是单向电磁阀（见图 2-71）、安全阀、方向控制阀、速度调节阀等。电磁阀是用电磁的效应进行控制，主要的控制方式由继电器控制。这样，电磁阀可以配合不同的电路来实现预期的控制，而控制的精度和灵活性都能够保证。

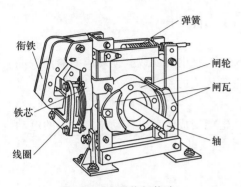

图 2-69　电磁抱闸构造

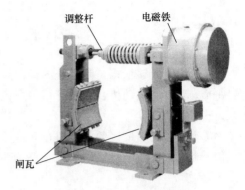

图 2-70　电磁抱闸制动器

电磁阀的工作原理如图 2-72 所示，通电时，电磁线圈产生电磁力把关闭件从阀座上提起，阀门打开；断电时，电磁力消失，弹簧把关闭件压在阀座上，阀门关闭。

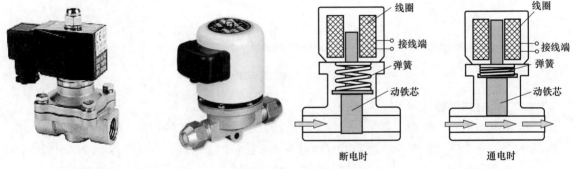

图 2-71　单向电磁阀

图 2-72　电磁阀工作原理

第三章　控制电路中传感器的应用

第一节　传感器概述

一、传感器的作用

传感器与传统的继电元件不同，传感器是一种物理装置，能够探测和感受外界的信号变化，如光、热、湿度的变化或化学组成（如烟雾），并将所探测的信息传递给其控制装置，是现代自动化控制中的重要元件。

人们为了从外界获取各种信息，必须借助于人体的感觉器官。而单靠人们自身的感觉器官，在研究自然现象和规律以及生产活动中，它们的功能就远远不够了。为适应这种情况，就需要传感器。因此也可以说，传感器是人类五官的延长，又称之为电五官。

目前对传感器尚无一个统一的分类方法，但比较常用的有以下三种。

（1）按照传感器的物理量分类　常见的有温度传感器、湿度传感器、压力传感器、位移传感器、流量传感器、液位传感器、力传感器、加速度传感器、转矩传感器等。可分为位移、力度、速度、温度、流量、气体等传感器。

（2）按照传感器工作原理分类

① 电学式传感器　电学式传感器是非电量电测技术中应用范围较广的一种传感器，常用的有电阻式传感器、电容式传感器、电感式传感器、磁电式传感器及电涡流式传感器等。

电阻式传感器是利用变阻器将被测非电量转换为电阻信号的原理制成。电阻式传感器一般有电位器式、触点变阻式、电阻应变片式及压阻式传感器等。电阻式传感器主要用于位移、压力、力、应变、力矩、气流流速、液位和液体流量等参数的测量。

电容式传感器是利用改变电容的几何尺寸或改变介质的性质和含量，从而使电容量发生变化的原理制成。主要用于压力、位移、液位、厚度、水分含量等参数的测量。

电感式传感器是利用改变磁路几何尺寸、磁体位置来改变电感或互感的电感量或压磁效应原理制成的。主要用于位移、压力、力、振动、加速度等参数的测量。

磁电式传感器是利用电磁感应原理，把被测非电量转换成电量制成。主要用于流量、转速和位移等参数的测量。

电涡流式传感器是利用金属在磁场中运动切割磁力线，在金属内形成涡流的原理制成。主要用于位移及厚度等参数的测量。

② 磁学式传感器　磁学式传感器是利用铁磁物质的一些物理效应而制成的，主要用于位移、转矩等参数的测量。

③ 光电式传感器　光电式传感器在非电量电测及自动控制技术中占有重要的地位。它是利用光电器件的光电效应和光学原理制成的，主要用于光强、光通量、位移、浓度等参数的测量。

④ 电势型传感器　电势型传感器是利用热电效应、光电效应、霍尔效应等原理制成，主要用于温度、磁通、电流、速度、光强、热辐射等参数的测量。

⑤ 电荷传感器　电荷传感器是利用压电效应原理制成的，主要用于力及加速度的测量。

⑥ 半导体传感器　半导体传感器是利用半导体的压阻效应、内光电效应、磁电效应、半导体与气体接触产生物质变化等原理制成，主要用于温度、湿度、压力、加速度、磁场和有害气体的测量。

⑦ 谐振式传感器　谐振式传感器是利用改变电或机械的固有参数来改变谐振频率的原理制成，主要用来测量压力。

⑧ 电化学式传感器　电化学式传感器是以离子导电为基础制成，根据其电特性的形成不同，电化学式传感器可分为电位式传感器、电导式传感器、电量式传感器、极谱式传感器和电解式传感器等。电化学式传感器主要用于分析气体、液体或溶于液体的固体成分、液体的酸碱度、电导率及氧化还原电位等参数的测量。

另外，根据传感器对信号的检测转换过程，传感器可划分为直接转换型传感器和间接转换型传感器两大类。前者是把输入给传感器的非电量一次性地变换为电信号输出，如光敏电阻受到光照射时，电阻值会发生变化，直接把光信号转换成电信号输出；后者则要把输入给传感器的非电量先转换成另外一种非电量，然后再转换成电信号输出，如采用弹簧管敏感元件制成的压力传感器就属于这一类，当有压力作用到弹簧管时，弹簧管产生形变，传感器再把变形量转换为电信号输出。

（3）按照传感器输出信号的性质分类　可分为：输出为开关量（"1"和"0"或"开"和"关"）的开关型传感器，输出为模拟量传感器（晶体管的通断输出），输出为脉冲或代码的数字量传感器。

二、传感器的几个重要指标

1. 传感器的静态特性

传感器的静态特性是指传感器的输入信号不随时间变化或变化非常缓慢时，所表现出来的输出反应特性，称为静态特性。通常用来描述静态特性的指标有：测量范围、精度、灵敏度、稳定性、非线性度、重复性、分辨力、迟滞等。

2. 传感器的动态特性

所谓动态特性，是指传感器在输入发生变化时，它的输出的特性。在实际工作中，传感器的动态特性常用它对某些标准输入信号的反应来表示。这是因为传感器对标准输入信号的反应容易用实验方法求得，并且它对标准输入信号的反应与它对任意输入信号的反应之间存在一定的关系，往往知道了前者就能推定后者。最常用的标准输入信号有阶跃信号和正弦信号两种，所以传感器的动态特性也常用阶跃反应和频率反应来表示。

3. 传感器的灵敏度

灵敏度是指传感器在稳态工作情况下输出量变化 Δy 对输入量变化 Δx 的比值。

它是输出-输入特性曲线的斜率。如果传感器的输出和输入之间显线性关系，则灵敏度 S 是一个常数。否则，它将随输入量的变化而变化。

灵敏度的表示是输出量、输入量之比。例如，有一个压力传感器，在压力变化 1kgf[●]时，输出电压变化 200mV，则其灵敏度应表示为 200mV/kgf。

提高传感器的灵敏度，可得到较高的测量精度。但灵敏度愈高，测量范围愈窄，稳定性也往往愈差。

● 1kgf=9.80665N，下同。

4. 传感器的分辨力

分辨力是指传感器可能感受到的被测量的最小变化的能力。也就是说，如果输入量从某一非零值缓慢地变化。当输入变化值未超过某一数值时，传感器的输出不会发生变化，即传感器对此输入量的变化是分辨不出来的。只有当输入量的变化超过分辨力时，其输出才会发生变化。

通常传感器在满量程范围内各点的分辨力并不相同，因此常用满量程中能使输出量产生阶跃变化的输入量中的最大变化值作为衡量分辨力的指标。

第二节　常用传感器

一、温度传感器

温度传感器是将温度转化为电子数据的电子元件。最常用的是使用铂，在 0℃时电阻为 100Ω 的元件。大多数金属热电阻的阻值随其温度增高而增大，称具有正的温度系数；而半导体热敏电阻的阻值一般随温度升高而减小，称具有负的温度系数。温度传感器实物如图 3-1 所示。

图 3-1　温度传感器实物

温度传感器可分为热电阻和热电偶。传感器要放在测量的地方，避免安装在炉门旁边或与加热物体距离过近处。其插入的深度要根据实际要求来制作。温度传感器的销量大大超过其他传感器。不同材质做出来的传感器，使用不同的温度范围，灵敏度也各不相同。传感器的灵敏度和传感器材料的粗细无关。安装传感器尽量要垂直，但在有流速的情况下则必须使测量头逆向倾斜安装。如果需要固定传感器，在容器上开一个稍微大于螺母的孔，用所附的螺母把传感器安装在容器上。测量液体或固体时，勿使传感器感温部分与被测物体紧密接触，以提高响应速度和降低传递误差。

二、湿度传感器

湿度传感器的特性是湿敏元件。湿敏元件主要有电阻式、电容式两大类。湿度传感器实物如图 3-2 所示。

（1）湿敏电阻式　湿敏电阻的特点是在基片上覆盖一层用感湿材料制成的膜，当空气中的水蒸气吸附在感湿膜上时，元件的电阻率和电阻值都发生变化，利用这一特性即可测量湿度。湿敏电阻的种类很多，例如金属氧化湿敏电阻、硅湿敏电阻、陶瓷湿敏电阻等。湿敏电阻的优点是灵敏度高，主要缺点是线性度和产品的互换性差。

图 3-2 湿度传感器实物

（2）湿敏电容式 湿敏电容一般是用高分子薄膜电容制成的，常用的高分子材料有聚苯乙烯、聚酰亚胺、醋酸、醋酸纤维等。当环境湿度发生改变时，湿敏电容的介电常数发生变化，使其电容量也发生变化，其电容变化量与相对湿度成正比。湿敏电容的主要优点是灵敏度高、产品互换性好、响应速度快、湿度的滞后量小、便于制造、容易实现小型化和集成化，其精度一般比湿敏电阻要低一些。

三、压力传感器

压力传感器一般由弹性敏感元件和位移敏感元件（或应变计）组成。弹性敏感元件的作用是使被测压力作用于某个面积上并转换为位移或应变，然后由位移敏感元件或应变计转换为与压力成一定关系的电信号。有时把这两种元件的功能集于一体。压力传感器广泛应用于各种工业自控环境，涉及水利水电、铁路交通、智能建筑、生产自控、航空航天、军工、石化、油井、电力、船舶、机床、管道等众多行业。压力传感器实物如图 3-3 所示。

图 3-3 压力传感器实物

压力传感器的种类繁多，但常用的压力传感器有电阻应变片压力传感器、半导体应变片压力传感器、压阻式压力传感器、电感式压力传感器、电容式压力传感器、谐振式压力传感器及电容式加速度传感器等。应用最为广泛的是压阻式压力传感器，它具有极低的价格和较高的精度以及较好的线性特性。

四、气体传感器

气体传感器包括：半导体气体传感器、电化学气体传感器、催化燃烧式气体传感器、热导式气体传感器、红外线气体传感器等。气体传感器实物如图 3-4 所示。

气体传感器是一种将某种气体体积分数转化成对应电信号的转换器。探测头通过气体传感器对气体样品进行调理，通常包括滤除杂质和干扰气体、干燥或制冷处理仪表显示部分。

气体传感器是一种将气体的成分、浓度等信息转换成可以被人员、仪器仪表、计算机等利用的信息的装置。气体传感器一般被归为化学传感器的一类。

五、电感式传感器

由铁芯和线圈构成的将直线或角位移的变化转换为线圈电感量变化的传感器，又称电感式位移传感器。这种传感器的线圈匝数和材料磁导率都是一定的，其电感量的变化是由于位移输入量导致线圈磁路的几何尺寸变化而引起的。当把线圈接入测量电路并接通激励电源时，就可获得正比于位移输入量的电压或电流输出。常用电感式传感器有变间隙型、变面积型和螺管插铁型。在实际应用中，这三种传感器多制成差动式，以便提高线性度和减小电磁吸力所造成的附加误差，电感式传感器如图 3-5 所示。

图 3-4　气体传感器实物　　　　　　　图 3-5　电感式传感器实物

带有模拟输出的电感式接近传感器是一种测量式控制位置偏差的电子信号发生器，其用途非常广泛。例如，可测量弯曲和偏移；可测量振荡的振幅高度；可控制尺寸的稳定性；可控制定位；可控制对中心率或偏心率。

电感传感器还可用作磁敏速度开关、齿轮齿条测速等，该类传感器广泛应用于纺织、化纤、机床、机械、冶金、机车汽车等行业的链轮齿速度检测，链输送带的速度和距离检测，齿轮计数转速表及汽车防护系统的控制等。另外该类传感器还可用在给料管系统中小物体检测、物体喷出控制、断线监测、小零件区分、厚度检测和位置控制等。

六、电容式传感器

电容式传感器是一种利用电容敏感元件将与被测物体之间的电容量变化转换成一定关系的电量输出的传感器。它一般采用圆形金属薄膜或镀金属薄膜作为电容器的一个电极，当薄膜受到外部影响而变形时，薄膜与固定电极之间形成的电容量发生变化，通过测量电路即可输出与电压成一定关系的电信号，可分为单电容式压力传感器和差动电容式压力传感器。电容式传感器如图 3-6 所示。

电容式传感器可用来测量直线位移、角位移、振动振幅，尤其适合测量高频振动振幅、精密轴系回转精度、加速度等机械量；还可用来测量压力、压差、液位、料面、成分含量（如油、粮食中的含水量）、非金属材料的涂层、油膜等的厚度，测量电介质的湿度、密度、厚度等，在自动检测和控制系统中也常常用来作为位置信号发生器。

七、光电式旋转编码器

旋转编码器主要是用来测量旋转圈数的装置，通过旋转圈数准确测定物体移动距离，光电式旋转编码器通过光电转换，可将输出轴的角位移、角速度等机械量转换成相应的电脉冲

图 3-6 电容式传感器实物

以数字量输出（REP）。它分为单路输出和双路输出两种。技术参数主要有每转脉冲数（几十个到几千个都有）和供电电压等。单路输出是指旋转编码器的输出是一组脉冲，而双路输出的旋转编码器输出两组 A/B 相位差 90°的脉冲，通过这两组脉冲不仅可以测量转速，还可以判断旋转的方向。光电式旋转编码器实物如图 3-7 所示，光电式旋转编码器的构造如图 3-8 所示。

光电式旋转编码器有一个中心有轴的光电码盘，其上有环形通、暗的刻线，由光电发射和接收器件读取，获得四组正弦波信号组合成 A、B、C、D，每个正弦波相差 90°相位差（相对于一个周波为 360°），将 C、D 信号反向，叠加在 A、B 两相上，可增强稳定信号；每转输出一个 Z 相脉冲以代表零位参考位。由于 A、B 两相相差 90°，可通过比较 A 相在前还是 B 相在前，以判别编码器的正转与反转，通过零位脉冲，可获得编码器的零位参考位。编码器码盘的材料有玻璃、金属、塑料，玻璃码盘是在玻璃上沉积很薄的刻线，其热稳定性好，精度高，金属码盘直接以通和不通刻线，不易碎，但由于金属有一定的厚度，精度就有限制，其热稳定性就要比玻璃的差一个数量级，塑料码盘是经济型的，其成本低，但精度、热稳定性、寿命均要差一些。编码器以每旋转 360°提供多少的通或暗刻线称为分辨率，也称解析分度或直接称多少线，一般在每转分度 5～10000 线。

图 3-7 光电式旋转编码器实物

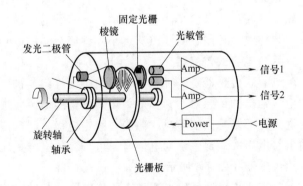

图 3-8 光电式旋转编码器构造

八、磁性传感器

磁性传感器是接近传感器，它（甚至透过非黑色金属）响应于一个永久的磁场。作用距离大于电感传感器。响应曲线与永久磁场的方向有关。磁性传感器实物如图 3-9 所示。

当一个目标（永久磁铁或外部磁场）接近时，线圈铁芯的导磁性（线圈的电感量 L 是由它决定的）变小，线圈的电感量也减小，Q 值增加。激励振荡器振荡，并使振荡电流增加。

当一个磁性目标靠近时，磁式传感器的电流消耗随之增加。

磁式传感器的优点：传感器可以穿过金属检测；传感器可以安装在金属中；传感器并排安装时没有任何要求；传感器顶部（传感面）可以由金属制成。

九、光电传感器

光电传感器是采用光电元件作为检测元件的传感器。它首先把被测量的变化转换成光信号的变化，然后借助光电元件进一步将光信号转换成电信号。光电传感器一般由光源发射、光电接收元件两部分组成。光电传感器实物如图 3-10 所示。

图 3-9　磁性传感器实物

图 3-10　光电传感器实物

光电检测方法具有精度高、反应快、非接触等优点，而且可测参数多，传感器的结构简单，形式灵活多样，因此，光电式传感器在检测和控制中应用非常广泛。

光电传感器是各种光电检测系统中实现光电转换的关键元件，它是把光信号（红外、可见及紫外光辐射）转变成为电信号的器件。

光电传感器是以光电器件作为转换元件的传感器。它可用于检测直接引起光量变化的非电量，如光强、光照度、辐射测温、气体成分分析等；也可用来检测能转换成光量变化的其他非电量，如零件直径、表面粗糙度、应变、位移、振动、速度、加速度，以及物体的形状、工作状态的识别等。光电传感器具有非接触、响应快、性能可靠等特点，因此在工业自动化装置和机器人中获得广泛应用。

第三节　传感器与 PLC 控制器的接线方法

传感器与 PLC 控制器的连接并不复杂，我们已经知道 PLC 控制器为了提高抗干扰能力，输入接口都采用光电耦合器来隔离输入信号与内部处理电路的连接。因此，输入端的信号只是驱动 PLC 内部的光电耦合器的 LED 导通，被光电耦合器的光电管接收变成信号，即可使外部输入信号可靠地传输 PLC 内部处理器。

目前 PLC 控制器数字量输入端口一般分单端共点输入和双端输入，各个厂家的单端共点的接口有光电耦合器正极共点与负极共点之分，日系 PLC 通常采用正极共点，欧系 PLC 习惯采用负极共点；日系 PLC 供应欧洲市场也按欧洲习惯采用负极共点；为了能灵活使用又发展了单端共点（S/S 可切换）可选型，单端共点可以接负极也可以接正极。

由于 PLC 控制器输入接口有这些区别，在选配外部传感器时，一定要在接法上认真了解，这样才能正确使用传感器与 PLC 控制器，为后期的编程工作和系统稳定奠定良好的基础。

一、PLC 输入电路的形式

（1）输入类型的分类　PLC 控制器的数字量输入端子，按电源分为直流输入与交流输入，按输入接口分类有单端共点输入与双端输入，公共点接电源正极为 SINK（也称拉电流），公共点接电源负极为 SRCE（也称灌电流）。

（2）术语的解释　SINK 漏型为电流从输入端流出，那么输入端与电源负极相连即可，说明接口内部的光电耦合器为单端共点为电源正极，可接 NPN 型传感器；也称为负逻辑接法；SINK 为传感器的低电平有效。

SRCE 源型为电流从输入端流进，那么输入端与电源正极相连即可，说明接口内部的光电耦合器为单端共点为电源负极，可接 PNP 型传感器，也称为正逻辑接法；SRCE 为传感器的高电平有效。

接近开关与光电开关三、四线输出分 NPN 与 PNP 输出，对于无检测信号时 NPN 的接近开关与光电开关输出为高电平（对内部有上拉电阻而言），当有检测信号，内部 NPN 管导通，开关输出为低电平。

对于无检测信号时 PNP 的接近开关与光电开关输出为低电平（对内部有下拉电阻而言），当有检测信号，内部 PNP 管导通，开关输出为高电平。

以上的情况只是针对传感器是属于常开的状态下。目前有的厂家生产的传感器有常开与常闭之分；常闭型 NPN 输出为低电平，常闭型 PNP 输出为高电平。因此用户在选型上与供应商配合上经常产生偏差。

还有另一种情况，就是用户遇到 SINK 接口接 PNP 型传感器，SRCE 接口接 NPN 型传感器，也能驱动 PLC，对于 PLC 输入信号状态则由 PLC 程序修改。原因是传感器输出有个上拉电阻与下拉电阻的缘故，对于集电极开路的传感器，这样的接法是无效的；另外输出的上拉电阻与下拉电阻阻值与 PLC 接口漏电流参数有很大关系。并非所有的传感器与 PLC 都可以通用。

SINK 漏型、SRCE 源型在下文有详细图解描述。

二、PLC 按电源配置类型

（1）直流输入电路　如图 3-11 所示，直流输入电路其外部输入的信号，是普通电器开关触点或直流有源的无触点开关触点，当外部输入元件与电源正极导通时，电流通过 R_1，光电耦合器内部 LED，VD1（接口指示）到 COM 端形成回路，光电耦合器内部接收管接受外部元件导通的信号，传输到内部处理；这种由直流电提供电源的接口方式，叫直流输入电路；直流电可以由 PLC 内部提供，也可以外接直流电源提供给外部输入信号的元件。R_2 在

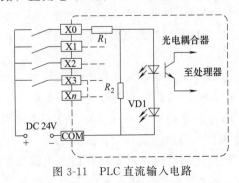

图 3-11　PLC 直流输入电路

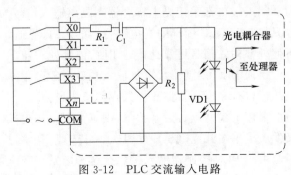

图 3-12　PLC 交流输入电路

电路中的作用是旁路光电耦合器内部 LED 的电流,保证光电耦合器 LED 不被两线制接近开关的静态泄漏电流导通。

(2) 交流输入电路　如图 3-12 所示,交流输入电路其外部输入的信号,是普通电器开关触点,它与直流接口的区分在于光电耦合器前加了一级降压电路与桥整流电路。当外部元件与交流电接通后,电流通过电阻 R_1 和电容 C_1 经过桥式整流,变成降压后的直流电,给光电耦合器内部 LED 和 VD1(接口指示)到 COM 端形成回路,光电耦合器内部接收管接受外部元件导通的信号,传输到内部处理。交流 PLC 主要适用相对环境恶劣布线技改变动不大等场合。

三、PLC 的输入端口类型

(1) 单端共点数字量输入方式　为了节省输入端子,单端共点输入的结构是在 PLC 内部将所有输入电路(光电耦合器)的一端连接在一起接到标示为 COM 的内部公共端子,各输入电路的另一端才接到其对应的输入端子 X0、X1、X2、X3、…、Xn,COM 共点与 n 个单端输入就可以做 n 个数字量的输入($n+1$ 个端子),因此称此结构为"单端共点"输入。

用户在作外部数字量输入组件的接线时也需要同样的做法,需要将所有输入组件的一端连接在一起,叫输入组件的外部共线,输入组件的另一端才接到 PLC 的输入端子 X0、X1、X2……

如果 COM 为电源 24V＋(正极),外部共线就要接 24V－(负极),此接法称 SINK(拉电流)输入方式,也称之 PLC 接口共电源正极。

如果 COM 为电源 24V－(负极),外部共线就要接 24V＋(正极),此接法称 SRCE(灌电流)输入方式,也称为 PLC 接口共电源负极。

为了适应各地区的使用习惯,内部公共端子有的厂家的 PLC 是采用 S/S 端子,此端子可以与电源的 24V＋(正极)或 24V－(负极)相连,结合外部共线接线变化使 PLC 可以 SINK(拉电流)输入方式,可接 NPN 型传感器和 SRCE(灌电流)输入方式,可接 PNP 型传感器。较采用 COM 端的 PLC 更灵活。S/S 端子的发展是为了适用日系与欧系 PLC 混合使用工控场合,起到通用的作用,S/S 端子也称为 SINK/SRCE 可切换型。

外部输入组件可以为按钮开关、行程开关、舌簧开关、霍尔开关、接近开关、光电开关、光幕传感器、继电器触点、接触器触点等开关量的元件。

(2) SINK(拉电流)输入方式　单端共点 SINK 输入接线(内部共点端子 COM 接 24V＋,外部共线接 24V－),如图 3-13 所示。拉电流就是电流的流动方向是从 PLC 控制器流向传感器元件。

(3) SRCE(灌电流)输入方式　单端共点 SRCE 输入接线(内部共点端子 COM 接 24V－,外部共线接 24V＋),如图 3-14 所示。灌电流就是电流的流动方向是从传感器流向 PLC 控制器。

(4) S/S 端输入方式

S/S 端输入方式是 SINK(拉电流)/SRCE(灌电流)可切换输入方式,S/S 端子与 COM 端不同的是,COM 是与内部电源正极或负极固定相连,S/S 端子是非固定相连的,根据需要才与内部电源或外部电源的正极或者负极相连。

S/S 端拉电流接线方式(内部共点端子 S/S 接 24V＋,外部共线接 24V－),如图 3-15 所示。

S/S 端灌电流接线方式(内部共点端子 S/S 接 24V－,外部共线接 24V＋),如图 3-16

所示。

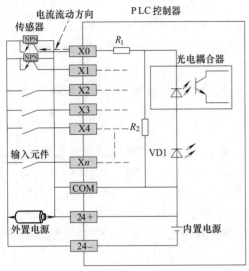

图 3-13　拉电流输入接线方式

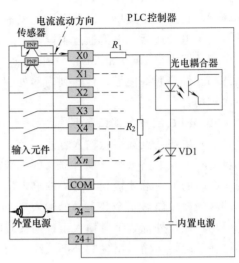

图 3-14　灌电流输入接线方式

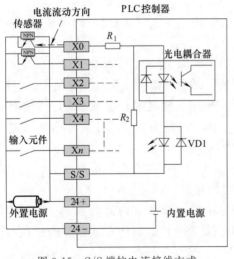

图 3-15　S/S 端拉电流接线方式

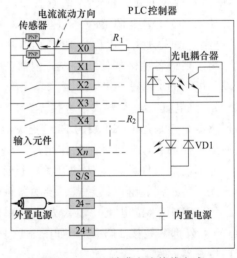

图 3-16　S/S 端灌电流接线方式

　　当有源输入元件（霍尔开关、接近开关、光电开关、光幕传感器等）数量比较多，消耗功率比较大，PLC 内置电源不能满足时，需要配置外置电源。根据需求可以配 24VDC，一定功率的开关电源。外置电源原则上不能与内置电源并联，根据 COM 与外部共线的特点，SINK（拉电流）输入方式时，外置电源与内置电源正极相连接；SRCE（灌电流）输入方式时，外置电源与内置电源负极相连接。

　　简单判断 SINK（拉电流）输入方式，只需要 Xn 端与负极短路，如果接口指示灯亮就说明是 SINK 输入方式。共正极的光耦合器，可接 NPN 型的传感器。SRCE（灌电流）输入方式，将 Xn 端与正极短路，如果接口指示灯亮就说明是 SRCE 输入方式。共负极的光耦合器，可接 PNP 型的传感器。

对于两线式的开关量输入，如果是无源触点，SINK 与 SRCE 按图示的输入元件接法，对于两线式的接近开关，需要判断接近开关的极性，正确接入。

四、PLC 的外部输入元件

（1）无电源接点接线　无源接点比较简单，接线容易（如按钮开关、行程开关、舌簧磁性开关、继电器触点等）。这种开关不存在电源的极性、压降等因素，图 3-15 和图 3-16 中的输入元件就是此类型。

（2）有源两线制传感器接线（如接近开关、有源舌簧磁性开关等）　两线制传感器的图形符号如图 3-17 所示。有源两线接近开关有直流与交流两种，这种传感器的特点是就有两根线。这种传感器导通后，为了保证电路正常工作，需要一个保持电压来维持传感器工作，通常有 3.5～5V 的电压降。在不导通时（静态时）泄漏电流要小于 1mA，这个指标在使用时很重要，如果泄漏电流过大，会造成接近开关没检测到信号时，就使 PLC 的输入端的光电耦合器导通，认为有信号输入，造成错误指令。

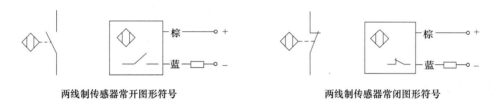

两线制传感器常开图形符号　　　　　　　　　两线制传感器常闭图形符号

图 3-17　两线制传感器的图形符号

直流两线制接近开关分二极管极性保护［见图 3-18（a）］与桥式整流极性保护［见图 3-18（b）］。前者在接 PLC 时需要注意极性，后者就不需要注意极性。有源舌簧磁性开关主要用在汽缸上作位置检测，由于需要信号指示，内部有双向二极管回路，因此也不需要注意极性。交流两线制接近开关就不需要注意极性。

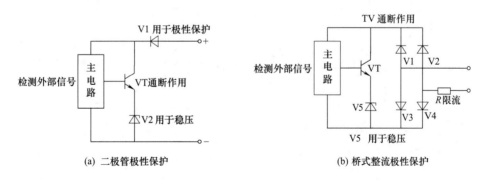

（a）二极管极性保护　　　　　　　　　　　（b）桥式整流极性保护

图 3-18　有源两线式传感器接线

有源两线制传感器单端共点 SINK 输入接线（PLC 内部共点端子 COM 接 24V－，外部共线接 24V＋）。如图 3-19 所示。

有源两线制传感器单端共点 SRCE 输入接线（内部共点端子 COM 接 24V＋，外部共线接 24V－）。如图 3-20 所示。

（3）有源三线传感器接线（电感传感器开关、电容传感器开关、霍尔开关、光电开关等） 三线制传感器的图形符号如图 3-21 所示。

直流有源三制线接近开关与光电开关输出管使用三极管输出，因此传感器分 NPN 和 PNP 输出。NPN 型当传感器有检测信号 VT 导通，输出端 OUT 的电流流向负极，输出端 OUT 电位接近负极，如图 3-22 所示，通常说的高电平翻转成低电平。PNP 型当传感器有检测信号 VT 导通，正极的电流流向输出端 OUT，输出端 OUT 电位接近正极，通常说的低电平翻转成高电平，如图 3-23 所示。

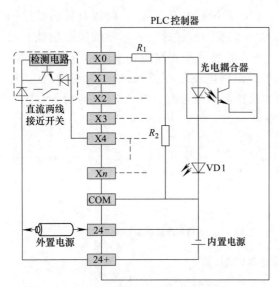

图 3-19　有源两线制传感器 SINK 输入接线

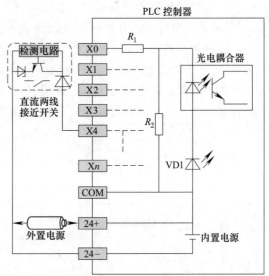

图 3-20　有源两线制传感器 SRCE 输入接线

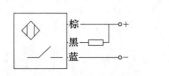 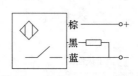

图 3-21　三线制传感器的图形符号

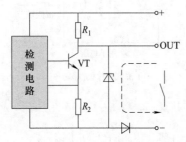

图 3-22　有源三线传感器 NPN 输出

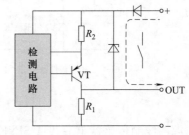

图 3-23　有源三线传感器 PNP 输出

电路中三极管的发射极上的电阻 R_2 为短路保护采样电阻（2～3Ω），不影响输出电流。三极管的集电极的电阻 R_1 为上拉与下拉电阻，提供输出电位，方便电平接口的电路。另一种输出的三极管集电极开路输出不接上拉与下拉电阻，简单说当三极管 VT 导通时，相当于一个接点导通。

有源三线传感器 NPN 单端共点 SINK 输入接线（内部共点端子 COM 接 24V＋，外部共线接 24V－），如图 3-24 所示。

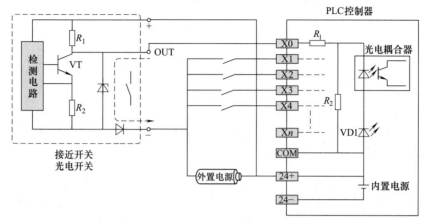

图 3-24 有源三线传感器 NPN 输出与 PLC 的接线

有源三线传感器 PNP 单端共点 SRCE 输入接线（内部共点端子 COM 接 24V－，外部共线接 24V＋），如图 3-25 所示。

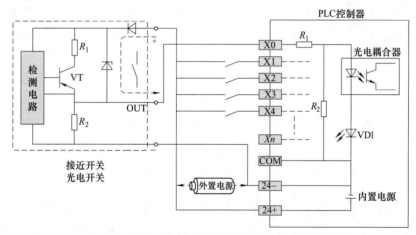

图 3-25 有源三线传感器 PNP 输出与 PLC 的接线

由于 PLC 输入接口电路形式和外接元件（传感器）输出信号形式的多样性，因此在 PLC 输入模块接线前有必要了解 PLC 输入电路形式和传感器输出信号的形式，才能确保 PLC 输入模块接线正确无误，在实际应用中才能游刃有余，为后期的编程工作和系统稳定奠定基础。

第四章 先进设备控制技术

第一节 变 频 器

一、变频器的基础知识

变频调速已被公认为是最理想、最有发展前途的调速方式之一，采用通用变频器可以构成变频调速传动系统。通用变频器如图 4-1 所示。

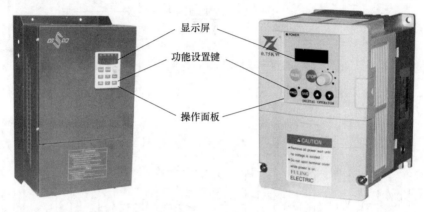

图 4-1 变频器

变频调速得以广泛的推广和应用主要是变频器在实际应用中有着其他装置无法比拟的优点。

（1）控制电机的启动电流 当电机通过工频直接启动时它将会产生 7～8 倍的电机额定电流，这个电流值将大大增加电机绕组的电应力并产生热量，从而降低电机的寿命。而变频调速则可以在零速零电压启动（当然可以适当加转矩提升），一旦频率和电压的关系建立变频器就可以按照 V/F 或矢量控制方式带动负载进行工作。使用变频调速能充分降低启动电流，提高绕组承受力，用户最直接的好处就是电机的维护成本将进一步降低，电机的寿命则相应增加。

（2）降低电力线路电压波动 在电机工频启动时，电流剧增的同时电压也会大幅度波动，电压下降的幅度将取决于启动电机的功率大小和配电网的容量，电压下降将会导致同一供电网络中的电压敏感设备故障跳闸或工作异常，如 PC 机传感器接近开关和接触器等均会动作出错，而采用变频调速后由于能在零频零压时逐步启动，则能最大程度上消除电压下降。

（3）启动时需要的功率更低 电机功率与电流和电压的乘积成正比，那么通过工频直接启动的电机消耗的功率将大大高于变频启动所需要的功率，在一些工况下其配电系统已经达到了最高极限，其直接工频启动电机所产生的电涌就会对同网上的其他用户产生严重的影响，从而将受到电网运营商的警告，甚至罚款。如果采用变频器进行电机启停，就不会产生类似的问题。

（4）可控的加速功能　变频调速能在零速启动并按照用户的需要进行光滑地加速，而且其加速曲线也可以选择（直线加速、S形加速或者自动加速）。而通过工频启动时对电机或相连的机械部分（轴或齿轮）都会产生剧烈的振动，这种振动将进一步加剧机械磨损和损耗，降低机械部件和电机的寿命，另外变频启动还能应用在类似灌装线上，以防止瓶子倒翻或损坏。

（5）可调的运行速度　运用变频调速能优化工艺过程，并能根据工艺过程迅速改变，还能通过远控 PLC 或其他控制器来实现速度变化。

（6）可调的转矩极限　通过变频调速后能够设置相应的转矩极限来保护机械不致损坏，从而保证工艺过程的连续性和产品的可靠性。目前的变频技术使得不仅转矩极限可调，甚至转矩的控制精度都能达到 35 左右。在工频状态下电机只能通过检测电流值或热保护来进行控制，而无法像在变频控制一样设置精确的转矩值来动作。

（7）受控的停止方式　如同可控的加速一样，在变频调速中，停止方式可以受控并且有不同的停止方式可以选择（减速停车自由停车、减速停车直流制动）。同样，它能减少对机械部件和电机的冲击，从而使整个系统更加可靠，寿命也会相应增加。

（8）节能　离心风机或水泵采用变频器后都能大幅度地降低能耗，这在十几年的工程经验中已经得到体现，由于最终的能耗是与电机的转速成立方比，所以采用变频后投资回报就更快，厂家也乐意接受。

（9）可逆运行控制　在变频器控制中，要实现可逆运行控制，无须额外的可逆控制装置，只需要改变输出电压的相序即可，这样就能降低维护成本和节省安装空间。

（10）减少机械传动部件　由于目前矢量控制变频器加上同步电机就能实现高效的转矩输出，从而节省齿轮箱等机械传动部件，最终构成直接变频传动系统，从而就能降低成本和空间，提高稳定性。

二、变频器的分类

变频器即电压频率变换器，是一种将固定频率的交流电变换成频率、电压连续可调的交流电，以供给电动机运转的电源装置。目前国内外变频器的种类很多，可按以下几种方式分类。

（一）按变换环节分类

1. 交流—直流—交流变频器

交—直—交变频器首先将频率固定的交流电整流成直流电，经过滤波，再将平滑的直流电逆变成频率连续可调的交流电。由于把直流电逆变成交流电的环节较易控制，因此在频率的调节范围内，以及改善频率后电动机的特性等方面都有明显的优势，目前，此种变频器已得到普及。

2. 交流—交流变频器

交—交变频器把频率固定的交流电直接变换成频率连续可调的交流电。其主要优点是没有中间环节，故变换效率高。但其连续可调的频率范围窄，一般为额定频率的 1/2 以下，故它主要用于低速大容量的拖动系统中。

（二）按电压的调制方式分类

1. PAM（脉幅调制）

它是通过调节输出脉冲的幅值来调节输出电压的一种方式，调节过程中，逆变器负责调频，相控整流器或直流斩波器负责调压。目前，在中小容量变频器中很少采用，这种方式基本不用。

2．PWM（脉宽调制）

它是通过改变输出脉冲的宽度和占空比来调节输出电压的一种方式，调节过程中，逆变器负责调频调压。目前普遍应用的是脉宽按正弦规律变化的正弦脉宽调制方式，即 SPWM 方式。中小容量的通用变频器几乎全部采用此类型的变频器。

（三）按滤波方式分类

1．电压型变频器

在交—直—交变压变频装置中，当中间直流环节采用大电容滤波时，直流电压波形比较平直，在理想情况下可以等效成一个内阻抗为零的恒压源，输出的交流电压是矩形波或阶梯波，这类变频装置叫作电压型变频器。一般的交—交变压变频装置虽然没有滤波电容，但供电电源的低阻抗使它具有电压源的性质，也属于电压型变频器。

2．电流型变频器

在交—直—交变压变频装置中，当中间直流环节采用大电感滤波时，直流电流波形比较平直，因而电源内阻抗很大，对负载来说基本上是一个电流源，输出交流电流是矩形波或阶梯波，这类变频装置叫作电流型变频器。有的交—交变压变频装置用电抗器将输出电流强制变成矩形波或阶梯波，具有电流源的性质，它也是电流型变频器。

（四）按输入电源的相数分类

1．三进三出变频器

变频器的输入侧和输出侧都是三相交流电，绝大多数变频器都属于此类。

2．单进三出变频器

变频器的输入侧为单相交流电，输出侧是三相交流电，家用电器里的变频器都属于此类，通常容量较小。

（五）按控制方式分类

1．U/f 控制变频器

U/f 控制是在改变变频器输出频率的同时控制变频器输出电压，使电动机的主磁通保持一定，在较宽的调速范围内，电动机的效率和功率因数保持不变。因为是控制电压和频率的比，所以称为 U/f 控制。它是转速开环控制，无需速度传感器，控制电路简单，是目前通用变频器中使用较多的一种控制方式。

2．转差频率控制变频器

转差频率控制需检测出电动机的转速，构成速度闭环。速度调节器的输出为转差频率，然后以电动机速度与转差频率之和作为变频器的给定输出频率。转差频率控制是指能够在控制过程中保持磁通 ϕ_m 的恒定，能够限制转差频率的变化范围，且能通过转差频率调节异步电动机的电磁转矩的控制方式。与 U/f 控制方式相比，加减速特性和限制过电流的能力得到提高。另外，还有速度调节器，它是利用速度反馈进行速度闭环控制。速度的静态误差小，适用于自动控制系统。

3．矢量控制方式变频器

上述的 U/f 控制方式和转差频率控制方式的控制思想都建立在异步电动机的静态数学模型上，因此动态性能指标不高。采用矢量控制方式的目的，主要是为了提高变频调速的动态性能。矢量控制方式基于电动机的动态数学模型，分别控制电动机的转矩电流和励磁电流，基本上可以达到和直流电动机一样的控制特性。

三、变频器应用场合

1. 空调负载类

写字楼、商场和一些超市、厂房都有中央空调，在夏季的用电高峰，空调的用电量很大。因而用变频装置，拖动空调系统的冷冻泵、冷水泵、风机是一项非常好的节电技术。目前，全国出现不少专做空调节电的公司，其中主要技术是变频调速节电。

2. 泵类负载

泵类负载，量大面广，包括水泵、油泵、化工泵、泥浆泵、砂泵等，有低压中小容量泵，也有高压大容量泵。

3. 破碎机类负载

冶金矿山、建材应用不少破碎机、球磨机，该类负载采用变频后效果显著。

4. 大型窑炉煅烧炉类负载

冶金、建材、烧碱等大型工业转窑（转炉）以前大部分采用直流、整流子电机、滑差电机、串级调速或中频机组调速。由于这些调速方式或有滑环或效率低，近年来，不少单位采用变频控制，效果极好。

5. 压缩机类负载

压缩机也属于应用广泛类负载。低压的压缩机在各工业部门都普遍应用，高压大容量压缩机在钢铁（如制氧机）、矿山、化肥、乙烯都有较多应用。采用变频调速，均带来启动电流小、节电、优化设备使用寿命等优点。

6. 轧机类负载

在冶金行业，过去大型轧机多用交—交变频器，近年来采用交—直—交变频器，轧机交流化已是一种趋势，尤其在轻负载轧机，满足低频带载启动，机架间同步运行，恒张力控制，操作简单可靠。

7. 卷扬机类负载

卷扬机类负载采用变频调速，稳定、可靠。铁厂的高炉卷扬设备是主要的炼铁原料输送设备。它要求启、制动平稳，加、减速均匀，可靠性高。原多采用串级、直流或转子串电阻调速方式，效率低、可靠性差。用交流变频器替代上述调速方式，可以取得理想的效果。

8. 转炉类负载

转炉类负载，用交流变频替代直流机组简单可靠，运行稳定。

9. 辊道类负载

辊道类负载，多在钢铁冶金行业，采用交流电机变频控制，可提高设备可靠性和稳定性。

许多自来水公司的水泵、化工和化肥行业的化工泵、往复泵、有色金属等行业的泥浆泵等采用变频调速，均产生非常好的效果。

10. 吊车、翻斗车类负载

吊车、翻斗车等负载转矩大且要求平稳，正反转频繁且要求可靠。变频装置控制吊车、翻斗车可满足这些要求。

四、变频器的接线形式

变频器在使用时应接在接触器的后面，如图 4-2 所示，输入端连接接触器的出线端，变频器的输出端连接热继电器。

1. 电源侧断路器

① 作用：用于变频器、电动机与电源回路的通断，并且在出现过流或短路事故时能自动切断变频器与电源的联系，以防事故扩大。

② 选择方法：如果没有工频电源切换电路，由于在变频调速系统中，电动机的启动电流可控制在较小范围内，因此电源侧断路器的额定电流可按变频器的额定电流来选用。如果有工频电源切换电路，当变频器停止工作时，电源直接接电动机，所以电源侧断路器应按电动机的启动电流进行选择。

2. 电源侧交流接触器

作用：电源一旦断电，自动将变频器与电源脱开，以免在外部端子控制状态下重新供电时变频器自行工作，以保护设备的安全及人身安全；在变频器内

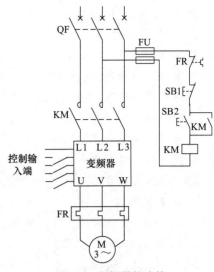

图 4-2 变频器的连接

部保护功能起作用时，通过接触器使变频器与电源脱开。当然，变频器即使无电源侧的交流接触器也可使用。使用时应注意以下事项。

① 不要用交流接触器进行频繁地启动或停止（变频器输入回路的开闭寿命大约为 10 万次）。

② 不能用电源侧的交流接触器停止变频器。

输出侧电磁接触器使用时应注意：在变频器运转中勿将输出侧电磁接触器 OFF—ON；在变频器运转中开启电磁接触器，将有很大的冲击电流流过，有时会因过电流而停机。

3. 热继电器

通用变频器都具有内部电子热敏保护功能，不需要热继电器保护电动机，但遇到下列情况时，应考虑使用热继电器：在 10Hz 以下或 60Hz 以上连续运行时；一台变频器驱动多台电动机时。

使用时注意：如果导线过长（10m 或更长），继电器会过早跳开，此情况下应在输出侧串入滤波器或者利用电流传感器。50Hz 时过热继电器的设定值为电动机额定电流的 1.0 倍，60Hz 时过热继电器的设定值为电动机额定电流的 1.1 倍。

五、西门子 MM440 系列变频器应用简介

西门子变频器是现在应用比较多的一种变频器，在这里通过一种比较通俗的图解形式，介绍变频器应用的一些知识，以便于广大初学者能更好地了解先进控制技术。

西门子变频器 MM440 系列变频器的控制电机功率由 0.12kW 一直到 250kW，是一种应用范围很广通用性变频器，MM440 系列变频器的主要技术参数如下。

① 应用电源电压：交流 200～240V 波动 1%～10%，单相输入，三相输出。

② 变频器额定功率：0.75kW。

③ 输入频率：47～63Hz。

④ 输出频率：0～650Hz。

⑤ 功率因数：$\cos\varphi = 0.98$。

⑥ 过载能力：150% 时间 60s。

⑦ 合闸时的冲击电流：小于额定输入电流。

⑧ 15 个固定频率可供编程使用。

⑨ 有 6 个数字输入端供编程使用。

⑩ 有 2 个模拟输入端供编程使用。

⑪ 有 3 个继电器输出端口供编程使用。

⑫ 有 2 个模拟输出端口供编程使用。

⑬ 串行接口：RS-485。

⑭ 工作环境温度要求 10～40℃。

⑮ 工作环境湿度＜95％。

⑯ 工作地区海拔高度 1000m 以下时不需要降低额定值运行。

⑰ 具有的保护功能：过电压和欠电压保护、短路和接地保护、过载保护、变频器过热和电动机过热保护、电动机失步保护、参数联锁保护、电动机锁定保护。

（一）MM440 系列变频器电路构造

MM440 系列变频器电路构造由两大部分组成，如图 4-3 所示。

一部分是主电路，将电源输入的单相或三相的正弦交流电经过整流电路转换成恒定直流电压供给逆变电路，逆变电路在 CPU 的控制下，将恒定的直流电压逆变成频率和电压均可以调节的三相交流电供给电动机负载，MM440 系列变频器整流环节是通过电容器进行滤波的，因此属于电压型交—直—交变频器。

另一部分是控制电路，主要由 CPU 处理器、模拟量输入、模拟量输出、数字量输入、输出继电器触点、操作面板等组成。

1、2 接线端子是变频器为用户提供的 10V 直流电源，这个 10V 电源是为了采用模拟电压信号输入方式为输入给定频率时，为保证变频器的控制精度，必须配置一个高精度的直流稳压电源。

3、4 和 10、11 是两对模拟电压输入端，作为给定频率信号，再经过变频器内部的模/数（A/D）转换器将模拟量换成数字量传给 CPU 来控制系统。

5、6、7、8、16、17 是供用户编程使用的输入端，输入端的信号经光电隔离输入给处理器 CPU，可对电动机进行正反转运行、正反向点动、固定频率设定值、停止等控制。

9、28 是 24V 直流电源输入端，是用户为变频器的控制提供 24V 直流电源。

14、15 是电动机过热保护输入端。

12、13 和 26、27 是模拟量输出端。

18、19、20、21、22、23、24、25 是输出继电器的触点。

29、30 是 RS-485（UUS 协议）连接端。RS-485 是计算机与变频器通信接口协议，RS-485 的特点是可以与多台机器之间联系，具有很高的抗噪声能力，工作距离可达 1000m。

MM440 系列变频器的控制接线端子位置如图 4-4 所示。

（二）MM440 系列变频器面板介绍

MM440 系列变频器的标准供货配置只有状态显示板（SDP）［见图 4-5（a）］，并设置好了各种参数值。如果使用者认为出厂的设定值不能适应用户设备，需要用户修改并设定参数，使变频器的参数与设备相匹配，应选用基本操作面板 BOP［见图 4-5（b）］，或高级操作面板 AOP［见图 4-5（c）］来设定参数。

1. SDP 显示板显示灯含义

MM440 系列变频器上的状态显示板，是由两个 LED 灯来显示其故障状态和报警信息，SDP 显示屏 LED 灯的各种状态信息含义如图 4-6 所示。

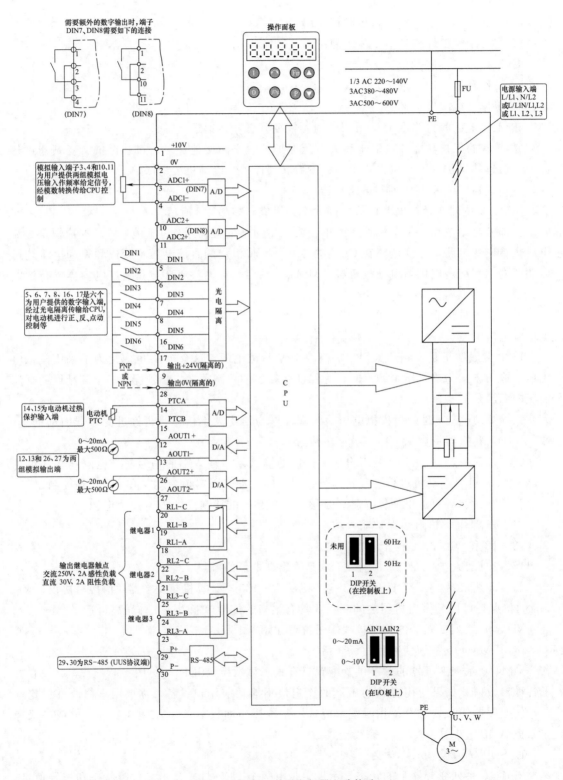

图 4-3 MM440 系列变频器电路构造

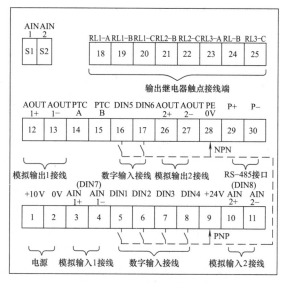

图 4-4　MM440 系列变频器的控制接线端子位置

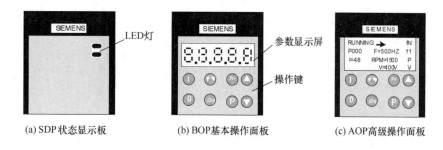

(a) SDP 状态显示板　　　　(b) BOP 基本操作面板　　　　(c) AOP 高级操作面板

图 4-5　MM440 系列显示操作面板

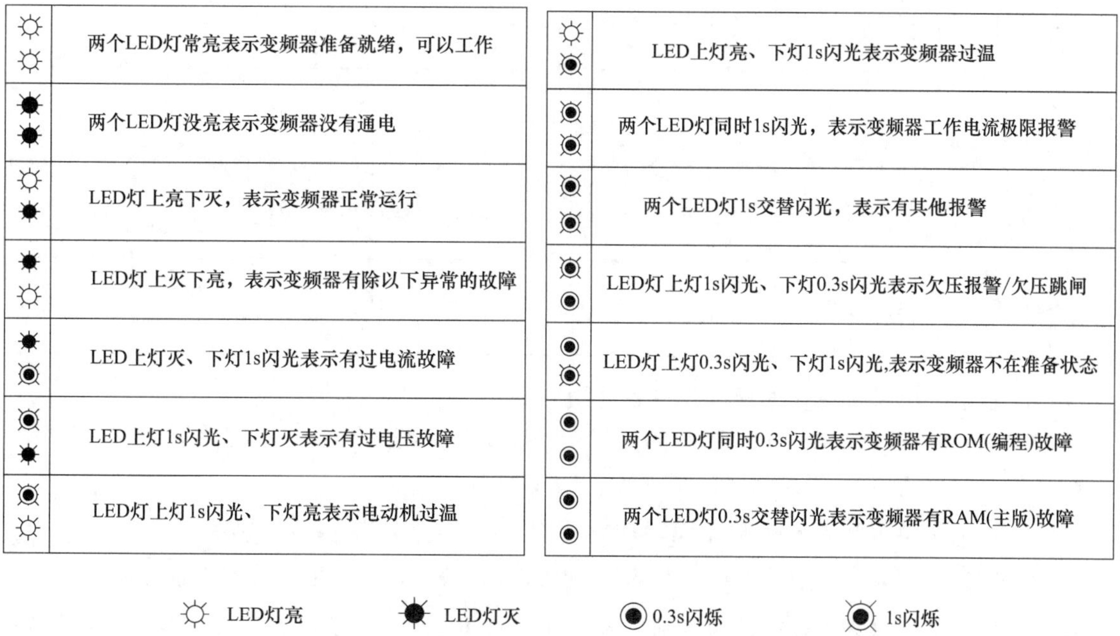

☼☼	两个LED灯常亮表示变频器准备就绪，可以工作	☼◉	LED上灯亮、下灯1s闪光表示变频器过温
●●	两个LED灯没亮表示变频器没有通电	◉◉	两个LED灯同时1s闪光，表示变频器工作电流极限报警
☼●	LED灯上亮下灭，表示变频器正常运行	◉◉	两个LED灯1s交替闪光，表示有其他报警
●☼	LED灯上灭下亮，表示变频器有除以下异常的故障	◉◉	LED灯上灯1s闪光、下灯0.3s闪光表示欠压报警/欠压跳闸
●◉	LED上灯灭、下灯1s闪光表示有过电流故障	◉◉	LED灯上灯0.3s闪光、下灯1s闪光,表示变频器不在准备状态
◉●	LED上灯1s闪光、下灯灭表示有过电压故障	◉◉	两个LED灯同时0.3s闪光表示变频器有ROM(编程)故障
◉☼	LED灯上灯1s闪光、下灯亮表示电动机过温	◉◉	两个LED灯0.3s交替闪光表示变频器有RAM(主版)故障

☼ LED灯亮　　　● LED灯灭　　　◉ 0.3s闪烁　　　◉ 1s闪烁

图 4-6　LED 灯的各种状态信息含义

2. BOP 基本操作面板

BOP 显示屏由 5 个数码管组成，如图 4-5 （b） 所示，可以显示变频器的各种参数，以及设定值和实际值，当显示 r××××表示一个用于显示的只读参数；P××××表示启动调试设定；A××××表示报警信息；F××××表示故障信息；以及设定参数的物理单位如电流 A、电压 V、频率 Hz、时间 s。利用 BOP 操作面板上的按键可以修改变频器的各种参数，BOP 按键功能见表 4-1。

表 4-1　BOP 操作按键功能

按键	功能	功 能 说 明
r0000	状态显示	显示变频器当前的设定值
I	电动机启动键	此键一般是被封锁的,变频器启动由数字输入端控制的,如果需要此键控制,应修改参数设定值的 P0700 或 P0719 的设定值
0	电动机停止键	①此键一般是被封锁的,变频器停止由数字输入端控制,如果需要此键控制,应修改参数设定值的 P0700 或 P0719 的设定值 ②但按此键时间较长或连续按两次,电动机也将会停车但没有制动功能,不管参数如何设定,停止键功能总是"可用"的
⏶	改变电动机运行方向键	按动此键可以改变电动机的运行方向,电动机的反转用负号(一)或用闪烁的小数点表示
jDg	电动机点动键	在变频器准备运行的状态下,按下此键,可使电动机启动并按设定好的频率点动运行,松开此键变频器停车,如果在变频器或电动机运行状态时,按动此键不起作用
Fn	功能键	按下此键可以浏览直流回路电压、输出电流、输出频率。 当出现故障或报警时,按动此键可以进行确认,并将显示屏上的故障或报警信号复位
P	参数访问键	按动此键可以访问设定的各种参数
▲	增加数值	在设定参数时,按动此键可以增加面板上显示的参数值
▼	减少数值	在设定参数时,按动此键可以减少面板上显示的参数值
Fn + P	AOP 菜单键	只在 AOP 高级操作时有效

3. 使用 BOP 基本操作面板修改参数过程举例 1

修改 P0004 控制命令、I/O 参数的步骤；P0004 是参数过滤器，可以按照功能的要求筛选出与之有关功能的参数，可以快捷地进行变频器的调试。

① 按 P 参数访问键，调出 r0000 显示，表示进入驱动装置参数显示。

② 按 ▲ 直到显示出所需要的参数代码 P0004，表示进入参数过滤器设定功能。

③ 再按 P 键进入参数的访问级别，调出 0 显示，表示没有筛选功能可以直接调取参数。

④ 按 ▲ 或 ▼ 键达到所需要的数值，调出 `          1` 显示，表示控制命令、数字 I/O 的设定。

⑤ 再按 Ⓟ 键调出 `P0004` 的显示，表示确认并存储参数的数值。

4. 使用 BOP 基本操作面板修改参数过程举例 2

修改控制命令 P0700，P0700 是选择控制命令源的参数，当 P0700＝0 时为缺省设置，P0700＝1 时为 BOP 操作面板控制，当 P0700＝2 时由 DIN1～DIN6 端子输入控制。

① 按 Ⓟ 参数访问键，调出 `r0000` 显示，表示进入驱动装置参数显示。

② 按 ▲ 直到显示出所需要的参数代码 `P0700`，表示进入命令源参数设定功能。

③ 再按 Ⓟ 键显示当前的级别，调出 `          0` 显示，表示当前位缺省设置。

④ 按 ▲ 或 ▼ 键达到所需要的数值，调出 `          2` 显示，表示由端子输入控制设定。

⑤ 再按 Ⓟ 键调出 `P0700` 的显示，表示确认并存储参数的数值。

（三）MM440 系列常用参数设定说明

1. 使用地区 P0100 设定

变频器使用地区参数号为 P0100，设定值的范围 0、1、2，设定说明如下。

① P0100＝0：适用于欧美地区，功率单位为 kW；频率的默认值为 50Hz。

② P0100＝1：适用于北美地区，功率单位为 hp；频率的默认值为 60Hz。

③ P0100＝2：适用于北美地区，功率单位为 kW；频率的默认值为 60Hz。

在我国使用 MM440 系列变频器 P0100 应设定位 0。

2. 电动机类别 P0300 选择设定

电动机的类别的选择是选择异步电动机还是同步电动机，设定值的范围 1、2，设定说明如下。

① P0300＝1：为异步电动机。

② P0300＝2：为同步电动机。

3. 电动机转矩 P205 设定

由于电动机工作时受到负载变化，电动机的转矩会受到很大的影响，在变频器必须设定应用对象，否则会造成变频器的故障，P205 设定值的范围 0 或 1，设定说明如下。

① P205＝0：为恒定转矩电动机。

② P205＝1：为变转矩电动机。

4. 电动机额定电压 P0304 设定

电动机额定电压的设定参数是 P0304，设定值的范围是 10～2000V，使用时应根据所选用的电动机铭牌上的额定电压来设定。

5. 电动机额定电流 P0305 设定

电动机额定电流的设定参数是 P0305，设定值的范围为变频器额定电流的 0～2 倍，使用时应根据所选用的电动机铭牌上的额定电流来设定。

6. 电动机额定功率 P0307 设定

电动机额定功率的设定参数是 P0307，设定值的范围为 0～2000kW，使用时应根据所选用的电动机铭牌上的额定功率来设定。

7. 电动机额定功率因数 P0308 设定

电动机额定功率因数的设定参数是 P0308，设定值的范围为 0.000～1.000，使用时应根据所选用的电动机铭牌上的额定功率因数来设定。

8. 电动机额定频率 P0310 设定

电动机额定频率的设定参数是 P0310，设定值的范围为 12～650Hz，使用时应根据所选用的电动机铭牌上的额定频率来设定。

9. 电动机额定转速 P0311 设定

电动机额定转速的设定参数是 P0311，设定值的范围为 0～40000r/min，使用时应根据所选用的电动机铭牌上的额定转速来设定。

10. 电动机冷却方式 P0335 设定

电动机冷却方式的设定参数是 P0335，设定值为 0～3，设定说明如下。

① P0335＝0：电动机自冷，由电动机轴上的风扇冷却。

② P0335＝1：强制冷却，由独立供电的冷却风机进行冷却。

③ P0335＝2：自冷和内置冷却风机。

④ P0335＝3：强制冷却。

11. 电动机过载能力 P0640 设定

电动机过载百分比的设定参数是 P0640，设定值的范围为 10%～400%，这个过载数值是以额定电流 P0305 的百分比表示过载限幅的。变频器的默认值为 150%。

12. 选择控制命令源 P0700 的设定

选择控制命令源参数是 P0700，命令源是选择由变频器面板控制还是由端子输入控制，设定值为 0、1、2，设定说明如下。

① P0700＝0：为缺省设置。

② P0700＝1：由变频器基本操作面板控制。

③ P0700＝2：由端子板输入端控制。

13. 电动机变频频率 P1000 设定

电动机变频频率的设定参数为 P1000，在快速调试设定的代码为 1、2、3、7，具体的设定说明如下。

① P1000＝1：由电动电位器设定。

② P1000＝2：模拟设定值 1。

③ P1000＝3：固定频率设定值。

④ P1000＝7：模拟设定值 2

14. 电动机最低频率 P1080 设定

电动机的最低频率的设定范围为 0～650Hz，变频器出厂的默认值为 0Hz。

15. 电动机最高频率 1082 设定

电动机的最高频率的设定范围为 0～650Hz，变频器出厂的默认值为 50Hz。

16. 电动机频率上升时间 P1120 设定

频率上升时间的设定范围 0～650s，是电动机由静止状态上升到最高频率 P1082 设定值所需要的时间。

17. 电动机频率下降时间 P1121 设定

频率下降时间的设定范围 0～650s，是电动机由最高频率 P1082 设定值减速到停止所需要的时间。

（四）MM440 系列常用故障信息说明

当发生故障时，变频器自动跳闸，并在显示屏上出现一个故障代码 F××××。

代码 F0001 表示过流故障，可能的原因有：电动机的功率与变频器功率不对应；电动机电缆太长；电动机导线短路；有接地故障。

代码 F0002 表示过电压故障，可能的原因有：供电电压过高；电动机下降速度太快进入再生制动状态；直流回路电压超过额定值。

代码 F0003 表示欠电压故障，可能的原因有：供电电源故障；负载冲击电流超过变频器的限定值。

代码 F0004 表示变频器过温故障，可能的原因有：冷却风量不足；环境温度过高。

代码 F0005 表示变频器过热保护故障，可能的原因有：变频器过载；电动机功率超过变频器负载能力。

代码 F0011 表示电动机过热故障，可能的原因有：电动机过载。

代码 F0012 表示变频器温度信号丢失故障，可能的原因有：变频器散热器的温度传感器断线或损坏。

代码 F0015 表示电动机温度信号丢失故障，可能的原因有：电动机的温度传感器断线或损坏。

代码 F0020 表示电源缺相故障，如果三相电源一相丢失，便出现此故障，但变频器的脉冲仍然允许输出，变频器仍然可以带负载工作。

代码 F0021 表示有接地故障，一相的相电流超过额定电流 5% 时将引起这一故障。

代码 F0023 表示输出有一相短路故障。

代码 F0024 表示变频器的整流器过热故障。

代码 F0030 表示变频器冷却风机不工作故障。

代码 F0054 表示变频器 I/O 板（输入/输出）接线故障。

代码 F0060 表示变频器内部通信故障。

代码 F0085 表示有端子板输入触发信号故障。

（五）MM440 常用报警信息说明

代码 A0501 表示过电流超极限报警。

代码 A0502 表示过电压超极限报警。

代码 A0503 表示欠电压超极限报警。

代码 A0506 表示变频器"工作－停止"周期报警，表示"工作－停止"的周期和冲击电流超出了规定范围。

代码 A0511 表示电动机工作时间太长报警。

代码 A0512 表示电动机温度检测信号丢失报警。

代码 A0520 表示变频器的整流器温度超极限报警。

代码 A0521 表示变频器运行环境温度超极限报警。

代码 A0523 表示变频器输出断线报警。

代码 A0701～A0711 表示变频器通信板故障报警。

六、变频器主要疑难解答

1. 什么是变频器？

变频器是利用电力半导体器件的通断作用将工频电源变换为另一频率的电能控制装置。

2. PWM 和 PAM 的不同点是什么？

PWM 是英文 Pulse Width Modulation（脉冲宽度调制）缩写，按一定规律改变脉冲列的脉冲宽度，以调节输出量和波形的一种调值方式。

PAM 是英文 Pulse Amplitude Modulation（脉冲幅度调制）缩写，是按一定规律改变脉冲列的脉冲幅度，以调节输出量值和波形的一种调制方式。

3. 电压型与电流型有什么不同？

变频器的主电路大体上可分为两类：电压型是将电压源的直流变换为交流的变频器，直流回路的滤波是电容；电流型是将电流源的直流变换为交流的变频器，其直流回路滤波是电感。

4. 为什么变频器的电压与电流成比例地改变？

异步电动机的转矩是电动机的磁通与转子内流过电流之间相互作用而产生的，在额定频率下，如果电压一定而只降低频率，那么磁通就过大，磁回路饱和，严重时将烧毁电动机。因此，频率与电压要成比例地改变，即改变频率的同时控制变频器输出电压，使电动机的磁通保持一定，避免弱磁和磁饱和现象的产生。这种控制方式多用于风机、泵类节能型变频器。

5. 电动机使用工频电源驱动时，电压下降则电流增加；对于变频器驱动，如果频率下降时电压也下降，那么电流是否增加？

频率下降（低速）时，如果输出相同的功率，则电流增加，但在转矩一定的条件下，电流几乎不变。

6. 采用变频器运转时，电机的启动电流、启动转矩怎样？

采用变频器运转，随着电机的加速相应提高频率和电压，启动电流被限制在 150% 额定电流以下（根据机种不同，为 125%～200%）。用工频电源直接启动时，启动电流为 6～7 倍，因此，将产生机械电气上的冲击。采用变频器传动可以平滑地启动（启动时间变长）。启动电流为额定电流的 1.2～1.5 倍，启动转矩为 70%～120% 额定转矩；对于带有转矩自动增强功能的变频器，启动转矩为 100% 以上，可以带全负载启动。

7. U/f 模式是什么意思？

频率下降时电压 U 也成比例下降，这个问题已在 4. 中说明。U 与 f 的比例关系是考虑了电机特性而预先决定的，通常在控制器的存储装置（ROM）中存有几种特性，可以用开关或标度盘进行选择。

8. 按比例地改 U 和 f 时，电机的转矩如何变化？

频率下降时完全成比例地降低电压，那么由于交流阻抗变小而直流电阻不变，将造成在低速下产生的转矩有减小的倾向。因此，在低频时给定 U/f，要使输出电压提高一些，以便获得一定的启动转矩，这种补偿称增强启动。可以采用各种方法实现，有自动进行的方法、选择 U/f 模式或调整电位器等方法。

9. 在说明书上写着变速范围 60～6Hz，即 10:1，那么在 6Hz 以下就没有输出功率吗？

在 6Hz 以下仍可输出功率，但根据电机温升和启动转矩的大小等条件，最低使用频率取 6Hz 左右，此时电动机可输出额定转矩而不会引起严重的发热问题。变频器实际输出频率（启动频率）根据机种为 0.5～3Hz。

10. 对于一般电机的组合是在 60Hz 以上也要求转矩一定，是否可以？

通常情况下是不可以的。在 60Hz 以上（也有 50Hz 以上的模式）电压不变，大体为恒功率特性，在高速下要求相同转矩时，必须注意电机与变频器容量的选择。

11. 所谓开环是什么意思？

给所使用的电机装置设速度检出器（PG），将实际转速反馈给控制装置进行控制的，称为"闭环"，不用 PG 运转的就叫作"开环"。通用变频器多为开环方式，也有的机种利用选件可进行 PG 反馈。

12. 实际转速对于给定速度有偏差时如何办？

开环时，变频器即使输出给定频率，电机在带负载运行时，电机的转速在额定转差率的范围内（1%～5%）变动。对于要求调速精度比较高，即使负载变动也要求在近于给定速度下运转的场合，可采用具有 PG 反馈功能的变频器（选用件）。

13. 如果用带有 PG 的电机，进行反馈后速度精度能提高吗？

具有 PG 反馈功能的变频器，精度有提高。但速度精度的值取决于 PG 本身的精度和变频器输出频率的分辨率。

14. 失速防止功能是什么意思？

如果给定的加速时间过短，变频器的输出频率变化远远超过转速（电角频率）的变化，变频器将因流过过电流而跳闸，运转停止，这就叫作失速。为了防止失速使电机继续运转，就要检出电流的大小进行频率控制。当加速电流过大时适当放慢加速速率。减速时也是如此。两者结合起来就是失速功能。

15. 有加速时间与减速时间可以分别给定的机种和加减速时间共同给定的机种，这有什么意义？

加减速可以分别给定的机种，对于短时间加速、缓慢减速场合，或者对于小型机床需要严格给定生产节拍时间的场合是适宜的，但对于风机传动等场合，加减速时间都较长，加速时间和减速时间可以共同给定。

16. 什么是再生制动？

电动机在运转中如果降低指令频率，则电动机变为异步发电机状态运行，作为制动器而工作，这就叫作再生（电气）制动。

17. 是否能得到更大的制动力？

从电机再生出来的能量储积在变频器的滤波电容器中，由于电容器的容量和耐压的关系，通用变频器的再生制动力约为额定转矩的 10%～20%。如采用选用件制动单元，可以达到 50%～100%。

18. 说明变频器的保护功能。

保护功能可分为以下两类。

① 检知异常状态后自动地进行修正动作，如过电流失速防止、再生过电压失速防止。

② 检知异常后封锁电力半导体器件 PWM 控制信号，使电机自动停车，如过电流切断、再生过电压切断、半导体冷却风扇过热和瞬时停电保护等。

19. 为什么用离合器连接负载时，变频器的保护功能就动作？

用离合器连接负载时，在连接的瞬间，电机从空载状态向转差率大的区域急剧变化，流过的大电流导致变频器过电流跳闸，不能运转。

20. 在同一工厂内大型电机一启动，运转中变频器就停止，这是为什么？

电机启动时将流过和容量相对应的启动电流，电机定子侧的变压器产生电压降，电机容量大时此压降影响也大，连接在同一变压器上的变频器将作出欠压或瞬停的判断，因而有时保护功能（IPE）动作，造成停止运转。

21. 什么是变频分辨率？有什么意义？

对于数字控制的变频器，即使频率指令为模拟信号，输出频率也是有级给定。这个级差的最小单位就称为变频分辨率。

变频分辨率通常取值为 $0.015 \sim 0.5 Hz$，例如，分辨率为 $0.5 Hz$，那么 $23 Hz$ 的上面可变为 23.5，$24.0 Hz$，因此电机的动作也是有级地跟随。这样对于像连续卷取控制的用途就造成问题。在这种情况下，如果分辨率为 $0.015 Hz$ 左右，对于 4 级电机 1 个级差为 $1 r/min$ 以下，也可充分适应。另外，有的机种给定分辨率与输出分辨率不相同。

22. 装设变频器时安装方向是否有限制？

变频器内部和背面的结构考虑了冷却效果的，上下的关系对通风也是重要的，因此，对于单元型在盘内、挂在墙上的都取纵向位，尽可能垂直安装。

23. 不采用软启动，将电机直接投入到某固定频率的变频器时是否可以？

在很低的频率下是可以的，但如果给定频率高，则同工频电源直接启动的条件相近，将流过大的启动电流（$6 \sim 7$ 倍额定电流），由于变频器切断过电流，电机不能启动。

24. 电机超过 $60 Hz$ 运转时应注意什么问题？

超过 $60 Hz$ 运转时应注意以下事项。

① 机械和装置在该速下运转要充分可能（机械强度、噪声、振动等）。

② 电机进入恒功率输出范围，其输出转矩要能够维持工作（风机、泵等轴输出功率与速度的立方成比例增加，所以转速少许升高时也要注意）。

③ 产生轴承的寿命问题，要充分加以考虑。

④ 对于中容量以上的电机特别是 2 极电机，在 $60 Hz$ 以上运转时要与厂家仔细商讨。

25. 变频器可以传动齿轮电机吗？

根据减速机的结构和润滑方式不同，需要注意若干问题。在齿轮的结构上通常可考虑 $70 \sim 80 Hz$ 为最大极限，采用油润滑时，在低速下连续运转关系到齿轮的损坏等。

26. 变频器能用来驱动单相电机吗？可以使用单相电源吗？

基本上不能用。对于调速器开关启动式的单相电机，在工作点以下的调速范围时将烧毁辅助绕组；对于电容启动或电容运转方式的，将诱发电容器爆炸。变频器的电源通常为 3 相，但对于小容量的，也有用单相电源运转的机种。

27. 变频器本身消耗的功率有多少？

它与变频器的机种、运行状态、使用频率等有关，但要回答很困难。不过在 $60 Hz$ 以下的变频器效率大约为 $94 \% \sim 96 \%$，据此可推算损耗，但内藏再生制动式（FR-K）变频器，如果把制动时的损耗也考虑进去，功率消耗将变大，对于操作盘设计等必须注意。

28. 为什么不能在 $6 \sim 60 Hz$ 全区域连续运转使用？

一般电机利用装在轴上的外扇或转子端环上的叶片进行冷却，若速度降低则冷却效果下降，因而不能承受与高速运转相同的发热，必须降低在低速下的负载转矩，或采用容量大的变频器与电机组合，或采用专用电机。

29. 使用带制动器的电机时应注意什么？

制动器励磁回路电源应取自变频器的输入侧。如果变频器正在输出功率时制动器动作，将造成过电流切断。所以要在变频器停止输出后再使制动器动作。

30. 想用变频器传动带有改善功率因数用电容器的电机，电机却不动，请说明原因。

变频器的电流流入改善功率因数用的电容器，由于其充电电流造成变频器过电流（OCT），所以不能启动，作为对策，应将电容器拆除后运转，甚至改善功率因数，在变频器的输入侧接入 AC 电抗器是有效的。

31. 变频器的寿命有多长？

变频器虽为静止装置，但也有像滤波电容器、冷却风扇那样的消耗器件，如果对它们进行定期的维护，可望有 10 年以上的寿命。

32. 变频器内藏有冷却风扇，风的方向如何？风扇若是坏了会怎样？

对于小容量也有无冷却风扇的机种。有风扇的机种，风的方向是从下向上，所以装设变频器的地方，上、下部不要放置妨碍吸、排气的机械器材。还有，变频器上方不要放置怕热的零件等。风扇发生故障时，由电扇停止检测或冷却风扇上的过热检测进行保护。

33. 滤波电容器为消耗品，那么怎样判断它的寿命？

作为滤波电容器使用的电容器，其静电容量随着时间的推移而缓缓减少，定期地测量静电容量，以达到产品额定容量的 85% 时为基准来判断寿命。

34. 装设变频器时安装方向是否有限制？

应基本收藏在盘内，问题是采用全封闭结构的盘外形尺寸大，占用空间大，成本比较高。其措施有：

① 盘的设计要针对实际装置所需要的散热；

② 利用铝散热片、翼片冷却剂等增加冷却面积；

③ 采用热导管。

第二节　PLC 可编程控制器

PLC 可编程控制器是近几年来发展起来的一种新型工业控制器。由于它采用计算机编程控制，具有很大的灵活性、功能更齐全、应用范围广，与继电控制系统相比具有使用方便、接线简单、抗干扰能力强、价格便宜等优点，而其本身又具有体积小、重量轻、耗电省等优点，因此在工业生产过程中的应用越来越广泛。

一、PLC 可编程控制器的优点

1. 可靠性高，抗干扰能力强

现代 PLC 采用了集成度很高的微电子器件，有大量（无限量）的无触点开关半导体电路来完成控制功能，其可靠程度是使用机械触点（机械触点一般有四对）的继电器所无法比拟的，为了保证 PLC 能在恶劣的工业环境下可靠工作，在其设计和制造过程中采取了一系列硬件和软件方面的抗干扰措施。

（1）PLC 硬件抗干扰的措施

① 隔离——在 PLC 的输入、输出接口电路中一般都采用光耦合器来传递信号，这种光电耦合措施可以使外部电路与 PLC 内部之间完全避免了电的联系，有效地抑制了外部干扰源对 PLC 的影响，可以防止外部强电窜入内部 CPU。

② 滤波——在 PLC 电路电源和输入、输出电路中设置了多种滤波电路，可有效抑制高频干扰信号对程序的影响。

③ 在 PLC 内部对 CPU（处理器）供电电源采取屏蔽、稳压、保护等措施，防止干扰信号通过供电电源进入 PLC 内部，另外各个输入/输出（I/O）接口电路的电源又彼此独立，

以避免电源之间的互相干扰。

④ 内部设置了联锁、环境检测与诊断等电路，一旦发生故障，可以立即报警。

⑤ 外部采用密封、防尘、抗振的外壳封装结构，以适应恶劣的工作环境。

（2）PLC 软件抗干扰的主要措施

① 设置故障检测与诊断程序，每次扫描都对系统状态、用户程序、工作环境和故障进行检测与诊断，发现出错后，立即自动作出相应的处理，例如报警、对数据进行保护和封锁（停止）输出电路等。

② 对用户程序及动态数据进行电池后备，以保证停电后有关状态及信息不会因此而丢失。

一般 PLC 的抗电平干扰强度可达峰值 1000V，脉宽 $10\mu s$，其平均无故障时间可高达 $30 \sim 50$ 万小时以上。

2. 编程简单易学

PLC 采用与继电器控制线路非常接近的梯形图作为编程的语言，它既有继电器电路清晰直观的特点，又充分考虑电气工人和技术人员的读图习惯，对使用者来说，几乎不需要专门的计算机知识就可以掌握控制程序的编写，因此易学易懂。

3. 功能完善，适应性强

目前的 PLC 产品已经标准化、系列化和模块化，不仅具有逻辑运算、计时、计数、顺序控制等功能，还具有 A/D（交流/直流）、D/A（直流/交流）转换、算术运算及数据处理、通信联网和生产监视等功能。它能根据实际需要，方便灵活地组成大小各异、功能不一的控制系统；可以控制一台机械、一条生产线，也可以控制一个机群、多条生产线，既可以现场控制，又可以远程控制。

针对不同的工业现场信号，如交流或直流、开关量或模拟量、电流或电压、脉冲或电位、强电或弱电等，PLC 都有相应的 I/O（输入/输出）接口或工业现场控制器件和设备直接连接，用户可以根据需要方便地进行配置，组成实用、紧凑的控制系统。

4. 使用简单，调试维修方便

PLC 的接线极其方便，而且没有继电器控制电路那种复杂的接线，PLC 控制器只需将产生输入信号的设备（按钮、开关、传感器等）与 PLC 的输入端子连接，将被控制的元件（如接触器、电磁闸、信号灯等）与 PLC 的输出端子连接，如图 4-7 所示，仅用一把螺丝刀（旋具）即可完成全部接线工作，没有继电控制元件的复杂接线过程。

5. 体积小、重量轻、功耗低

由于 PLC 采用半导体集成电路，体积小、重量轻、耗电量很小，一般只有几十瓦，很容易装入机械设备内部。

二、PLC 的结构组成

目前 PLC 生产厂家很多，PLC 的结构虽然由于生产厂家不同而有些差异，但其基本组成大致相同，如图 4-8 所示，PLC 主要包括中央处理器、电源、输入和输出四部分。

1. 中央处理器部分

中央处理器（也称 CPU）是 PLC 的大脑，它包括中央处理器、系统程序存储器、用户程序存储器。中央处理器完成 PLC 的各种逻辑运算、数值计算、信号变换等任务，并发出管理、协调 PLC 各部分工作的控制信号，PLC 一般由控制电路、运算器和寄存器组成，其主要用途是处理和运算用户的程序，监视中央处理器和输入、输出部件全部信号状态并作出

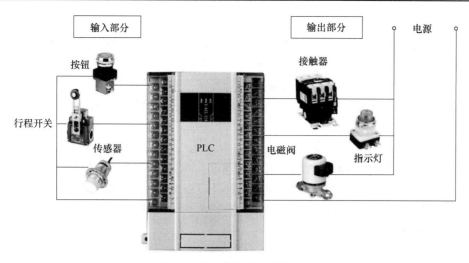

图 4-7　PLC 与电器元件的连接

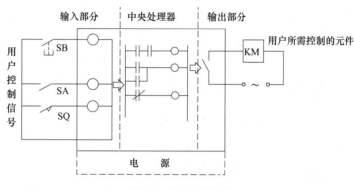

图 4-8　PLC 的组成

逻辑判断，按控制要求根据各种输入状态变化成输出信号给有关部件，指挥 PLC 的运行状态或作出应急处理。

　　系统程序存储器主要存储系统管理的监控程序，对用户的控制程序作编译处理。系统程序是永远固化在 PLC 内部的，用户是不能修改的。用户程序存储器是用来存放由编程器或磁带输入的用户控制程序，用户控制程序是根据生产过程和生产要求由用户自己编制的应用程序，它可以通过编程器修改。

　　为便于了解 PLC 的逻辑控制功能，可将 PLC 看成是由很多个电子式继电器、定时器和计数器的组成体，这些继电器、定时器、计数器在 PLC 统称为等效继电器或软继电器，它们在梯形图中的符号如图 4-9 所示，它们的动作原理与继电器元件动作一样。

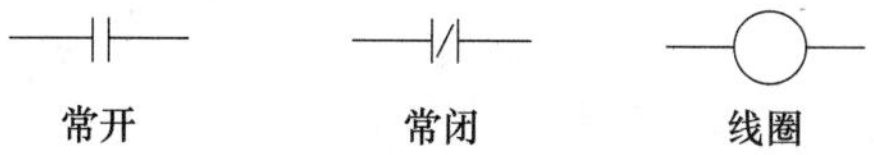

常开　　　　　常闭　　　　　线圈

图 4-9　PLC 的梯形图符号

　　2. 电源部分

　　电源部分是把交流电源转换成直流电供给 PLC 内部中央处理器、存储器等电子电路工作所需要的直流电源，使 PLC 能正常工作，目前大部分 PLC 采用开关式稳压电源供电，用锂电池作为停电时的后备电源，PLC 一般使用 220V 交流电源，并允许电源电压可在 +10%～-15% 之间波动，有些 PLC 的内部没有电源模块，需要由外部提供 24V 直流电源。

3. 输入部分

输入部分是由输入端子、接口电路和输入状态寄存器（输入继电器）组成。PLC 的输入接口电路一般由光耦合电路和微电脑的输入接口电路组成。由限位开关、操作按钮、传感器等发出的输入信号和由电位器、热电偶、测速发电机等传来的连续变化的模拟输入信号，送进输入部分后被转换成中央处理器能够接收的数字信号存储起来，并适时地传送给中央处理器。

4. 输出部分

输出部分由输出端子和输出状态寄存器（输出继电器）组成，中央处理器把 PLC 执行用户程序规程中产生的输出信号，转换成现场被控设备能接受的控制信号储存起来，并适时送给外部执行设备，用于驱动接触器、电磁阀、指示灯、数显装置、报警装置等。

三、PLC 的工作原理

1. 工作方式

PLC 实际是一种存储程序的控制器，是采用周期循环扫描的工作方式，用户首先根据其具体的要求编制好工作程序，然后输入到 PLC 的用户程序存储器中。用户程序是由若干条指令组成，指令在存储器中是按照步骤序号顺序排列的，PLC 运行工作时，CPU 对用户程序作周期性扫描，CPU 从第一条指令开始顺序逐条地执行用户程序，直到用户程序结束，然后又返回第一条指令，开始新的一轮扫描。在每次扫描过程中，还要完成对输入信号的采集和对输出状态的刷新等工作，如图 4-10 所示，PLC 就这样周而复始地重复上述的扫描循环。

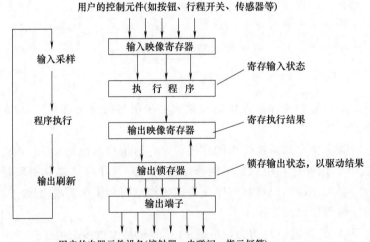

图 4-10　PLC 的工作方式

（1）输入采样阶段　PLC 在输入采样阶段，首先是按照顺序将所有输入端的输入信号状态（"0"或"1"，表现在接线端上是否有外加电压）读取并输入到映像寄存器中，这个过程称为对输入信号的采样或称输入刷新。随即关闭输入端口，接着进入程序执行阶段，在程序执行阶段即使输入状态有变化，输入映像寄存器的内容也不会改变，输入信号变化的状态只能在下个扫描周期的输入采样阶段被读入。

（2）程序执行阶段　在程序执行阶段 PLC 对用户程序扫描，在扫描每一条指令时，所需的输入状态（条件）可以从输入映像寄存器中读取，从元件映像寄存器读入当前的输入状态后，按程序进行相应的逻辑运算，并将结果再存入映像元件寄存器中。所以对每一个元件（PLC 内部的输出的软继电器）来说，元件寄存器的内容会随着程序的执行过程而变化。

（3）输出刷新阶段　当所有指令执行完毕，元件映像寄存器中所有输出继电器的状态（接通或断开）在输出刷新阶段转存到输出锁存器，并通过一定的方式输出并驱动外部负载（用户输出设备），这才是 PLC 的实际输出。

通过以上三个阶段，PLC 完成了一个扫描周期。对于一般小型 PLC 这个周期只有几毫秒、几十毫秒，这对一般的工业系统来说无关紧要。

2. PLC 对输入/输出的处理规则

根据上述 PLC 的工作过程特点，可以总结出 PLC 对输入输出的处理规则如图 4-11所示。

图 4-11　PLC 输入输出的处理规则

① 输入映像寄存器的数据，取决于输入端子板上各输入点在一个刷新期间的状态（通或断）。

② 输出映像寄存器的内容由程序中输出指令的执行结果决定。

③ 输出寄存器中的数据，由上一个工作周期输出刷新阶段的输出映像寄存器的数据来决定。

④ 输出端子板上各输出端的 ON（通）/OFF（断）状态，由输出寄存器的内容来决定。

⑤ 程序执行中所需的输入、输出状态，由输入映像寄存器和输出映像寄存器读出。

四、PLC 的技术指标

PLC 的技术指标很多，主要有四个基本应用技术指标，即存储器容量、编程语言、扫描速度、I/O 点数和特殊功能。

1. 存储器容量

存储量通常以字为单位表示，1024 个字为 1K 字，对于一般的逻辑操作指令，每一条指令占 1 个字；定时/计数、移位指令每一条占 2 个字；数据操作指令每一条占 2~4 个字。在 PLC 中程序指令是按"步"存放的（一条指令往往不只一"步"）。例如一个内存容量为1000 步的 PLC，可推知其内存为 2KB，一般的小型机的内存为 1K 到几 K、大型机的内存为几十 K 到 1~2MB。

2. 编程语言

不同的 PLC 编程语言不同，互不兼容，但具有相互转换的可移植性。编程语言的指令条数是一个衡量 PLC 软件功能强弱的主要指标，指令越多，说明功能越强。

3. 扫描速度

一般用执行 1000 步指令所需的时间来衡量，如 ms/千步，有时也以执行一步指令的时间计算，如 μs/步。

4. I/O 点数

I/O 点数是指 PLC 外部输入/输出端子的总数，这是 PLC 最重要的一项技术指标。一般的小型机在 256 点以下，中型机在 256~2048 点，大型机在 2048 点以上。

5. 特殊功能

PLC 除了基本功能外，还有很多特殊功能，例如自诊断功能、通信联网功能、监视功能、高速计数功能、远程 I/O 等。特殊功能越多则 PLC 系统配置软件开发就越灵活、越方便，适应性越强。

五、PLC 内部的等效继电器

PLC 内部控制电路和继电器的电路一样，也需要各种继电器来完成控制电路的工作，与其不同的是这些继电器均为无触点的电子电路，按其功能等效为继电器、定时器、计数器等，并通过程序将各器件连接起来，按习惯仍然称作继电器、定时器、计数器等，但它们并不是实际的元件实体，为了在实际工作过程中便于识别各种器件，就必须用字母加编号以便识别。最常用的继电器有以下几种：

① 字母 X 表示为输入继电器；

② 字母 Y 表示为输出继电器；

③ 字母 M 表示为辅助（中间）继电器；

④ 字母 T 表示定时器；

⑤ 字母 C 表示计数器；

⑥ 字母 S 表示状态继电器；

一般常用 PLC 编码的方法：每个编程元件的编码是由字母和数字组成；数字则采用八进制的编号即 0～7。如输入继电器 X 的编号：

X0～X7	X000～X007	X400～X417
X10～X17	X010～X017	X410～X417
X20～X27	X020～X27	X420～X427

1. 输入继电器（X）

输入继电器是 PLC 从外部设备接收信号的接口，如图 4-12 所示，它的线圈与输入端子相连接，它有无数对常开和常闭触点供编程使用，输入继电器只能由外部信号驱动，而不能用程序驱动。在梯形图中只有它的触点而不能有它的线圈。图 4-13 是输入继电器的应用等效电路。

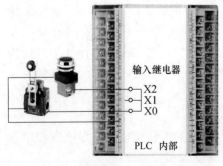

图 4-12　PLC 输入电路的连接

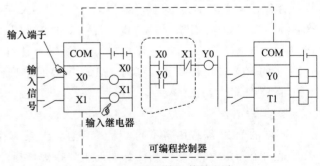

图 4-13　PLC 输入等效电路

输入继电器可以控制 PLC 内部的 Y 输出继电器、M 辅助继电器、T 定时器、C 计数器、S 状态继电器，但不可以控制 X 输入继电器。

2. 输出继电器（Y）

输出继电器的作用是将 PLC 的输出信号，通过它的一对硬件输出触点（也是主触点）驱动外部负载，如图 4-14 所示，可以连接接触器的线圈、电磁铁，指示灯等。输出继电器除了有一对主触点外，还有无数个辅助常开、常闭触点供编程使用。输出继电器的辅助触点可以控制 PLC 内部的 Y 输出继电器、M 辅助继电器、T 定时器、C 计数器、S 状态继电器，但不可以控制 X 输入继电器。图 4-15 是输出继电器应用的等效电路。

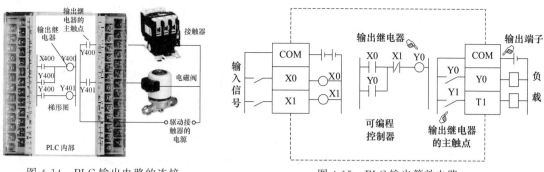

图 4-14 PLC 输出电路的连接　　　　　图 4-15 PLC 输出等效电路

3. 辅助继电器（M）

PLC 的内部有很多辅助继电器，其作用相当于继电控制电路中的中间继电器，辅助继电器和 PLC 外部没有任何直接联系，它的线圈和常开、常闭触点只能在 PLC 内部编程使用，触点可以无限次地使用。但它与输出继电器不同，辅助继电器的触点不能直接驱动外部设备，外部负载只能由输出继电器触点驱动。辅助继电器有普通型继电器、失电保持型和特殊功能型三大类。

（1）通用型辅助继电器　通用型辅助继电器有无数个常开和常闭触点，其作用相当于中间继电器，可供 PLC 内部编程随意使用。

（2）失电保持型辅助继电器　失电保持型辅助继电器在 PLC 的运行过程中不管什么原因停电，失电保持型辅助继电器由内部的锂电池供电仍然保持原来的状态，在恢复电源后继续执行原来的工作程序。如图 4-16 的机械运动，电机带动工件左右运行，例如当工件向左运行时突然停电，电机停止运行，在继电控制电路中，恢复电源后电机不能工作，需要重新按左向运行按钮。可在 PLC 的控制中利用失电保持型继电器就不一样了，在恢复电源后可以继续向左运行。图 4-17 是失电保持型继电器的应用梯形图。

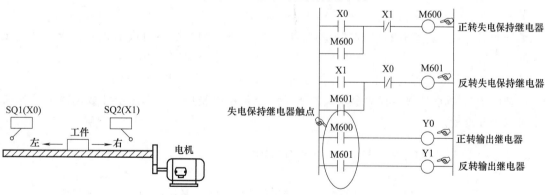

图 4-16 需要保持运动方向的机械　　图 4-17 失电保持型辅助继电器应用梯形图

（3）特殊辅助继电器　一般的 PLC 内部设有特殊功能的辅助继电器。

① 运行监视。当 PLC 处于运行状态时，线圈得电时，它的触点供编程使用，可用来作 PLC 运行状态显示。

② 提供初始化脉冲。主要是在 PLC 接通电源瞬间产生一个单脉冲，常用来实现控制系统的上电复位。

③ 可以产生 100ms 时钟脉冲，供 PLC 内的定时器使用。周期为 0.1s，脉宽为 0.5ms。

④ 停止时保持输出。当 PLC 处于停止状态时，可以保持输出状态不变。

⑤ 输出全部禁止。当遇到紧急特殊情况时，禁止全部输出功能。

4. 定时器（T）

定时器在 PLC 中的作用相当于一个时间继电器，PLC 可以为用户最多提供 256 个定时器，定时器也能提供无数对触点，但定时器仅供内部编程使用，不能与输入、输出电路连接。

定时器的编号是十进位，定时器的延时时间由编程中的设定值（K）决定，TMY＝1s、TMX＝0.1s、TMR＝0.01s 三个等级，定时范围为 K1～K9990，即为 0.1～999s。图 4-18 是定时器应用的方法。

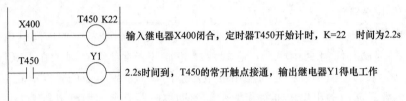

　　图 4-18　定时器梯形图应用

定时器在使用中应注意以下问题。

① 在同一程序中，每个定时器只能使用一次。

② 定时器的定时时间等于时间常数乘以该定时器时钟精度。如 TMX 定时，其定时精度为 0.1s，设定值为 500，时间就等于 $500 \times 0.1 = 50s$。

③ 定时器为减 1 计数，每当输入触点由断开到接通瞬间开始减数，就是设定的 K 值，时间常数减为 0 时，定时器开关动作，常开触点闭合，常闭触点断开。而当定时器输入触点再断开时定时器复位，常开触点断开，常闭触点闭合。

5. 计数器（C）

计数器的编号是十进位，计数范围由 1～32767。

计数器是在执行操作扫描时对内部器件（如 X、Y、M、S、T 和 C）的动作次数进行计数的计数器，计数器具有断电保持功能，停电后所记录的数据不会因为停电而丢失，一旦恢复计数，计数器在原保持值上继续计数，直到设定值，计数器才动作（输出）。

如图 4-19 所示计数器有两个输入端子，一个是用于复位，一个用于计数，两个输入端子可以分开设置。

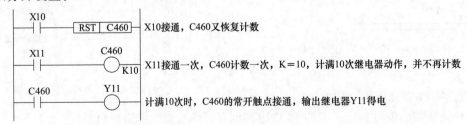

　　图 4-19　计数器的应用

X11 为输入信号，X10 为复位信号，当 X11 输入信号接通一次，计数器的计数值就增加 1，当达到计数器设定值的时候（K10），计数器 C460 动作，常开触点闭合，常闭触点断开，常开触点接通 Y11 输出继电器。之后 X11 再动作计数器的数值也不再变动，只有当复位输入信号 X10 接通时，执行 RST 复位指令，计数器复位开始重新计数。当计数器同时接收到计数触发信号和复位触发信号时，则复位信号优先，计时器复位不计数。即使断电或工作方式由运行状态切换到编程状态，计数器也不会复位，即必须在复位端有触发信号时，计数器才复位。

六、PLC 的基本指令

PLC 是按照用户控制要求编写的程序开始进行工作的，程序的编写就是用一定的编程语言把一个控制任务描述出来，尽管不同的厂家的 PLC 所采用的编程语言不太一样，但程序的表达方式基本上有四种，即梯形图、指令表、流程图和高级语言，其中使用最多的是梯形图、指令表和流程图。

1. 梯形图语言

梯形图在形式上沿用了继电控制原理图的形式，采用常开触点、常闭触点和线圈等图形符号，并增加功能块等图形语言。梯形图比较形象直观，对于电气工作人员来说容易接受，是目前使用最多的一种编程语言。图 4-20 是运行控制电路的继电控制电路与 PLC 控制比较。

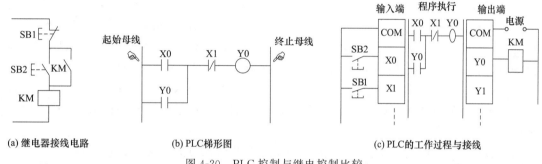

图 4-20　PLC 控制与继电控制比较

① 继电器电路工作时　按下 SB2 启动按钮，常开触点接通，接触器 KM 线圈得电吸合，其辅助的常开触点闭合自锁，接触器 KM 运行工作。停止是按下 SB1 按钮，常闭触点断开，接触器 KM 失电停止工作。

② PLC 梯形图　X0 是输入常开触点，X1 是输出常闭触点，Y0 表示输出继电器，其工作状态受 X0、X1 信号控制，逻辑上与继电器电路相同，而 X0、X1 等表示的可以是外部开关（硬开关触点），也可以是内部软开关或触点。

由此看出，PLC 的工作接线很简单，只是将外部的设备连接到输入端或输出端即可，而且对外部触点使用可不受形式限制，一般都是用常开触点作为信号控制。

梯形图的修改极为方便，如要在图 4-21（a）的电路中增加保护功能时，在继电控制电路中增加控制元件和改动控制接线如图 4-21（b），但在 PLC 控制中只需增加一个输入信号，在梯形图中作一点修改就可以实现。

如果在 PLC 中增加一个热保护和一个压力保护，如图 4-22 所示，在 PLC 控制中只需接入两个控制信号［图 4-22（a）］，将梯形图修改一下即可实现［图 4-22（b）］。

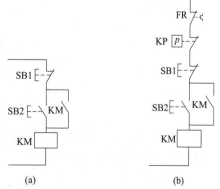

图 4-21　继电控制电路功能增加

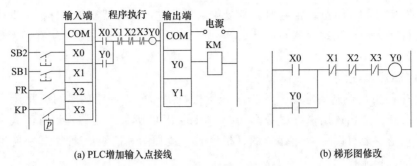

(a) PLC增加输入点接线　　　　　　　　　(b) 梯形图修改

图 4-22　PLC 修改控制电路

2. 梯形图的编写格式

① 梯形图按行从上至下编写，每一行从左至右顺序编写。PLC 程序执行顺序与梯形图的编写顺序一致。

② 图左边垂直线为开始母线，右边垂直线为终止线，每一逻辑行必须从开始母线开始，终止母线可以省略。

③ 梯形图中的触点有两种，常开触点——||——，常闭触点—|/|—，它们既可以表示外部开关，也可以表示内部软开关或触点。这与传统控制图一样，每一个开关都有自己的标记编号以示区别。同一个标记编号可以重复使用，次数不限，这也是 PLC 区别于传统控制的一大优点。

④ 梯形图的右侧必须连接输出元素，输出元素用圆圈表示 ，同一输出元素只能使用一次。

⑤ 梯形图中的触点可以任意串联、并联，而输出线圈只能并联，不能串联。

⑥ 程序结束时应有结束语，一般用"ED"表示。

3. 指令表

梯形图虽然直观、简便，但需要有计算机才可以输入和显示图像符号，这在一些小型机上难以实现，还必须借助符号语言来表达 PLC 的各种功能的命令，这就是指令，而由指令构成的并能完成控制任务的指令组合，就是指令表，如图 4-23 是梯形图转换成指令表。

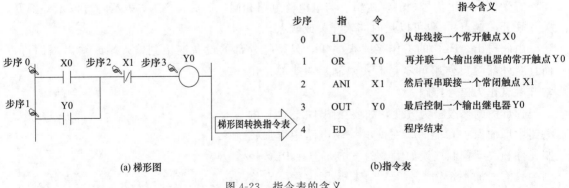

(a) 梯形图　　　　　　　　　　　　　　　(b)指令表

图 4-23　指令表的含义

指令表的编写：一个步序只能编写一个功能指令，指令的内容一定要表明所要连接的触点的接法和继电器的编号。

4. 流程图

流程图是一种描述所要控制系统功能的图解表示法，如图 4-24 所示，主要由"步骤"

（设备动作要求）、"转移"（与此有关的控制要求）、"有向线段"（关联动作走向）等组成，可以得到控制系统的静态表示方法，并可以从中分析到潜在的故障，流程图用约定几何图形、有向线段和简单文字说明来描述 PLC 的处理过程和程序的执行步骤。

七、PLC 编程基本指令应用

PLC 中最基本的运算是逻辑运算，一般都有逻辑运算指令，如与、或、非等，这些指令再加上"输入"、"输出"、"结束"等指令就构成了 PLC 的基本指令。各个厂家基本指令用的主机符号也不尽相同，下面以三菱系列的 PLC 指令系统为主介绍指令的应用方法。

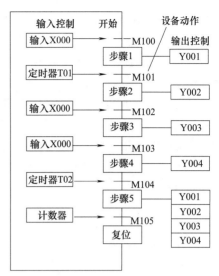

图 4-24　控制流程图

1. 程序开始和输出指令

（1）LD 指令（称为取指令）　是程序开始时必须使用的指令，LD 指令表示从开始母线接一个常开触点，如图 4-25 所示。输入端 X0 有输入信号时 X0 接通，输入端无信号时 X0 断开，与继电电路中的按钮很相似，按下按钮有信号，抬手立即没有信号。

其他厂家 PLC 的取指令：ST（松下）、LD（西门子）、LD（欧姆龙）、LOAD（LG）、ORG（日立）。

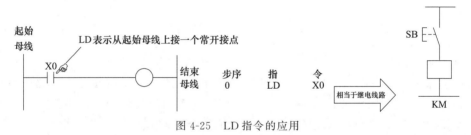

图 4-25　LD 指令的应用

（2）LDI 指令（称为取反指令）　是程序开始时必须使用的指令，"取反"是表示从开始母线接一个常闭触点，如图 4-26 所示。当输入端 X0 无信号时 X0 触点接通，当输入端有信号输入时 X0 断开。

其他厂家 PLC 的取反指令：ST/（松下）、LDN（西门子）、LDNOT（欧姆龙）、LOAD NOT（LG）、ORG NOT（日立）。

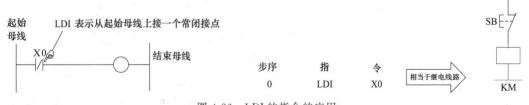

图 4-26　LDI 的指令的应用

（3）LD、LDI 的用法　LD、LDI 指令只能用于将触点接到开始母线上，所控制的目标元件可以是输出继电器 Y、辅助继电器 M、时间继电器 T、计数器 C、状态继电器 S，不可以控制输入继电器 X。LD、LDI 指令还可以与 ANDB 并联电路块、ORB 串联电路块指令配合使用，用于分支回路的起点。

（4）OUT指令（输出指令） 是将各个触点连接电路控制一个指定线圈，如图4-27所示。X0触点接通时Y0输出继电器得电工作，PLC的输出端有控制信号输出，可以带动负载工作。OUT指令是针对输出继电器Y、辅助继电器M、定时器T、计数器C的驱动指令，不能对输入继电器使用。OUT可以连续使用，表示控制多个元件，如图4-28所示。

OUT指令可以连续使用若干次，相当于线圈并联，不可以串联使用。在对定时器、计数器使用OUT指令后，必须设置常数K值。

其他厂家PLC的输出指令：OT（松下）、＝（西门子）、OUT（欧姆龙）、OUT（LG）、OUT（日立）。

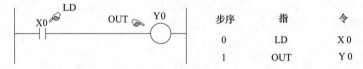

图4-27　OUT指令单独使用的应用

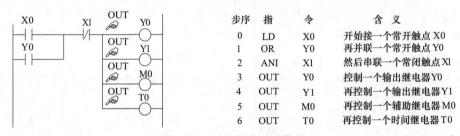

图4-28　OUT指令连续使用

2. 触点串联指令

（1）AND指令（"与"指令） AND指令是逻辑"与"运算，是表示在电路中串联一个常开触点，"与"的应用含义如图4-29所示。当X0与X1同时接通时输出继电器Y0才可以得电。AND串联常开指令可以连续使用，只要有常开触点串联就用AND指令。

其他厂家PLC的"与"指令：AN（松下）、A（西门子）、AND（欧姆龙）、AND（LG）、AND（日立）。

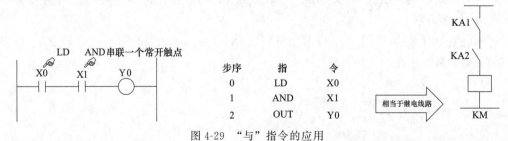

图4-29　"与"指令的应用

（2）ANI指令（"与反"指令） ANI指令是逻辑"与反"指令，是表示在电路中串联一个常闭触点，如图4-30是X0常开接通与X1常闭不动作时可以接通Y0。ANI串联常闭指令可以连续使用，只要有常闭触点串联就用ANI指令。

其他厂家PLC的"与反"指令：AN/（松下）、AN（西门子）、ANDNOT（欧姆龙）、AND NOT（LG）、AND NOT（日立）。

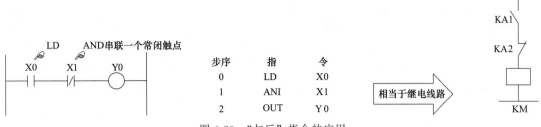

图 4-30　"与反"指令的应用

（3）触点串联指令 AND、ANI 的使用

① AND、ANI 指令主要用于单个触点的串联，控制的目标元件为输出继电器 Y、辅助继电器 M、时间继电器 T、计数器 C、状态继电器 S。

② AND、ANI 指令均用于单个触点的串联，串联触点的数目没有限制。该指令可以重复多次使用。

使用 OUT 指令后，不能再通过触点对其他线圈使用 OUT 指令。

3. 触点并联指令

（1）OR 指令（"或"指令）　"或"指令，是表示并联一个常开触点，如图 4-31 所示，在电路中 X0 或 X1 任何一个触点接通 Y0 都可以得电。OR 指令可以连续使用，只要并联一个常开触点就使用一次 OR 指令。

其他厂家 PLC 的"或"指令：OR（松下）、O（西门子）、OR（欧姆龙）、OR（LG）、OT（日立）。

图 4-31　"或"指令的应用

（2）ORI 指令（或非指令）　"或非"指令，是表示在电路中并联一个常闭触点，如图 4-32 所示，或 X0 有信号而接通或 X1 无信号而不动作 Y0 才可以得电。ORI 指令可以连续使用，只要并联一个常闭触点就使用一次 ORI 指令。

其他厂家 PLC 的"或反"指令：OR/（松下）、OR（西门子）、ORNOT（欧姆龙）、OR NOT（LG）、OR NOT（日立）。

图 4-32　"或反"指令的应用

（3）OR、ORI 指令用法说明

① OR、ORI 指令只能用于一个触点的并联连接，若要将两个以上节点串联的电路并联连接时，不能使用此指令，要用后面讲到的 ORS 指令。

② OR、ORI 指令并联触点时，必须从开始母线使用与前面的触点指令并联连接，并联连接的次数不限。

4. END 指令（结束指令）

是无条件结束的指令，是一个独立指令，没有元件编号。

如图 4-33 所示，当整个程序从 0 步序开始一直到最后一步指令结束，程序结束时应当使用 END 指令，表示整个程序完成。对于步序很多的程序在调试过程中，也可以分段插入 END 指令，再逐段调试，在该程序调试好以后，删去 END 指令。

其他厂家 PLC 的结束指令：ED（松下）、MEND（西门子）、END（欧姆龙）、END（LG）。

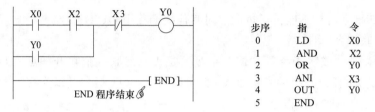

图 4-33　END 指令的应用

5. 串联电路块的并联指令 ORB 的应用

ORB 是表示串联回路相互并联的指令。当一个梯形图的控制线路是由多个串联分支电路并联组成的，如图 4-34 所示是由三个串联电路组成的并联控制电路，可以将每一组串联电路看作一个与左侧开始母线连接的电路块，应按照触点串联的方法编写指令，下面再依次并联已经串联的电路块。每一个电路块的第一触点要使用 LD 或 LDI 指令，表示新的一个电路块的开始，其余串联的触点仍要使用 AND 或 ANI 指令，每一块电路编写完毕后，加一条 ORB 指令作为该指令的结束并与上一个电路块并联，对并联的支路数没有使用限制，ORB 可以无限量地使用。

其他厂家 PLC 的串联电路块的并联指令：ORS（松下）、OLD（西门子）、ORLD（欧姆龙）、AND LOAD（LG）、OR STR（日立）。

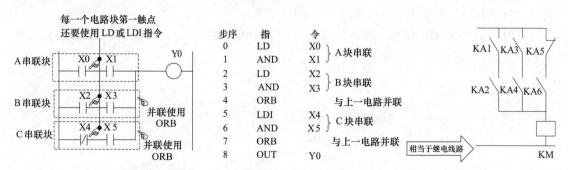

图 4-34　串联电路块的并联指令 ORB 的应用

6. 并联电路块的串联指令 ANB 的应用

ANB 是表示并联回路相互串联的指令。当一个梯形图的控制线路是由若干个先并联、后串联的触点组成时，可以将每组并联电路看成一个块，如图 4-35 所示，与左侧开始母线相连的电路块按照触点的方法编写指令，其后依次相连的电路块称作子电路块。每个电路子块最前面的触点仍使用 LD 或 LDI 指令表示一个新的电路开始，其余各并联的触点用 OR 或 ORI 指令，每个子电路块的指令编写完后，加一条 ANB 指令，表示这个并联电路块与前一个电路块串联。

其他厂家 PLC 的并联电路块的串联指令：ANS（松下）、ALD（西门子）、ANDLD（欧姆龙）、OR LOAD（LG）、AND STR（日立）。

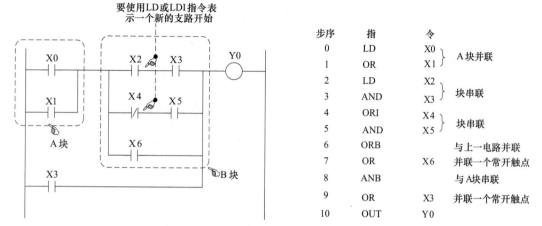

图 4-35　并联电路块的串联指令 ANB 的应用

ANB 指令用法说明如下。

① 在使用 ANB 指令之前，应先完成要串联的并联电路块内部的连接，并联电路块中支路的起点应使用 LD 或 LDI 指令表示一个新的电路开始，在并联好电路块后，再使用 ANB 指令与前面电路串联。

② 若有多个并联电路块，应顺次用 ANB 指令与前面电路串联，ANB 的使用次数可以不受限制。

③ ANB 指令是一条独立指令，不带元件号。

7. 多重输出电路指令 MPS、MRD 、MPP

这组指令是将先前的触点存储起来，用于后面再连接的电路使用。MPS 进栈指令，表示在此以前的触点（程序）已经储存可以为其他支路继续使用。MRD 读栈指令，表示继续使用已经储存的触点（程序）指令，再连接一个控制支路。MPP 出栈指令，表示以前的触点（程序）最后一次使用，如图 4-36 所示。多重输出电路指令可以简化梯形图，便于分析控制过程，如图 4-37 所示。

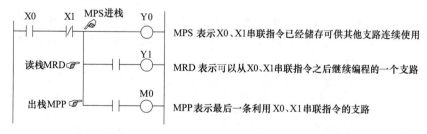

图 4-36　多重输出指令使用

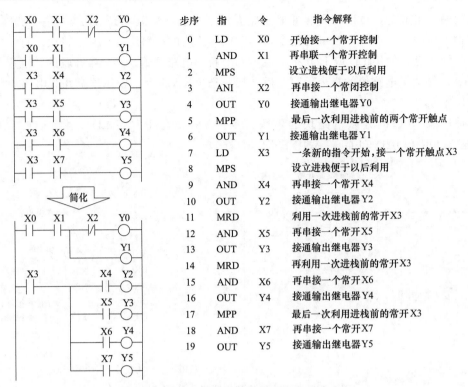

图 4-37 利用多重输出简化梯形图与指令含义

左表指令部分：

步序	指	令	指令解释
0	LD	X0	开始接一个常开控制
1	AND	X1	再串联一个常开控制
2	MPS		设立进栈便于以后利用
3	ANI	X2	再串接一个常闭控制
4	OUT	Y0	接通输出继电器 Y0
5	MPP		最后一次利用进栈前的两个常开触点
6	OUT	Y1	接通输出继电器 Y1
7	LD	X3	一条新的指令开始，接一个常开触点 X3
8	MPS		设立进栈便于以后利用
9	AND	X4	再串接一个常开 X4
10	OUT	Y2	接通输出继电器 Y2
11	MRD		利用一次进栈前的常开 X3
12	AND	X5	再串接一个常开 X5
13	OUT	Y3	接通输出继电器 Y3
14	MRD		再利用一次进栈前的常开 X3
15	AND	X6	再串接一个常开 X6
16	OUT	Y4	接通输出继电器 Y4
17	MPP		最后一次利用进栈前的常开 X3
18	AND	X7	再串接一个常开 X7
19	OUT	Y5	接通输出继电器 Y5

八、PLC 程序编写时应注意的规则

① 梯形图编写时每个梯级都是从左侧开始母线开始，以继电器线圈结束，在继电器线圈与右母线之间不能再接任何继电器的触点，如图 4-38 所示。

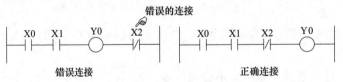

图 4-38 与母线的连接要求

② 输入继电器是输入端固有的内部继电器，其触点使用次数是无限的，但输入继电器线圈自己的状态不能由程序写入，如图 4-39 所示，X0 控制一个 X5 输入继电器是不能写入程序的。

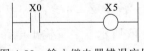

图 4-39 输入继电器错误应用

③ 继电器线圈不能与左侧开始母线直接相连，只能通过继电器触点来连接。如果需要 PLC 通电后立即就有输出信号时，可以通过一个始终接通的特殊继电器 X11 常闭触点来连接，如图 4-40 所示。

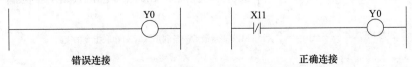

图 4-40 继电器不能直接与左母线连接

④ 在梯形图中串联或并联的触点个数没有限制，可以无限次地使用，如图 4-41 所示。

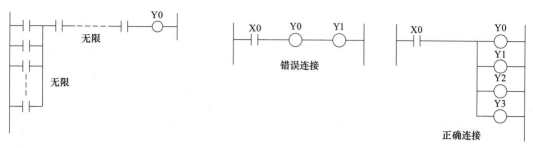

图 4-41　触点可以无限次地使用

图 4-42　禁止串联输出线圈

⑤ 多个输出线圈可以并联输出，但禁止串联输出，如图 4-42 所示。

⑥ 触点要安排合理，触点应画在水平线上，不能画在垂直分支上，以避免出现无法编程的梯形图，如图 4-43 中 X5 触点垂直安排将无法编程，但可以利用触点无限使用的特点将图 4-43 演变成图 4-44 的梯形图，这样便于程序编写。

图 4-43　触点不合理的安排

图 4-44　演变后的梯形图

⑦ 采用合理的编程顺序和适当的电路变换，应尽量减少程序步数，以节约内存空间的扫描周期，在图形布置时应遵守"左沉右轻"、"上沉下轻"的原则。如图 4-45 所示采用这种安排，可以使所编制的程序简洁明了，语句较少。

图 4-45　触点合理安排

⑧ 互锁功能的应用注意要点。当所控制的电气设备需要互锁保护时，光有程序上的互锁是不够的，还必须在 PLC 外部加装电器触点的互锁，这是由于 PLC 的执行速度太快，而外部的电器元件尚未完成动作，PLC 又有输出信号了，将会造成电气事故。如图 4-46 所示是一个电动机正反转控制，在 PLC 外部不加装电器互锁的电路，这种控制在切换转向时是很容易造成 KM1 和 KM2 同时动作的短路事故。为了防止事故的发生，应该使用图 4-47 所示的接线电路，在 PLC 外部加装常闭触点的互锁电路。

九、分配 I/O 接口

I/O 接口是 PLC 与外部电器元件连接的主要部分，当要对一个设备实现 PLC 控制时，应当首先将所控制设备的操作点和控制点进行分配，根据被控制对象的 I/O 信号种类，对

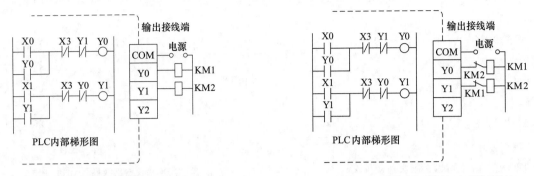

图 4-46 无外部互锁正反转控制   图 4-47 有外部互锁的正反转控制

PLC 的各种继电器进行分配，列出 I/O 分配表。I 口是 PLC 输入接口，主要任务是要将设备所需的控制操作点与 PLC 的输入继电器进行合理的安排分配（如按钮、各种传感器、限位开关等）；O 口是输出接口，主要任务是将 PLC 的输出指令与所要控制的电器负载进行连接（如接触器、指示灯等）。

如图 4-48 所示一个货物传送系统的控制要求，根据系统的工作情况确定输入和输出元件 I/O 分配表。

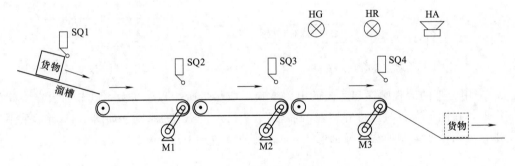

图 4-48 货物传送系统

① 在初始状态按下启动按钮后，运行灯亮，若有货物从溜槽传下时行程开关 SQ1 动作，则电动机 M1 启动。

② 当货物使行程开关 SQ2 动作时电动机 M2 立即启动，货物一通过 SQ2（SQ2 释放）且第一传动带上无货物则 M1 停止。

③ SQ3 动作时 M3 立即启动，货物一通过 SQ3 且第二传送带上无货物则 M2 停止。

④ 货物一通过 SQ4 且第三传送带上无货物则 M3 停止，整个系统循环工作；按停止按钮后，系统把当前工作进行完（即所有传动带上没有货物）后停止，运行灯灭。

⑤ 当运行中某一台电动机发生故障停止运行时，全系统立即停止运行并发出故障报警信号。

系统的输入元件有：启动按钮一个，停止按钮一个，行程开关四个，电动机热保护（FR）三个。

系统的输出元件有：电动机接触器三个，运行指示灯一个，报警信号灯一个，警铃一个。

货物传送系统 I/O 分配表如表 4-2 所示。

表 4-2　货物传送系统 I/O 分配表

输入接口分配			输出接口分配		
元件	用途	输入口	元件	用途	输出口
SB1	启动按钮	X000	接触器 KM1	传送带 1 电动机	Y000
SB2	停止按钮	X001	接触器 KM2	传送带 2 电动机	Y001
SQ1	货物监视	X002	接触器 KM3	传送带 3 电动机	Y002
SQ2	货物监视	X003	HG	运行指示灯	Y003
SQ3	货物监视	X004	HR	报警信号灯	Y004
SQ4	货物监视	X005	HA	警铃	Y005
FR1	M1 电动机过流保护	X006			
FR2	M2 电动机过流保护	X007			
FR3	M3 电动机过流保护	X010			

第五章　基本控制电路与有条件控制电路

第一节　基本控制电路

一、点动控制

如图 5-1 所示，点动控制电路是在需要动作时按下控制按钮 SB，SB 的常开触点接通，接触器 KM 线圈得电，主触点闭合，设备开始工作，松开按钮后触点断开，接触器端断电，主触头断开设备停止运行。此种控制方法多用于起吊设备的"上"、"下"、"前"、"后"、"左"、"右"及机床的"步进"、"步退"等控制。

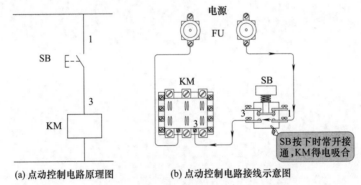

(a) 点动控制电路原理图　　　　(b) 点动控制电路接线示意图

图 5-1　点动控制电路原理图和接线示意图

图 5-2 所示是 PLC 的点动控制，只有当 SB1 接通时输入继电器 X0 才接通，Y0 才有输出，KM 工作，KM 的工作时间与 SB1 的接通时间是一致的。

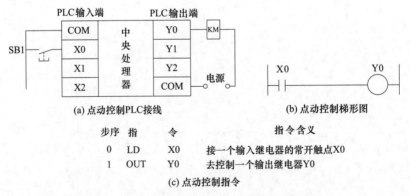

(a) 点动控制PLC接线　　　　　　　(b) 点动控制梯形图

步序	指　令		指令含义
0	LD	X0	接一个输入继电器的常开触点X0
1	OUT	Y0	去控制一个输出继电器Y0

(c) 点动控制指令

图 5-2　PLC 点动控制接线图、梯形图及指令表

二、继电器自锁电路

自锁电路（也称为自保电路），是当按钮松开以后接点断开，接触器线圈还能得电保持吸合的电路，这是利用了接触器本身的辅助常开接点来实现自锁的。如图 5-3 所示，当接触器吸合的时候辅助常开接点随之接通，当松开控制按钮 SB 接点断开后，电源还可以通过接

触器辅助接点继续向线圈供电，保持线圈吸合，这就是自锁功能。"自锁"又称"自保持"，俗称"自保"。图5-4是利用接触器辅助触点实现接触器自锁接线。

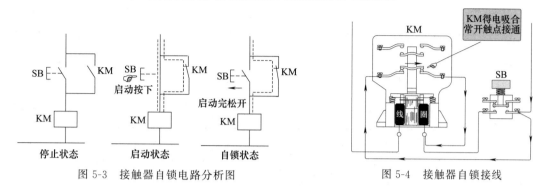

图 5-3 接触器自锁电路分析图   图 5-4 接触器自锁接线

图5-5是PLC自锁功能的梯形图和应用指令表。

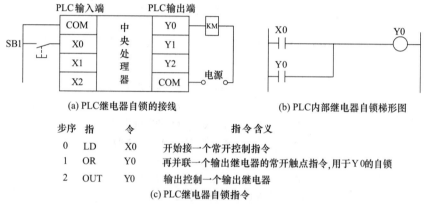

(a) PLC继电器自锁的接线   (b) PLC内部继电器自锁梯形图

步序	指	令	指 令 含 义
0	LD	X0	开始接一个常开控制指令
1	OR	Y0	再并联一个输出继电器的常开触点指令,用于Y0的自锁
2	OUT	Y0	输出控制一个输出继电器

(c) PLC继电器自锁指令

图 5-5 PLC自锁功能的梯形图和应用指令表

三、点动、运行互换电路

点动、运行的控制电路是一种方便的控制电路，它可以单独地点动工作，又可以长期运行，原理图如图5-6（a）所示。点动工作时按下SB3按钮，SB3的常闭触点先断开KM的自锁线路，SB3的常开触点后接通KM线圈，SB3抬手触点随之断开，KM停止工作，运行时按SB2，SB2的常开触点接通KM得电吸合，KM的辅助触点闭合通过SB3的常闭触点实现KM的自锁。元件接线如图5-6（b）所示。

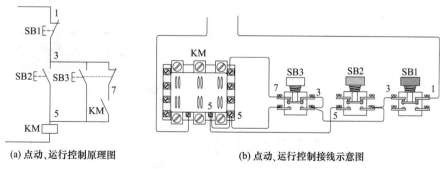

(a) 点动、运行控制原理图   (b) 点动、运行控制接线示意图

图 5-6 点动、运行控制原理图与接线示意图

当采用PLC控制时只需将3个控制按钮与输入端接好，而且可以不用考虑使用常开还是常闭，可以全部使用常开触点作为控制信号的输入，如图5-7所示。图5-7（a）是点动、

运行 PLC 接线，图 5-7 （b）是点动、运行的 PLC 梯形图，图 5-7 （c）是点动、运行的 PLC 指令应用和含义。表 5-1 为点动、运行 I/O 分配表。

表 5-1　点动、运行 I/O 分配表

输入接口分配			输出接口分配		
元件	用途	输入口	元件	用途	输出口
SB1	停止按钮	X0	接触器 KM	电动机	Y0
SB2	运行按钮	X1			
SB3	点动监视	X2			

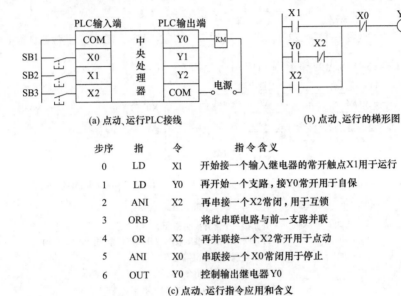

(a) 点动、运行PLC接线　　　　　　　　(b) 点动、运行的梯形图

步序	指令		指令含义
0	LD	X1	开始接一个输入继电器的常开触点X1用于运行
1	LD	Y0	再开始一个支路，接Y0常开用于自保
2	ANI	X2	再串接一个X2常闭，用于互锁
3	ORB		将此串联电路与前一支路并联
4	OR	X2	再并联接一个X2常开用于点动
5	ANI	X0	串联接一个X0常闭用于停止
6	OUT	Y0	控制输出继电器Y0

(c) 点动、运行指令应用和含义

图 5-7　PLC 控制的点动、运行应用

四、按钮互锁电路

按钮互锁是将两个控制按钮的常闭触点相互连接的接线形式，是一种输入指令的互锁控制，按钮互锁电路如图 5-8 （a）所示。当启动 KM2 时，按下控制按钮 SB1 时，SB1 的常闭触点首先断开 KM1 线路，常开触点后闭合才接通 KM2 线路，从而达到接通一个电路，而又断开另一个电路的控制目的，可以有效地防止操作人员的误操作。图 5-8 （b）是按钮互锁电路的接线示意图。

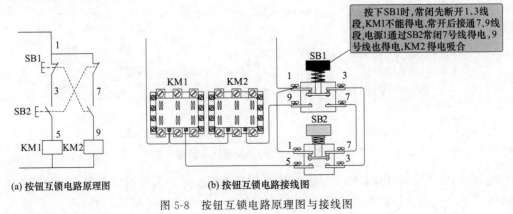

(a) 按钮互锁电路原理图　　　　(b) 按钮互锁电路接线图

图 5-8　按钮互锁电路原理图与接线图

采用 PLC 控制输入信号互锁时比按钮互锁接线简单多了，如图 5-9（a）是 PLC 的输入接线，图 5-9（b）是输入电路互锁功能的梯形图，图 5-9（c）是输入互锁指令表。从梯形图分析得知 SB1 接通时输入继电器 X0 工作，X0 的常开触点接通 Y0 支路，Y0 工作，X0 的常闭触点断开 Y1 的支路。同理，当 SB2 接通输入继电器 X1 工作，X1 的常开接通 Y1 支路，Y1 工作，X1 的常闭断开 Y0 的支路。

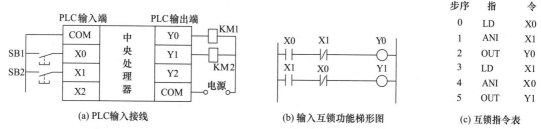

图 5-9　PLC 输入控制互锁

五、利用接触器辅助触点的互锁电路

接触器互锁是将两台接触器的辅助常闭触点与线圈相互连接，当接触器 KM1 在吸合状态时，其辅助常闭触点随之断开，由于常闭接点接于 KM2 线路，使 KM2 不能得电，从而达到只允许一台接触器工作的目的，电路原理如图 5-10（a）所示。这种控制方法能有效地防止接触器 KM1 和 KM2 同时吸合，但接线较复杂，如图 5-10（b）是接触器辅助触点互锁动作分析。

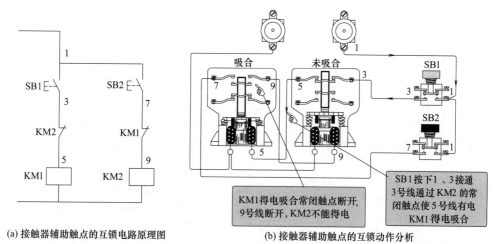

图 5-10　接触器辅助触点的互锁电路原理图及互锁动作分析

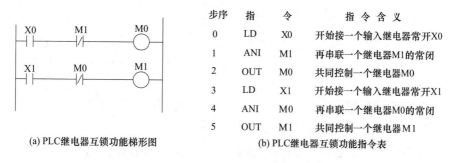

图 5-11　PLC 内部继电器互锁梯形图和指令表

PLC 继电器互锁控制如图 5-11 所示，图 5-11（a）是 PLC 继电器互锁梯形图，图 5-11（b）是 PLC 继电器互锁指令表。

如果 PLC 的输出电路需要互锁时，还必须在外电路加装接触器辅助触点的互锁电路，这是防止由于 PLC 的执行速度要比接触器的动作快得多缘故，接触器还未动作而 PLC 已经发出动作指令，造成两个接触器同时动作的事故，所以在实际电路中，当需要接触器互锁功能时，应当像图 5-12（a）一样在输出端加装接触器辅助触点互锁。

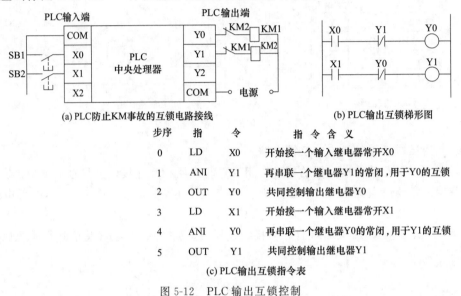

(a) PLC防止KM事故的互锁电路接线　　　　　　(b) PLC输出互锁梯形图

步序	指令	指令含义
0	LD X0	开始接一个输入继电器常开X0
1	ANI Y1	再串联一个继电器Y1的常闭，用于Y0的互锁
2	OUT Y0	共同控制输出继电器Y0
3	LD X1	开始接一个输入继电器常开X1
4	ANI Y0	再串联一个继电器Y0的常闭，用于Y1的互锁
5	OUT Y1	共同控制输出继电器Y1

(c) PLC输出互锁指令表

图 5-12　PLC 输出互锁控制

六、两地控制电路

一个设备需要有两个或两个以上的地点控制启动、停止时，采用多地点控制方法。如图 5-13（a）所示，按下控制按钮 SB12 或 SB22 任意一个都可用以启动，按下控制按钮 SB11 或 SB21 任意一个都可停止。通过接线可以将这些按钮安装在不同地方，而达到多地点控制要求。图 5-13（b）是两地控制电路实物接线示意图。

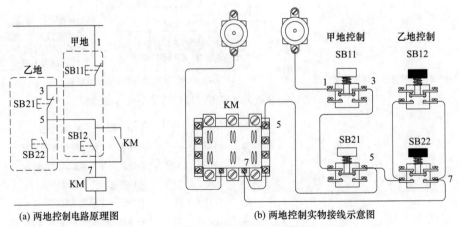

(a) 两地控制电路原理图　　　　　　　　(b) 两地控制实物接线示意图

图 5-13　两地控制电路原理图和实物接线示意图

利用 PLC 实现两地控制时，按钮的接线很简单，只需将控制点的四个按钮并接在 PLC 输入端即可，如图 5-14（a）所示的 PLC 多地点控制的接线。在梯形图中并联常开就可完成启动控制，串联常闭就可实现停止控制，如图 5-14（b）所示。

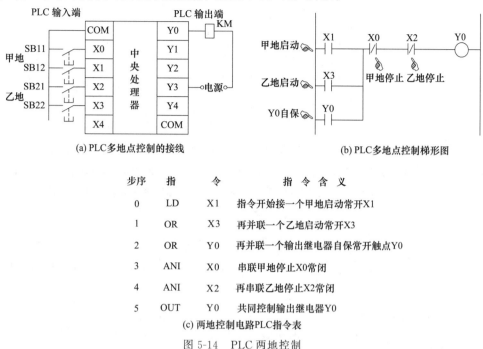

（a）PLC多地点控制的接线　　　（b）PLC多地点控制梯形图

步序	指　令		指　令　含　义
0	LD	X1	指令开始接一个甲地启动常开X1
1	OR	X3	再并联一个乙地启动常开X3
2	OR	Y0	再并联一个输出继电器自保常开触点Y0
3	ANI	X0	串联甲地停止X0常闭
4	ANI	X2	再串联乙地停止X2常闭
5	OUT	Y0	共同控制输出继电器Y0

（c）两地控制电路PLC指令表

图 5-14　PLC 两地控制

第二节　有条件控制电路

一、有条件的启动控制电路

当对所控制的设备需要特定的操作任务时，设计要求一个操作地点不能完成启动控制，必须两个以上操作才可以实现启动的电路，称为有条件控制电路（也称多条件启动）。如图 5-15（a）是一个必须 SB2、SB3 同时闭合才可启动控制电路，启动时必须将控制按钮 SB2 和 SB3（或其他的控制元件的常开触点）同时接通接触器 KM 线圈才能通电。单独操作任何一个按钮都不会使接触器得电动作。图 5-15（b）是有条件启动控制电路元件接线示意图。

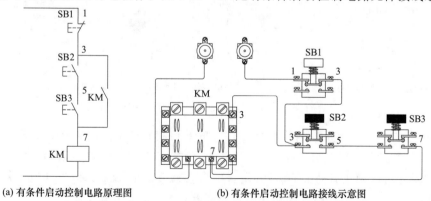

（a）有条件启动控制电路原理图　　　（b）有条件启动控制电路接线示意图

图 5-15　有条件的启动控制电路原理图和接线示意图

利用 PLC 实现有条件启动时，只需将保证满足启动条件元件的触点与其他触点并联接入 PLC 的输入端，如图 5-16 所示，根据控制要求编写梯形图和指令表。

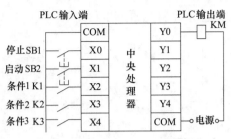

图 5-16 多条件启动 PLC 接线

梯形图如图 5-17（a）所示，这个启动电路只有当控制条件 K1、K2、K3 都接通，输入继电器 X2、X3、X4 都闭合时，启动按钮 SB2 的输入继电器 X1 闭合，才可以控制输出继电器 Y0 的动作，这个梯形图只具有有条件启动功能，而不具有条件消失停止运行的功能。

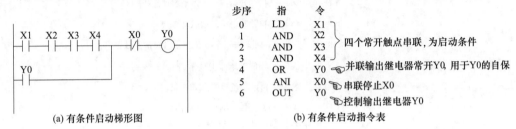

步序	指	令	
0	LD	X1	⎫
1	AND	X2	⎬ 四个常开触点串联，为启动条件
2	AND	X3	⎭
3	AND	X4	
4	OR	Y0	☞ 并联输出继电器常开Y0，用于Y0的自保
5	ANI	X0	☞ 串联停止X0
6	OUT	Y0	☞ 控制输出继电器Y0

(a) 有条件启动梯形图   (b) 有条件启动指令表

图 5-17 PLC 有条件启动控制梯形图和指令表

二、有条件启动、停止控制电路

有条件启动、停止控制电路原理如图 5-18（a）所示，只有当各种条件都满足设备运行要求时，K1、K2 接通了，启动按钮 SB2 才起作用，这种控制方式不光在启动时起作用，在运行时也同样起到保护的作用。当运行中某一个条件不能达到要求时，其触点断开，KM 失电设备停止运行。图 5-18（b）为有条件启动、停止电路接线示意图。

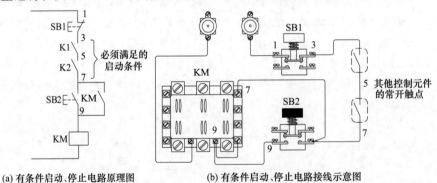

(a) 有条件启动、停止电路原理图   (b) 有条件启动、停止电路接线示意图

图 5-18 有条件启动、停止控制电路原理图和接线示意图

PLC 有条件启动、停止控制的接线与图 5-16 的控制原理相似，梯形图如图 5-19（a）所示，这个启动电路只有当控制条件（有三个控制条件）X2、X3、X4 闭合时，按钮 SB2 的输入继电器 X1 才可以操作启动，Y0 常开闭合触点实现 Y0 的自保，但当其他条件不能满足运行要求时，X2、X3、X4 中的任何一个触点断开，Y0 都应失电而停止运行。图 5-19（b）为有条件启动、停止指令表。

三、按顺序启动控制电路

按顺序启动控制电路是按照确定的操作顺序，在一个设备启动之后另一个设备才能启动

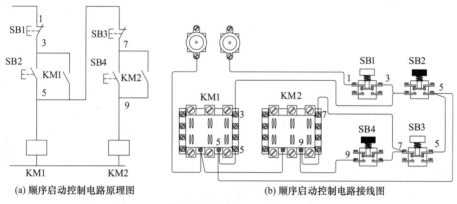

步序	指　令	
0	LD	X1　🔍启动
1	OR	Y0　🔍并联输出继电器常开Y0，用于Y0的自保
2	AND	X2
3	AND	X3 } 串联启动条件的常开触点
4	AND	X4
5	ANI	X0　🔍串联停止X0
6	OUT	Y0　🔍控制输出继电器Y0

(a) 有条件启动、停止梯形图　　　　(b) 有条件启动、停止指令表

图 5-19　PLC 有条件启动、停止控制

的一种控制方法。如图 5-20（a）是顺序启动控制电路原理图，图 5-20（b）是顺序启动控制电路接线图，接触器 KM2 要先启动是不行的，因为 SB2 常开触点和接触器 KM1 的辅助常开触点是断开状态，7 号线无电，只有当 KM1 吸合实现自锁之后，7 号线有电，SB4 按钮才起作用，使 KM2 通电吸合，这种控制多用于大型空调设备的控制电路。

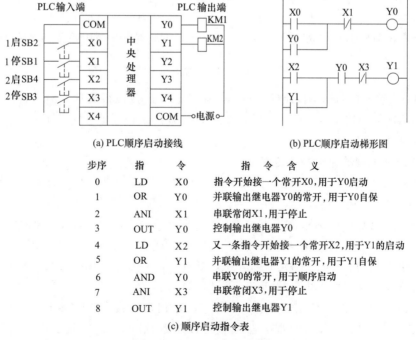

(a) 顺序启动控制电路原理图　　　　(b) 顺序启动控制电路接线图

图 5-20　顺序启动控制电路原理图和接线图

(a) PLC顺序启动接线　　　　(b) PLC顺序启动梯形图

步序	指　令		指　令　含　义
0	LD	X0	指令开始接一个常开X0，用于Y0启动
1	OR	Y0	并联输出继电器Y0的常开，用于Y0自保
2	ANI	X1	串联常闭X1，用于停止
3	OUT	Y0	控制输出继电器Y0
4	LD	X2	又一条指令开始接一个常开X2，用于Y1的启动
5	OR	Y1	并联输出继电器Y1的常开，用于Y1自保
6	AND	Y0	串联Y0的常开，用于顺序启动
7	ANI	X3	串联常闭X3，用于停止
8	OUT	Y1	控制输出继电器Y1

(c) 顺序启动指令表

图 5-21　PLC 顺序启动控制

采用 PLC 控制的顺序启动接线如图 5-21 (a) 所示，图 5-21 (b) 是 PLC 顺序启动的梯形图。

四、利用行程开关控制的自动循环电路

利用行程开关控制自动循环电路，是工业上常用的一种电路，如图 5-22 (a) 是利用行程开关控制自动循环电路原理图。当接触器 KM1 吸合电动机正转运行，当机械运行到限位开关 SQ1 时，SQ1 的常闭触点断开 KM1 线圈回路，常开触点接通 KM2 线圈回路，KM2 接触器吸合动作，电动机反转。到达限位开关 SQ2，SQ2 动作，常闭触点断开 KM2，常开触点接通 KM1，电动机又正转，重复上述的动作。图 5-22 (b) 是行程开关控制的自动循环电路接线示意图。

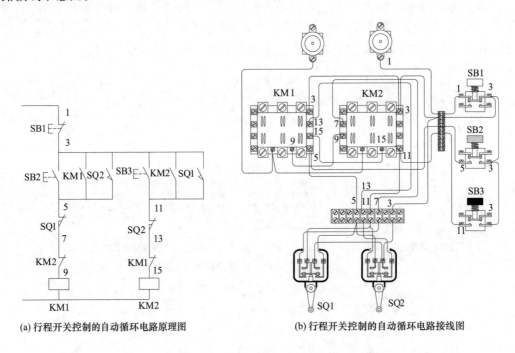

(a) 行程开关控制的自动循环电路原理图   (b) 行程开关控制的自动循环电路接线图

图 5-22 行程开关控制的自动循环电路原理图和接线图

利用 PLC 实现自动循环控制时，按钮和限位开关的接线很简单，只需将控制点并接在 PLC 输入端即可，如图 5-23 (a) 所示，图 5-23 (b)、(c) 是利用行程开关控制的自动循环 PLC 梯形图和指令表。

五、按时间控制的自动循环电路

图 5-24 (a) 是利用时间继电器控制的循环电路原理图，图 5-24 (b) 是时间继电器控制的循环电路元件接线示意图。当接通 SA 后，KM 和 KT1 同时得电吸合，KT1 开始延时，达到整定值后 KT1 的延时闭合接点接通，KA 和 KT2 得电吸合，KA 辅助常开触点闭合（实现自保），此时，KT2 开始延时，同时 KA 的常闭触点断开了 KM 和 KT1，电机停止。当 KT2 达到整定值后，KT2 的延时断开触点断开，KA 失电，其常开触点断开，常闭触点闭合，KM 和 KT 又得电，电动机运行，进入循环过程。

利用 PLC 实现按时间控制循环时，只需接一个启动开关，中间继电器和时间继电器多不需要连接，因为 PLC 内部的继电器很多可以随意使用，如图 5-25 (a) 所示，图 5-25 (b)、(c) 是按时间控制的自动循环控制 PLC 梯形图和指令表。

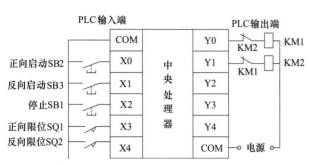

(a) 利用行程开关自动循环PLC接线图

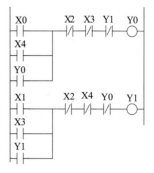

(b) 利用行程开关自动循环PLC梯形图

步序	指　　令		指　令　含　义
0	LD	X 0	指令开始接一个正向启动常开X0
1	OR	X 4	并接一个正向限位启动常开X4
2	OR	Y 0	并接一个输出继电器自保触点Y0
3	ANI	X 2	串联一个控制停止X2常闭
4	ANI	X 3	再串联一个限位停止X3常闭
5	ANI	Y 1	再串联一个Y1互锁常闭触点
6	OUT	Y 0	控制一个输出继电器Y0的工作
7	LD	X 1	指令开始接一个反向启动常开X1
8	OR	X 3	并接一个反向限位启动常开X3
9	OR	Y 1	并接一个输出继电器自保触点Y1
10	ANI	X 2	串联一个控制停止 X2常闭
11	ANI	X 4	再串联一个限位停止X4常闭
12	ANI	Y 0	再串联一个Y0互锁常闭触点
13	OUT	Y 1	控制一个输出继电器Y1的工作

(c) 利用行程开关自动循环PLC指令表

图 5-23　PLC 利用行程开关自动循环控制

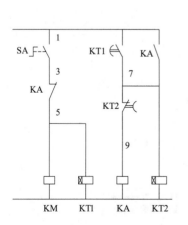

(a) 按时间控制的自动循环电路原理图

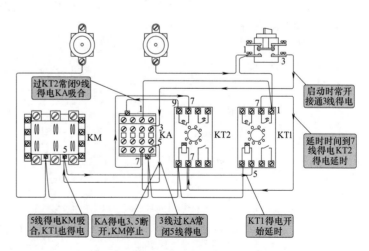

(b) 按时间控制的自动循环电路接线图

图 5-24　按时间控制的自动循环电路原理图和接线图

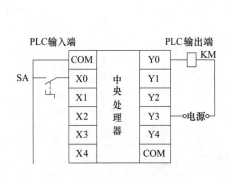

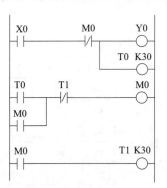

(a) 按时间控制的自动循环控制PLC的接线

(b) 按时间控制的自动循环控制PLC梯形图

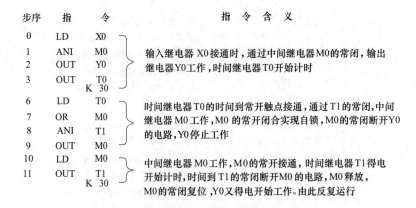

步序	指 令		指 令 含 义
0	LD	X0	输入继电器 X0 接通时, 通过中间继电器 M0 的常闭, 输出
1	ANI	M0	继电器 Y0 工作, 时间继电器 T0 开始计时
2	OUT	Y0	
3	OUT	T0 K 30	
6	LD	T0	时间继电器 T0 的时间到常开触点接通, 通过 T1 的常闭, 中间
7	OR	M0	继电器 M0 工作, M0 的常开闭合实现自锁, M0 的常闭断开 Y0
8	ANI	T1	的电路, Y0 停止工作
9	OUT	M0	
10	LD	M0	中间继电器 M0 工作, M0 的常开接通, 时间继电器 T1 得电
11	OUT	T1 K 30	开始计时, 时间到 T1 的常闭断开 M0 的电路, M0 释放, M0 的常闭复位, Y0 又得电开始工作。由此反复运行

(c) 按时间控制的自动循环控制PLC指令表

图 5-25 PLC 按时间控制的自动循环控制

六、终止运行的保护电路

终止运行保护电路是利用各种辅助继电器的常闭接点, 串联接在停止按钮电路中, 如图 5-26 (a) 所示, 当运行设备达到某一种运行极限时, 辅助继电器动作, 接点断开, 接触器 KM 断电设备停止运行。

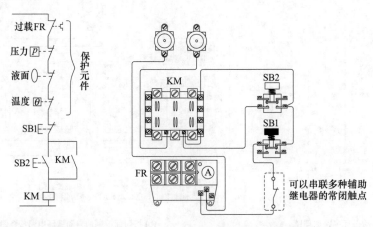

(a) 终止运行的保护电路原理图

(b) 终止运行的保护电路接线图

图 5-26 终止运行的保护电路原理图和接线图

采用 PLC 终止运行的保护电路时，只需将保护元件的常开触点并接在输入端，在梯形图中串联一个常闭触点指令即可实现保护的要求，如图 5-27 所示是 PLC 终止运行的保护电路接线和梯形图与指令表。

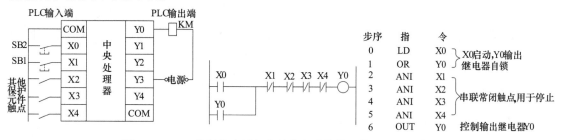

图 5-27　PLC 控制终止运行的保护电路接线和梯形图与指令表

七、延时启动电路

如图 5-28（a）所示，按下启动按钮 SB2 时，中间继电器 KA 和时间继电器 KT 首先得电，KA 的常开触点闭合实现自锁，时间继电器得电开始延时，延时的时间到时间继电器的延时闭合触点接通 3、9 线段，9 号线得电接触器 KM 得电工作，并通过辅助常开触点实现自锁。KM 的常闭触点断开 3、7 线段中间继电器的自锁，中间继电器和时间继电器断电。停止时按下 SB1 断开全部线路，设备停止工作。图 5-28（b）是元件的接线示意图。图 5-28（c)是采用 PLC 控制的延时启动的梯形图和指令表。

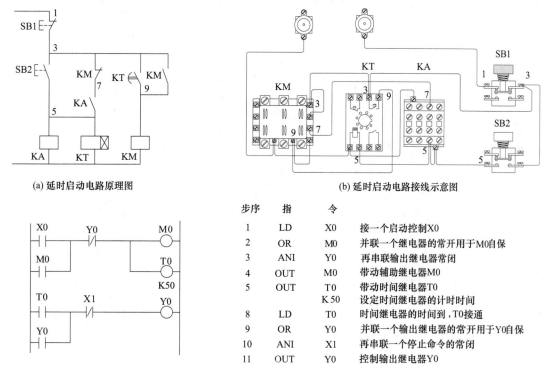

(a) 延时启动电路原理图

(b) 延时启动电路接线示意图

(c)PLC延时启动的梯形图和指令表

图 5-28　PLC 延时启动电路控制

八、延时停止电路

延时停止电路是当按下停止按钮后，设备不是立即停止，而是延缓一段时间再停止，原理图如图 5-29（a）所示。SB1 是启动按钮，启动时通过 KT 的延时断开触点（3、5）使 KA1 得电吸合，KA1 的常开触点闭合（1、3）并实现自锁，KA1 的常开触点接通 7、9 线段为停止做好准备。停止时按下 SB2 接通 1、7 线段，中间继电器 KA2 和时间继电器 KT 得电，KA2 的常开触点接通 1、7 线段用于供电自锁，KT 开始延时，当延时的时间到 KT 的延时断开触点断开（3、5）KA1 的电路，KA1 断电停止。图 5-29（b）是延时停止电路的接线示意图，图 5-29（c）是采用 PLC 延时停止的梯形图和指令表。

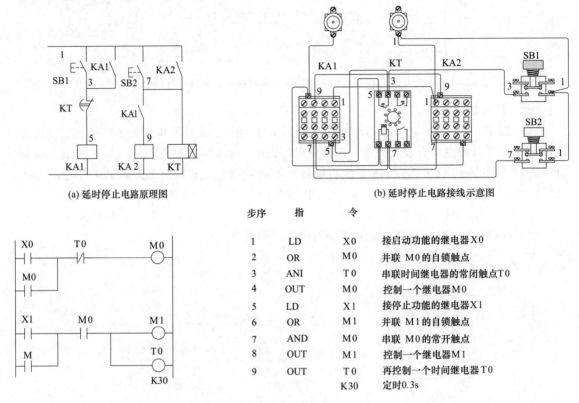

(a) 延时停止电路原理图　　　　　　　　　　　(b) 延时停止电路接线示意图

步序	指	令	
1	LD	X0	接启动功能的继电器X0
2	OR	M0	并联 M0 的自锁触点
3	ANI	T0	串联时间继电器的常闭触点T0
4	OUT	M0	控制一个继电器M0
5	LD	X1	接停止功能的继电器X1
6	OR	M1	并联 M1 的自锁触点
7	AND	M0	串联 M0 的常开触点
8	OUT	M1	控制一个继电器M1
9	OUT	T0	再控制一个时间继电器T0
		K30	定时0.3s

(c) PLC延时停止的梯形图和指令表

图 5-29　PLC 延时停止电路控制

第六章 常见的电动机控制电路

第一节 电动机的启动方式

一、笼型异步电动机几种启动方式的比较

电动机启动方式：全压直接启动、自耦减压启动、Y-△启动、软启动器、变频器、调级调速等，其中软启动器和变频器启动为新的节能启动方式。当然也不是一切电动机都要采用软启动器和变频器启动，应从经济性和适用性方面考虑。下面是几种启动方式比较，与电动机控制电路接线相结合能更好地解决实际工作中的难题。

二、电动机全压直接启动

在电网容量和负载两方面都允许全压直接启动的情况下，可以考虑采用全压直接启动。优点是操纵控制方便，维护简单，而且比较经济。主要用于小功率电动机的启动，从节约电能的角度考虑，大于 10kW 的电动机不宜用此方法。

三、电动机自耦减压启动

电动机自耦减压启动是利用自耦变压器的多抽头减低电压，既能适应不同负载启动的需要，又能得到较大的启动转矩，是一种经常被用来启动容量较大电动机的减压启动方式。它的最大优点是启动转矩较大，当其自耦变压器绕组抽头在 80% 处时，启动转矩可达直接启动时的 64%。并且可以通过抽头调节启动转矩。至今仍被广泛应用。

四、电动机 Y-△启动

对于正常运行的定子绕组为三角形接法的笼型异步电动机来说，如果在启动时将定子绕组接成星形，待启动完毕后再接成三角形，就可以降低启动电流，减轻启动时电流对电源电压的冲击。这样的启动方式称为星-三角减压启动，简称为星-角启动（Y-△启动）。采用星-三角启动时，启动电流只是原来按三角形接法直接启动时的 1/3。如果直接启动时的启动电流以 6~7 倍额定电流计算，则在星-三角启动时，启动电流才是 2~2.3 倍。这就是说采用星-三角启动时，启动转矩也降为原来按三角形接法直接启动时的 1/3。适用于空载或者轻载启动的设备，并且同任何别的减压启动器相比较，其结构最简单，检修方便，价格也最便宜。

五、电动机软启动器

这是利用了晶闸管的移相调压原理来实现对电动机的调压启动，主要用于电动机的启动控制，启动效果好但成本较高。因使用了晶闸管元件，晶闸管工作时谐波干扰较大，对电网有一定的影响。另外电网的波动也会影响晶闸管元件的导通，特别是同一电网中有多台晶闸管设备时，因此晶闸管元件的故障率较高，因为涉及到电力电子技术，对维护技术人员的要求也较高。

六、电动机变频器启动

变频器是现代电动机控制领域技术含量最高、控制功能最全、控制效果最好的电机控制装置，它通过改变电源的频率来调节电动机的转速和转矩。因为涉及到电力电子技术、微机

技术，因此成本高，对维护技术人员的要求也高，因此主要用在需要调速并且对速度控制要求高的领域。

在以上几种启动控制方式中，星-三角启动、自耦减压启动因其成本低，维护相对与软启动和变频控制容易，目前在实际运用中还占有很大的比重。但因其采用分立电气元件组装，控制线路接点较多，在其运行中，故障率相对还是比较高。从事电气维护的技术人员都知道，很多故障都是电气元件的触点和连线接点接触不良引起的，在工作环境恶劣（如粉尘、潮湿）的地方，这类故障比较多，检查起来颇费时间。另外有时根据生产需要，要更改电机的运行方式，如原来电动机是连续运行的，需要改成定时运行，这时就需要增加元件、更改线路才能实现。有时因为负载或电机变动，要更改电动机的启动方式，如原来是自耦启动，要改为星-三角启动，也要更改控制线路才能实现。

电动机常用接线是帮助大家更好地了解电动机控制方式，通过图解的方法，快而简单地掌握电动机控制接线，解决工作中遇到的难题。

第二节　电动机接线示意图中的图形含义

为了便于广大学员了解和掌握电动机接线和控制，在本章里对每一个电路都采用了控制原理图和实物接线示意图相结合分析的形式，实物接线图中的元件的各个接点如图所示。接触器各接线端子位置示意图如图 6-1 所示。热继电器各接线端子位置示意图如图 6-2 所示。

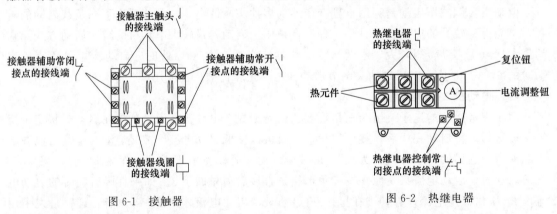

图 6-1　接触器

图 6-2　热继电器

按钮各接线端子位置示意图如图 6-3 所示，中间继电器各接线端子位置示意图如图 6-4 所示。

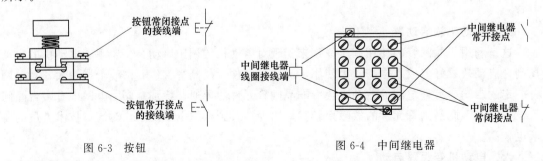

图 6-3　按钮

图 6-4　中间继电器

小型断路器各接线端子位置示意图如图 6-5 所示，熔断器接线端子位置示意图如图 6-6 所示。

图 6-5　断路器　　　　　　　　　　　　　　　图 6-6　熔断器

时间继电器各接线端子位置示意图如图 6-7 所示，行程开关各接线端子位置示意图如图 6-8 所示。

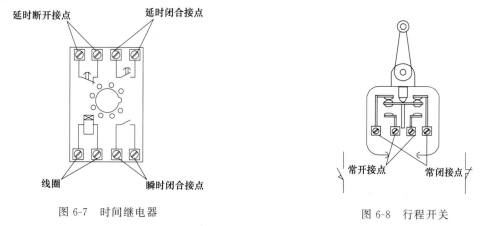

图 6-7　时间继电器　　　　　　　　　　　　　图 6-8　行程开关

第三节　电动机单方向运行电路

一、电动机单方向运行电路

电动机单方向运行是应用最多的控制电路，日常的水泵、风机等都是单方向电路，也是电工必须掌握的基本电路。电动机单方运行电路原理图如图 6-9（a）所示，电动机单方向运行电路接线示意如图 6-9（b）所示。

工作过程 按下控制启动按钮 SB2，接触器 KM 线圈得电铁芯吸合，主触点闭合使电动机得电运行，KM 的辅助常开接点也同时闭合，实现了电路的自锁，电源通过 FU1→SB1 的常闭→KM 的常开接点→接触器的线圈→FU2，松开 SB2，KM 也不会断电释放。当按下停止按钮 SB1 时，SB1 常闭接点打开，KM 线圈断电释放，主、辅接点打开，电动机断电停止运行。FR 为热继电器，当电动机过载或因故障使电动机电流增大，热继电器内的双金属片会温度升高使 FR 常闭接点打开，KM 失电释放，电动机断电停止运行，从而实现过载保护。

二、电动机两地控制单方向运行电路

为了操作方便，一台设备有几个操纵盘或按钮站，各处都可以进行操作控制。要实现多地点控制，则在控制线路中将启动按钮并联使用，而将停止按钮串联使用。

图 6-10（a）是电动机两地控制线路原理图。两地启动按钮 SB12、SB22 并联，两地停止按钮 SB11、SB21 串联。图 6-10（b）是电动机两地控制单方向运行接线图。

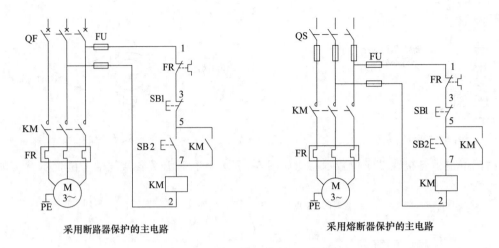

采用断路器保护的主电路　　　　　采用熔断器保护的主电路

(a)电动机单方运行电路原理图

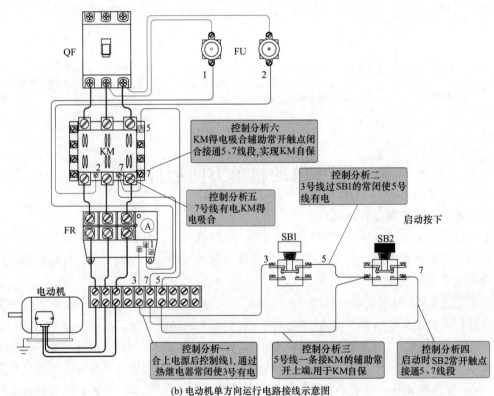

控制分析六
KM得电吸合辅助常开触点闭合接通5、7线段,实现KM自保

控制分析二
3号线过SB1的常闭使5号线有电

控制分析五
7号线有电,KM得电吸合

控制分析一
合上电源后控制线1,通过热继电器常闭使3号有电

控制分析三
5号线一条接KM的辅助常开上端,用于KM自保

控制分析四
启动时SB2常开触点接通5、7线段

(b) 电动机单方向运行电路接线示意图

图 6-9　电动机单方向运行电路原理图与接线示意图

操作过程

（1）电动机启动　按下启动按钮 SB12 或 SB22（以操作方便为原则）交流接触器 KM 线圈通电吸合,主触头闭合,电动机运行。同时 KM 辅助常开触点自锁。

（2）电动机停止　按下停止按钮 SB11 或 SB21（以方便操作为原则）接触器 KM 线圈失电,KM 的触点全部释放,电动机停止。

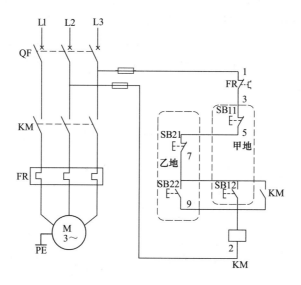

(a)电动机两地控制单方向运行控制原理图

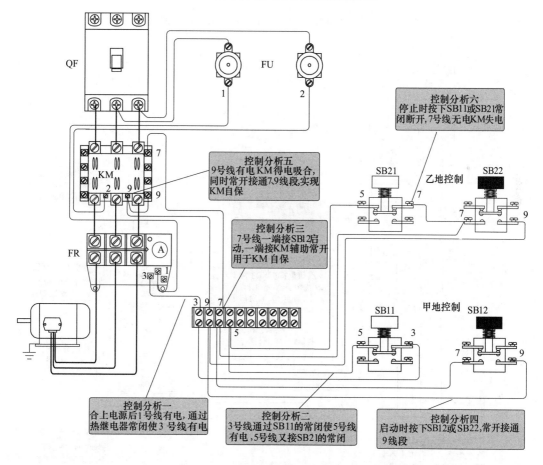

(b)电动机两地控制单方向运行接线示意图

图 6-10　电动机两地控制单方向运行控制原理图与接线示意图

三、电动机单方向运行带点动的控制电路（一式）

电动机单方向运行带点动的控制电路是一种方便的控制电路，电动机可以单独地点动工作，又可以长期运行。原理图如图 6-11（a）所示，元件接线如图 6-11（b）所示。

操作过程 需要运行时，按下按钮 SB2，接触器 KM 线圈得电吸合，其 KM 辅助触点闭

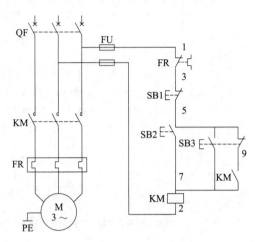

(a)电动机单方向运行带点动的控制电路原理图

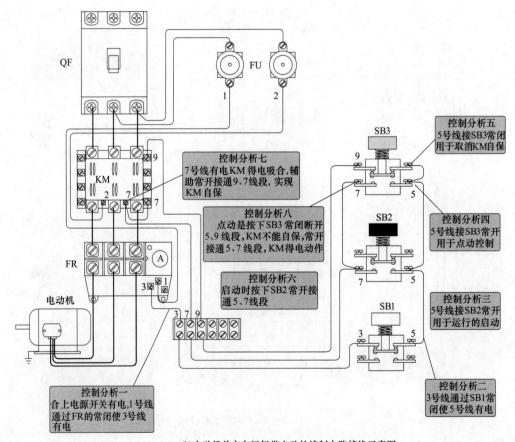

(b)电动机单方向运行带点动的控制电路接线示意图

图 6-11 电动机单方向运行带点动控制电路原理图与接线示意图（一）

合实现自锁，电机得电运行。需要点动时按下 SB3，KM 吸合，电动机得电运行，但由于其常闭触点断开接触器 KM 自锁回路，接触器 KM 无法实现自锁，SB3 的常开触点接通时 KM 得电吸合，松开 SB3，KM 就失电，电动机断开电源而停车。

四、电动机单方向运行带点动的控制电路（二式）

原理图与接线示意图如图 6-12 所示。

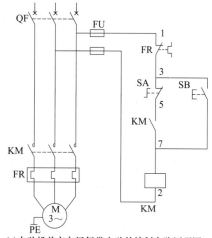

(a)电动机单方向运行带点动的控制电路原理图

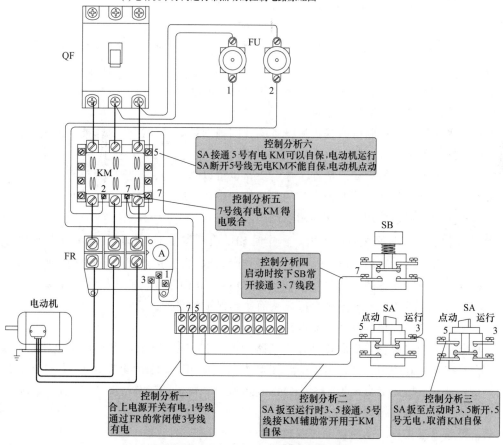

(b)电动机单方向运行带点动的控制电路接线示意图

图 6-12　电动机单方向运行带点动控制电路原理图与接线示意图（二）

工作过程

（1）点动

① 将手动开关 SA 打开，至于断开位置。

② 按下启动按钮 SB，接触器 KM 线圈得电吸合，其主触头闭合，电动机运行。

③ 虽然 KM 线圈得电后接触器 KM 辅助常开触点也闭合，但因为 KM 辅助常开触点与手动开关 SA 串联，而 SA 已打开使自锁环节失去作用，一旦松开按钮 SB 则 KM 线圈立即失电，主触头断开，电动机停止运行。

（2）正常运行

① 将手动开关 SA 置于闭合位置。

② 按下启动按钮 SB，接触器 KM 线圈得电并自锁，其主触头闭合，电动机运行。

③ 将手动开关 SA 断开，KM 线圈失电，主触头立即断开，电动机停止运行。

五、电动机多条件启动控制电路

多条件启动电路只是在启动时要求各处达到安全要求设备才能工作，但运行中其他控制点发生了变化，设备不停止运行，这与多保护控制电路不一样。图 6-13（a）是原理图，图 6-13（b）是元件接线示意图。

为了保证人员和设备的安全，往往要求两处或多处同时操作才能发出主令信号，设备才能工作。要实现多信号控制，在线路中需要将启动按钮（或其他电器元件的常开触点）串联。

工作过程 这是以两个信号为例的多信号控制线路，启动时只有将 SB2、SB3 同时按下，交流接触器 KM 线圈才能通电吸合，主触点接通，电动机开始运行。而电动机需要停止时，可按下 SB1，KM 线圈失电，主触点断开，电动机停止运行。

六、电动机多保护启动控制电路

电动机多保护启动控制电路是机械设备的外围辅助设备必须达到工作要求时电动机才可以启动的电路，如图 6-14（a）中的 SQ 是一个限位开关起到位置保护作用，辅助设备未达到位置要求，电动机不能启动。根据工作需要，也可以是压力、温度、液位等多种控制，当需要多种保护时可将各种辅助保护设备的常开接点串接起来即可。练习接线可以参考图6-14（b）电动机多保护启动控制电路接线示意图。

启动过程 合上 QF 开关电路得电，但这时 SB2 启动按钮不起作用，因为辅助保护的 SQ 常开接点未闭合，只有当辅助设备达到位置要求时，SQ 常开接点闭合，SB2 按钮才起作用。如果在运行当中辅助设备的位置发生了变化，SQ 接点立即断开，KM 接触器线圈断电释放，KM 接触器主触点断开电动机停止运行，从而达到保护的目的。

七、按钮互锁正、反向点动控制电路

三相异步电动按钮正、反向点动控制电路如图 6-15（a）所示，点动控制电路是在需要设备动作时按下控制按钮 SB1，SB1 的常闭触点首先断开 KM1 的电路，使 KM1 不能得电动作，常开触点后接通 KM2 的电路，KM2 得电吸合，电动机动作。图 6-15（b）是按钮正、反向点动控制电路接线示意图。

八、接触器互锁正、反向点动控制电路

三相异步电动机接触器互锁正、反向点动控制电路如图 6-16（a）所示。点动控制电路是在需要设备动作时按下控制按钮 SB1，通过 KM2 的常闭触点接通 KM1 的电路，使 KM1

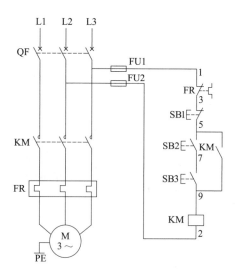

(a)电动机多条件启动控制电路原理图

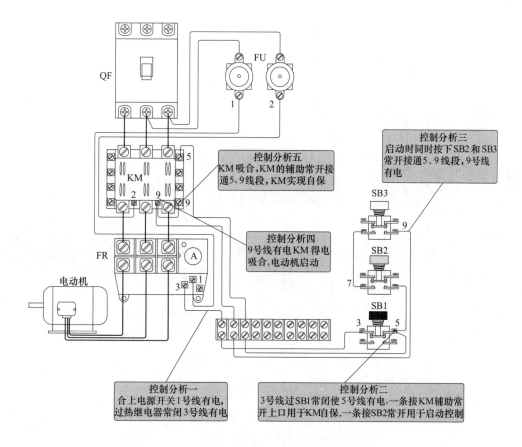

(b)电动机多条件启动接线示意图

图 6-13 电动机多条件启动控制电路原理图和接线示意图

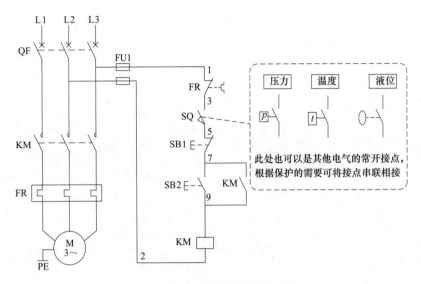

(a) 电动机多保护控制电路原理图

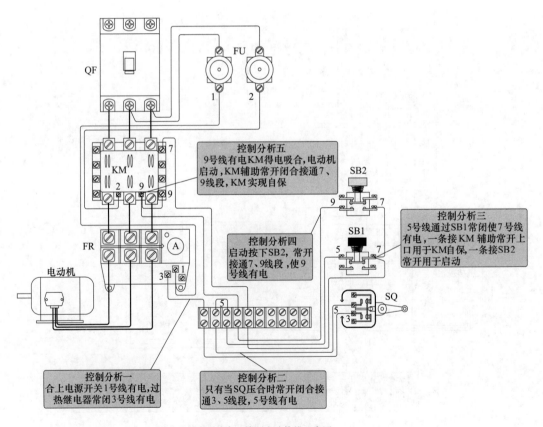

(b) 电动机多保护启动控制电路接线示意图

图 6-14　电动机多保护启动控制电路原理图与接线示意图

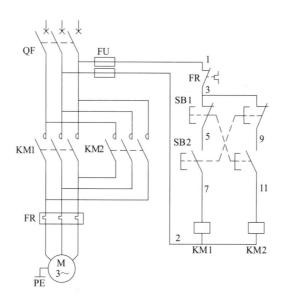

(a) 按钮正、反向点动控制电路电气原理图

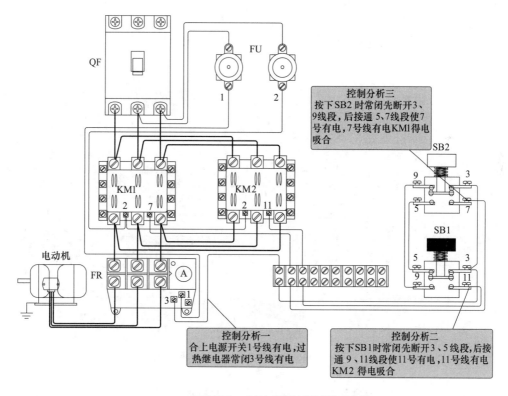

控制分析三
按下SB2时常闭先断开3、9线段，后接通5、7线段使7号有电，7号线有电KM1得电吸合

控制分析一
合上电源开关1号线有电，过热继电器常闭3号线有电

控制分析二
按下SB1时常闭先断开3、5线段，后接通9、11线段使11号有电，11号线有电KM2得电吸合

(b) 按钮正、反向点动控制电路接线示意图

图 6-15　按钮互锁

得电吸合，同时 KM1 的辅助常闭触点断开 KM2 的电路，使 KM2 不能得电动作。图 6-16 (b) 是接触器互锁正、反向点动控制接线示意图。

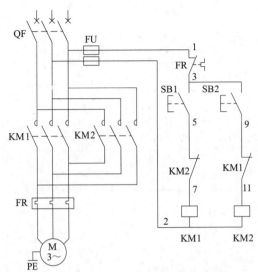

(a) 接触器互锁正、反向点动控制电路原理图

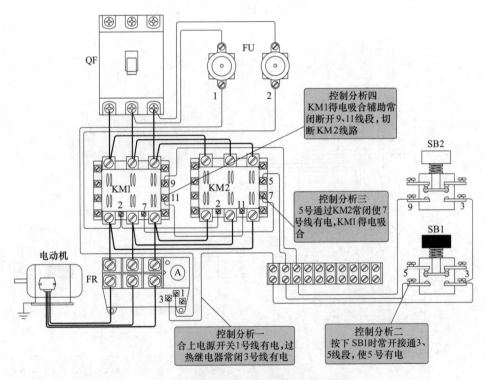

(b) 接触器互锁正、反向点动控制接线示意图

图6-16 接触器互锁正、反向点动控制电路原理图与接线示意图

九、接触器、按钮双互锁正、反向点动控制电路

三相异步电动接触器、按钮双互锁正、反向点动控制电路如图6-17（a）所示，采用双互锁控制能更加有效地防止短路事故的发生。图6-17（b）是接触器、按钮双互锁正、反向点动控制电路的接线示意图。

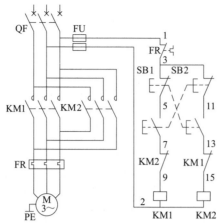

(a) 接触器、按钮双互锁正、反向点动控制原理图

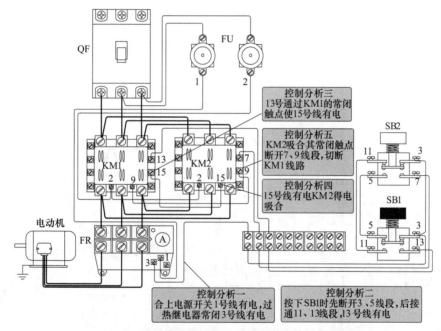

(b) 接触器、按钮双互锁正、反向点动控制接线示意图

图 6-17　接触器、按钮双互锁正、反向点动控制原理图与接线示意图

十、电动机正、反转运行控制电路

为了使电动机能够正转和反转，可采用两只接触器 KM1、KM2 换接电动机三相电源的相序，但两个接触器不能同时吸合，如果同时吸合将造成电源的短路事故，为了防止这种事故，在电路中应采取可靠的互锁，如图 6-18（a）所示电路是采用按钮互锁和接触器互锁的双重互锁的电动机正、反两方向运行的控制电路。

线路分析

① 正向启动：按下正向启动按钮 SB3，KM1 通电吸合并自锁，主触头闭合接通电动机，电动机这时的相序是 L1、L2、L3，即正向运行。

② 反向启动：按下反向启动按钮 SB2，KM2 通电吸合并通过辅助触点自锁，常开主触头闭合换接了电动机三相的电源相序，这时电动机的相序是 L3、L2、L1，即反向运行。

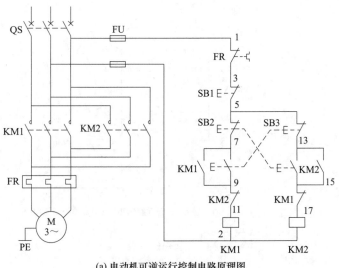

(a) 电动机可逆运行控制电路原理图

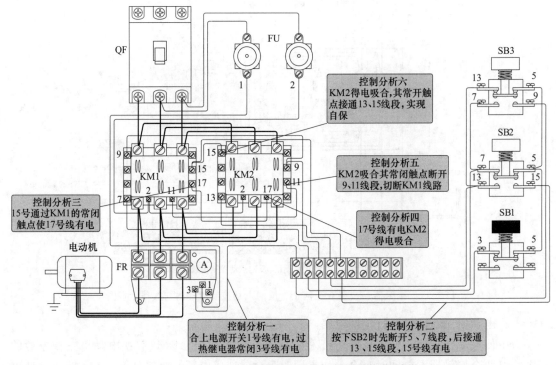

(b) 电动机可逆运行控制电路接线示意图

图 6-18　电动机可逆运行控制电路原理图与接线示意图

③ 互锁环节：具有禁止功能，在线路中起安全保护作用。

a. 接触器互锁：KM1 线圈回路串入 KM2 的常闭辅助触点，KM2 线圈回路串入 KM1 的常闭触点。当正转接触器 KM1 线圈通电动作后，KM1 的辅助常闭触点断开了 KM2 线圈回路，若使 KM1 得电吸合，必须先使 KM2 断电释放，其辅助常闭触头复位，这就防止了 KM1、KM2 同时吸合造成相间短路，这一线路环节称为互锁环节。

　　b. 按钮互锁：在电路中采用了控制按钮操作的正、反转控制电路，按钮 SB2、SB3 都具有一对常开触点、一对常闭触点，这两个触点分别与 KM1、KM2 线圈回路连接。例如按钮 SB2 的常开触点与接触器 KM2 线圈串联，而常闭触点与接触器 KM1 线圈回路串联。按钮 SB3 的常开触点与接触器 KM1 线圈回路串联，而常闭触点与 KM2 线圈回路串联。这样当按下 SB2 时只能有接触器 KM2 的线圈可以通电而 KM1 断电，按下 SB3 时只能有接触器 KM1 的线圈可以通电而 KM2 断电，如果同时按下 SB2 和 SB3 则两只接触器线圈都不能通电。这样就起到了互锁的作用。

　　④ 电动机正向（或反向）启动运转后，不必先按停止按钮使电动机停止，可以直接按反向（或正向）启动按钮，使电动机变为反方向运行。

十一、电动机自动往返控制电路

　　电动机自动往返控制电路按照位置控制原则的自动控制是生产机械电气化自动中应用最多和作用原理最简单的一种形式，在位置控制的电气自动装置线路中，由行程开关或终端开关的动作发出信号来控制电动机的工作状态。如图 6-19（a）所示为工作台往返的运动。

　　若在预定的位置电动机需要停止，则将行程开关的常闭触点串接在相应的控制电路中，这样在机械装置运动到预定位置时行程开关动作，常闭触点断开相应的控制电路，电动机停转，机械运动也停止。原理图如图 6-19（b）所示。

　　若需停止后立即反向运动，则应将此行程开关的常开触点并接在另一控制回路中的启动按钮处，这样在行程开关动作时，常闭触点断开了正向运动控制的电路，同时常开触点又接通了反向运动的控制电路。

　　电动机自动往返循环控制电路工作原理

　　① 合上空气开关 QF 接通三相电源。

　　② 按下正向启动按钮 SB3 接触器 KM1 线圈通电吸合并自锁，KM1 主触头闭合接通电动机电源，电动机正向运行，带动机械部件运动。

　　③ 电动机拖动的机械部件向左运动（设左为正向），当运动到预定位置挡块碰撞行程开关 SQ2，SQ2 的常闭触点断开接触器 KM1 的线圈回路，KM1 断电，主触头释放，电动机断电。与此同时 SQ2 的常开触点闭合，使接触器 KM2 线圈通电吸合并自锁，其主触头使电动机电源相序改变而反转。电动机拖动运动部件向右运动（设右为反向）。

　　④ 在运动部件向右运动过程中，挡块使 SQ2 复位为下次 KM1 动作做好准备。当机械部件向右运动到预定位置时，挡块碰撞行程开关 SQ1，SQ1 的常闭触点断开接触器 KM2 线圈回路，KM2 线圈断电，主触头释放，电动机断电停止向右运动。与此同时 SQ1 的常开触点闭合使 KM1 线圈通电并自锁，KM1 主触头闭合接通电动机电源，电动机运转，并重复以上的过程。

　　⑤ 电路中的互锁环节：接触器互锁由 KM1（或 KM2）的辅助常闭触点互锁；按钮互锁由 SB2（或 SB3）完成。

　　⑥ 自锁环节：由 KM1（或 KM2）的辅助常开触点并联 SB3（或 SB2）的常开触点实现自锁。

　　⑦ 若想使电动机停转则按停止按钮 SB1，则全部控制电路断电，接触器主触头释放，电动机断开电源停止运行。

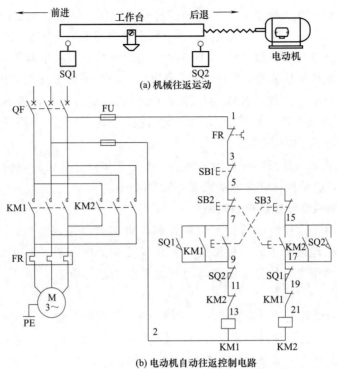

(a) 机械往返运动

(b) 电动机自动往返控制电路

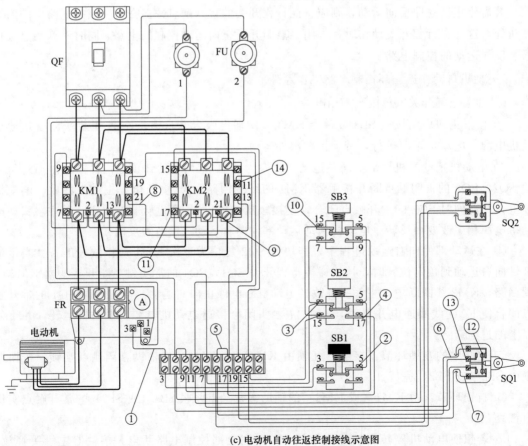

(c) 电动机自动往返控制接线示意图

图 6-19　电动机自动往返运动与控制电路

启动分析各个动作步骤

① 合上电源开关控制线 1 有电，过热继电器 FR 常闭触点使 3 号线有电，保证控制按钮有电。

② 3 号线过总停按钮 SB1 常闭，使 5 号线有电。

③ 按下 SB2 按钮，SB2 的常闭先断开 5、7 线段。

④ SB2 的常开后接通 15、17 线段，使 17 号线有电。

⑤ 17 号线通过端子与限位开关连接。

⑥ 17 号线接 SQ1 的常闭触点。

⑦ 17 号线通过 SQ1 的常闭触点使 19 号线有电。

⑧ 19 号线通过 KM1 的常闭互锁触点使 21 号线有电。

⑨ 21 号线有电 KM2 得电吸合。

⑩ 控制电源 5 号线通过 SB3 的常闭触点使 15 号线有电。

⑪ 15 号线接 KM2 的辅助常开触点，当 KM2 得电吸合时，常开触点接通 17 号线实现 KM2 的自锁。

⑫ 当动作到达位置时，SQ1 动作。SQ1 动作时触点切换，常闭断开 17、19 连接，KM2 失电。

⑬ SQ1 的常开接通 7、9 线段。

⑭ 9 号线通过 SQ2 的常闭使 11 号线有电，11 号线又通过 KM2 的常闭，KM1 得电吸合。

十二、电动机可逆带限位保护控制电路

电动机可逆带限位保护控制电路是一种带有位置保护的控制电路，这种电路多用在具有往返于机械运动的设备上，为了防止设备在运动时超出运动位置极限，在极限位置装有限位开关 SQ，当设备运行到极限位置时 SQ 动作使之能够停止，原理图如图 6-20（a）所示。

线路分析

（1）正向运动　按下正向启动按钮 SB3，KM1 通电吸合并自锁，主触头闭合接通电动机，电动机这时的相序是 L1、L2、L3，即正向运行。如果运动到了极限位置，将碰到限位开关 SQ1，SQ1 的常闭触点断开，KM1 失电不再吸合，主触点断开，电动机停止。

（2）反向运动　按下反向启动按钮 SB2，KM2 通电吸合并通过辅助触点自锁，常开主触头闭合换接了电动机三相的电源相序，这时电动机的相序是 L3、L2、L1，即反向运行。如果运动到了极限位置，将碰到限位开关 SQ2，SQ2 的常闭触点断开，KM2 失电不再吸合，主触点断开，电动机停止。

（3）互锁环节　具有禁止功能在线路中起安全保护作用。

① 接触器互锁　KM1 线圈回路串入 KM2 的常闭辅助触点，KM2 线圈回路串入 KM1 的常闭触点。当正转接触器 KM1 线圈通电动作后，KM1 的辅助常闭触点断开了 KM2 线圈回路，若使 KM1 得电吸合，必须先使 KM2 断电释放，其辅助常闭触头复位，这就防止了 KM1、KM2 同时吸合造成相间短路，这一线路环节称为互锁环节。

② 按钮互锁　在电路中采用了控制按钮操作的正反转控制电路，按钮 SB2、SB3 都具有一对常开触点、一对常闭触点，这两个触点分别与 KM1、KM2 线圈回路连接。例如，按钮 SB2 的常开触点与接触器 KM2 线圈串联，而常闭触点与接触器 KM1 线圈回路串联。按钮 SB3 的常开触点与接触器 KM1 线圈串联，而常闭触点与接触器 KM2 线圈回路串联。这样当按下 SB2 时只能有接触器 KM2 的线圈可以通电而 KM1 断电，按下 SB3，时只能有接触器 KM1

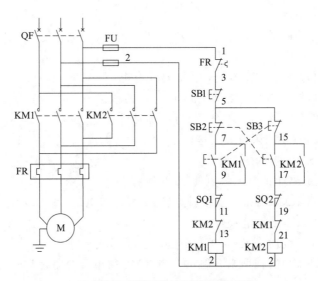

(a) 电动机可逆带限位保护控制电路原理图

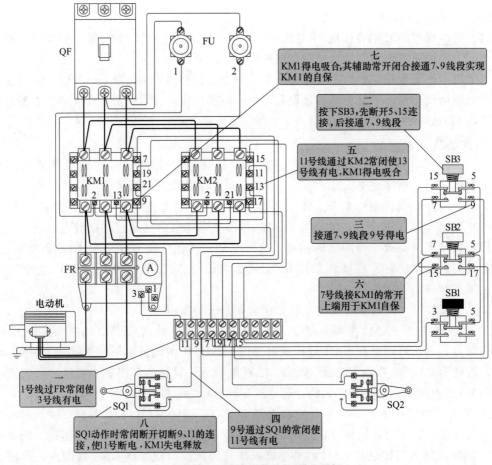

(b) 电动机可逆带限位保护电路接线示意图

图 6-20　电动机可逆带限位保护电路原理图与接线示意图

的线圈可以通电而 KM2 断电，如果同时按下 SB2 和 SB3，则两只接触器线圈都不能通电。这样就起到了互锁的作用。

图 6-20（b）是电动机可逆带限位保护接线及动作分析示意图。

十三、两台电动机顺序启动控制电路

顺序控制电路是在一个设备启动之后另一个设备才能启动的一种控制方法，KM1 是辅助设备，KM2 是主设备，只有当辅助设备运行之后主设备才可以启动，如图 6-21（a）所

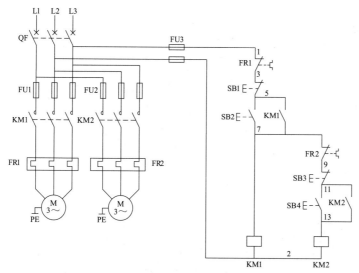

(a) 两台电动机顺序启动控制电路原理图

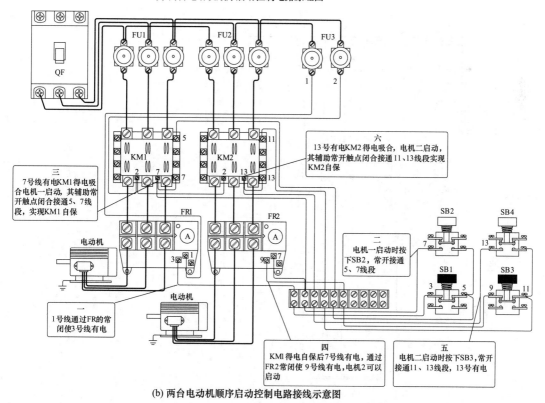

(b) 两台电动机顺序启动控制电路接线示意图

图 6-21　两台电动机顺序启动控制电路原理图与接线示意图

示。KM2 要先启动是不能动作的,因为 SB2 和 KM1 是断开状态,只有当 KM1 吸合实现自锁之后,SB4 按钮才有控制电源起作用,能使 KM2 通电吸合。这种控制多用于大型空调、制冷等设备的主、辅设备的控制电路。元件接线如图 6-21(b)所示。

十四、两台电动机顺序停止控制电路

顺序停止电路是启动时不分先后,但停止时必须按照顺序停止的控制方法,如图 6-22(a)所示。启动时,按控制按钮 SB2 或 SB4 可以分别使接触器 KM1 或 KM2 线圈得电吸合,

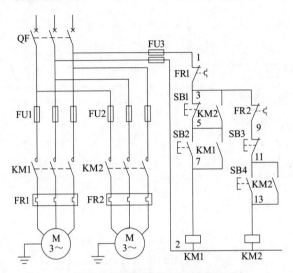

(a) 两台电动机顺序停止控制电路原理图

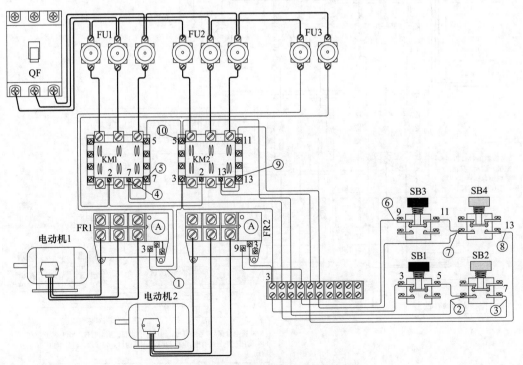

(b) 两台电动机顺序停止控制电路接线示意图

图 6-22 两台电动机顺序停止控制电路原理图及接线示意图

主触点闭合，M1 或 M2 通电电动机运行。接触器 KM1、KM2 的辅助常开触点同时闭合电路自锁。停止时，按控制按钮 SB3，接触器 KM2 线圈失电，电动机 M2 停止运行。若先停电动机 M1，按下 SB1 按钮，由于 KM2 没有释放，KM2 常开辅助触点与 SB1 的常闭触点并联在一起并呈闭合状态，所以按钮 SB1 断开时不起作用。只由当接触器 KM2 释放之后，KM2 的常开辅助触点断开，按钮 SB1 才起作用。但是电动机 1（KM1）由于故障造成热继电器 FR1 动作，继电器 KM1、KM2 全都失电而停止运行。图 6-22（b）是两台电动机顺序停止的元件接线示意图。

两台电动机顺序停止控制电路接线要领如图 6-22（b）所示。

① 控制电源 1 号线经热继电器的常闭触点使 3 号线有电，3 线一路接 KM2 常开用于锁闭 SB1 的停止功能，一路又接 FR2 常闭进线端。

② 3 号线通过 SB1 常闭触点使 5 号线有电，5 号线一路接 KM1 的常开用于 KM1 的自保，一路接 SB2 用于启动控制。

③ KM1 启动时按下 SB2，使 5、7 接通，7 号线有电。

④ 7 号线有电 KM1 得电吸合电动机 1 运行。

⑤ KM1 吸合 KM1 的辅助常开 5、7 接通，KM1 自保。

⑥ 3 号线通过 FR2 的常闭触点使 9 号线有电。

⑦ 9 号线通过 SB3 的常闭使 11 号线有电，11 号线一条接于 KM2 的常开用于 KM2 的自保。

⑧ KM2 启动时按下 SB4 常开接通 11、13 线段，13 号线有电。

⑨ 13 号线有电 KM2 得电吸合电动机 2 运行，KM2 的辅助常开 11、13 接通，KM3 自保。

⑩ KM2 的辅助常开接通 3、5 线段，短封 SB1 的停止功能，使电动机 1 不能先停止。

十五、两台电动机顺序启动、顺序停止电路

顺序启动、顺序停止控制电路是在一个设备启动之后另一个设备才能启动运行的一种控制方法，常用于主、辅设备之间的控制，如图 6-23（a）所示，当辅助设备的接触器 KM1 启动之后，主要设备的接触器 KM2 才能启动，主设备 KM2 不停止，辅助设备 KM1 也不能停止。但辅助设备在运行中因某原因停止运行（如 FR1 动作），主要设备也随之停止运行。图 6-23（b）是两台电动机顺序启动、顺序停止的元件接线示意图。

十六、先发出开车信号再启动的电动机控制电路

先发出开车信号再启动的电动机控制电路也是一种顺序控制电路，一些大型设备所带动运行的部件移动范围很大，需要在启动前发出工作信号，经过一段时间再启动电动机，以便告知工作人员及维修人员远离设备，以防事故的发生。例如大型的传送带启动时需要告诉传送带另一端人员做好安全准备工作。如图 6-24（a）所示为先发出开车信号再启动的电动机控制电路原理图。

工作过程 当需要启动时按下启动按钮 SB2，检电器 KA 得电吸合，KA 的常开触点闭合，电铃 B 和信号灯 HL 均发出准备开车信号，KA 的辅助触点接通实现自保，时间继电器 KT 得电开始延时，延时的时间到 KT 的延时闭合触点接通，主接触器 KM 得电吸合，电动机接通电源开始运行，同时 KM 的辅助常闭触点断开，使 KT 和 KA 失电，电铃和信号灯停止工作，KM 的辅助常开触点闭合，KM 实现自保，电动机运行。图 6-24（b）为先发出开车信号再启动的电动机控制电路元件接线示意图。

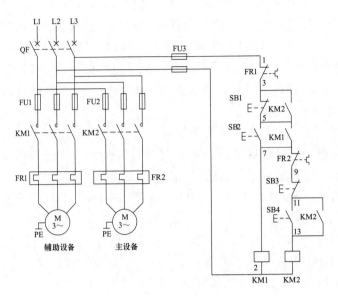

(a) 两台电动机顺序启动、顺序停止电路

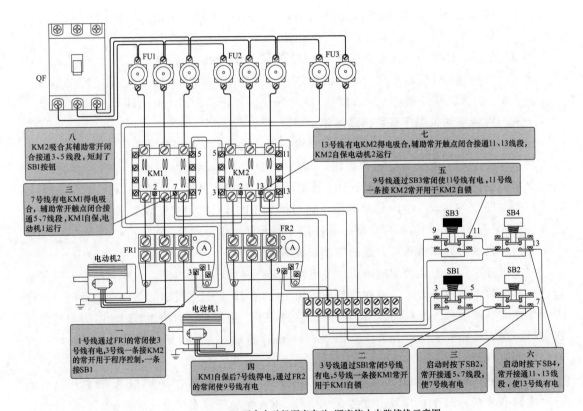

(b) 两台电动机顺序启动、顺序停止电路接线示意图

图 6-23　两台电动机顺序启动、顺序停止电路原理图与接线示意图

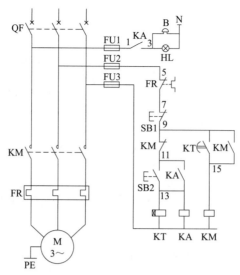

(a) 先发出开车信号再启动的电动机控制电路原理图

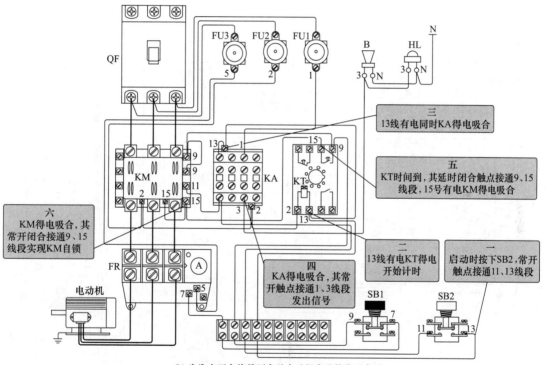

(b) 先发出开车信号再启动电动机电路接线示意图

图 6-24　先发出开车信号再启动的电动机控制电路原理图与接线示意图

十七、按照时间要求控制的顺序启动、顺序停止电路

有三台电动机 M1、M2、M3，当 M1 启动时间过 t_1 以后 M2 启动，再经过时间 t_2 以后 M3 启动；停止时 M3 先停止，过时间 t_3 以后 M2 停止，再过时间 t_4 后 M1 停止的电气控制原理图如图 6-25（a）所示。

电路分析　启动时按下 SB2 按钮，KM1 得电动作，KT1 得电开始延时，时间到 KT1 的延时闭合触点接通 KM2，KM2 得电动作，KT2 得电开始延时，时间到 KT2 的延时闭合触点接通 KM3 吸合动作，完成顺序启动的过程。停止时按下 SB3 按钮，KA 得电吸合，KA 的

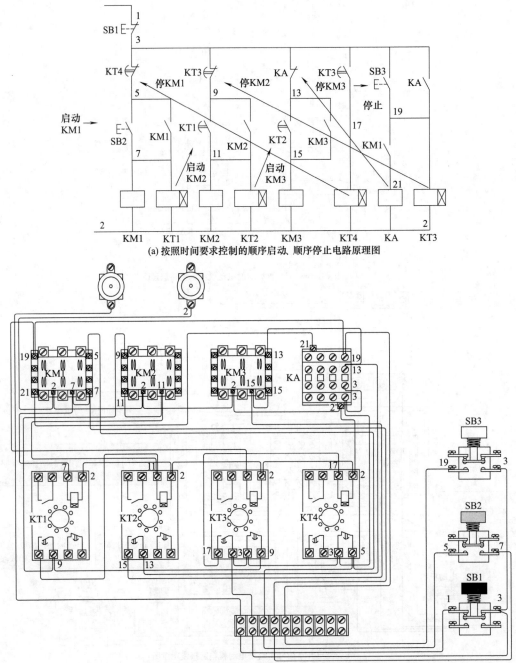

(a) 按照时间要求控制的顺序启动、顺序停止电路原理图

(b) 按照时间要求控制的顺序启动 顺序停止电路元件接线图

图 6-25　按照时间要求控制的顺序启动、顺序停止电路原理图与接线图

常闭触点断开 KM3 电路，KM3 停止，同时 KA 自锁，同时时间继电器 KT3 得电开始延时，KT3 延时断开触点断开 KM2 电路，KM2 停止，同时 KT3 的延时闭合触点接通 KT4，KT4 得电开始延时，时间到 KT4 的延时断开触点断开 KM1 电路，KM1 停止。图 6-25（b）是按照时间要求控制的顺序启动、顺序停止电路元件接线图。

十八、电动机间歇循环运行电路

按时间控制的自动循环电路用于间歇运行的设备，如自动喷泉用的就是这种电路，如图

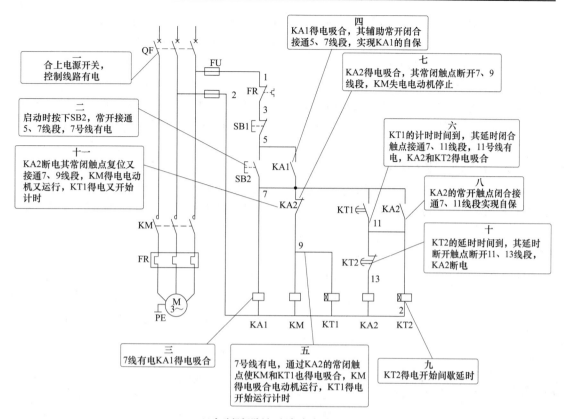

合上电源开关，控制线路有电

二
启动时按下SB2，常开接通5、7线段，7号线有电

十一
KA2断电其常闭触点复位又接通7、9线段，KM得电电动机又运行，KT1得电又开始计时

四
KA1得电吸合，其辅助常开闭合接通5、7线段，实现KA1的自保

七
KA2得电吸合，其常闭触点断开7、9线段，KM失电电动机停止

六
KT1的计时时间到，其延时闭合触点接通7、11线段，11号线有电，KA2和KT1得电吸合

八
KA2的常开触点闭合接通7、11线段实现自保

十
KT2的延时时间到，其延时断开触点断开11、13线段，KA2断电

三
7线有电KA1得电吸合

五
7号线有电，通过KA2的常闭触点使KM和KT1也得电吸合，KM得电吸合电动机运行，KT1得电开始运行计时

九
KT2得电开始间歇延时

(a)电动机间歇循环运行电路原理图

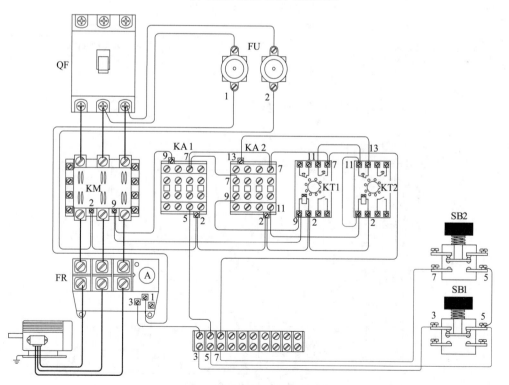

(b)电动机间歇循环运行电路接线示意图

图6-26　电动机间歇循环运行电路原理图与接线示意图

6-26（a）。按下启动按钮 SB2，中间继电器 KA1 得电吸合并自保，接触器 KM 通过中间继电器 KA2 的常闭触点得电吸合，电动机运行，同时时间继电器 KT1 得电开始计时。计时时间到 KT1 的延时闭合触点接通，KA2 和 KT2 得电吸合，KA2 的常闭触点断开 KM 线路，电动机停止运行，KT2 开始延时，KT2 延时时间到，其延时断开触点打开 KA2 线圈，KA2 失电复位，KM 又得电，电动机又开始运行。KT1 再次计时，反复循环运行。KT1 是电动机运行时间计时，KT2 是电动机停止时间计时。停止时按下 SB1 按钮，中间继电器 KA1 失电断开，间歇循环停止。

十九、电动机断相保护电路

运行中的三相 380V 电动机缺一相电源后，变成两相运行，如果运行时间过长则有烧毁电动机的可能。为了防止缺相运行烧毁电动机，可以采用多种保护方案。图 6-27（a）为一

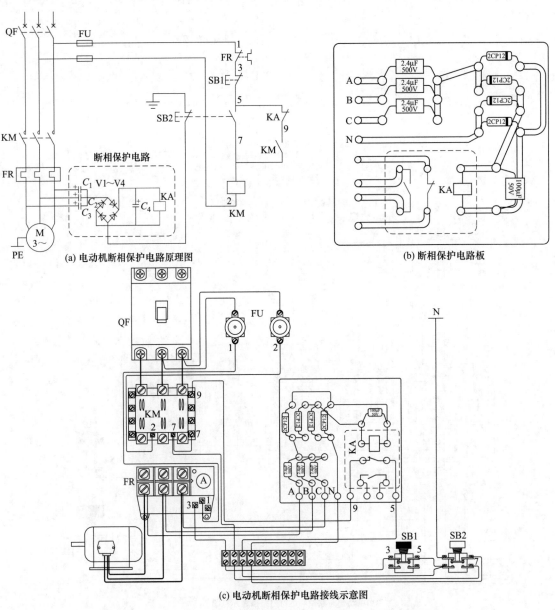

(a) 电动机断相保护电路原理图

(b) 断相保护电路板

(c) 电动机断相保护电路接线示意图

图 6-27　电动机断相保护电路原理图、电路板及接线示意图

种三相电动机断相保护电路原理图，当电动机运行时发生断相后三相电压不平衡时，断相保护电路板如图 6-27（b）上的桥式整流则有电压输出，当输出的直流电压达到中间继电器 KA 动作值时，KA 动作，于是 KA 与 KM 自锁触点串联的常闭触点断开，使 KM 线圈断电，其主触头全部释放，电动机停止。电路的元件接线可参考图 6-27（c）所示的示意图。

元件参数：$C_1 \sim C_3$ — $2.4\mu F/500V$；$V1 \sim V4$—$2CP12 \times 4$；C_4—$100\mu F/50V$；KA—直流 12V 继电器。

二十、继电器断相保护电路

在一般的电动机控制电路中加装一个中间继电器 KA，与接触器一起连接到三相电路中，这样不论三相电源中断哪一相，接触器 KM 都会断电，从而起到电动机缺相保护的作用。原理图见图 6-28（a），图 6-28（b）是这个电路的元件接线示意图。

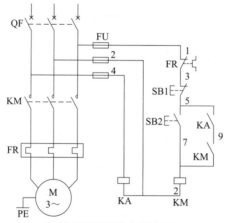

(a) 继电器断相保护电路原理图

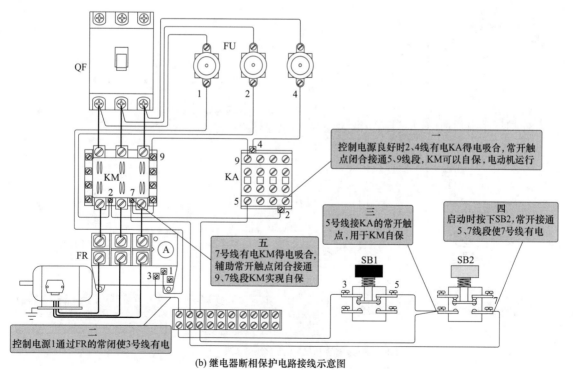

(b) 继电器断相保护电路接线示意图

图 6-28　继电器断相保护电路原理图与接线示意图

二十一、利用三只电容器断相保护电路

如图 6-29（a）所示，用三只等值的电容器接成星形与电动机并联，在星形连接的中性点与零线之间串联接一个电压继电器。当三相电源正常时，电容器中性点约等于零，电动机在运行中断相时，中性点将有约 $10\sim50\text{V}$ 电压，从而电压继电器 KV 动作，KV 的常闭触点断开接触器 KM 自锁线路，使接触器 KM 失电释放，电动机停止运行，从而起到保护作用。

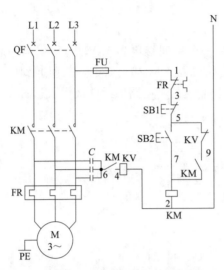

(a) 利用三只电容器断相保护电路原理图

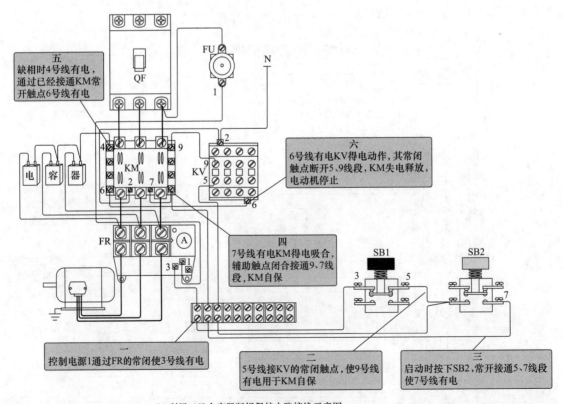

(b) 利用三只电容器断相保护电路接线示意图

图 6-29　利用三只电容器断相保护电路原理图与接线示意图

图 6-29（b）是这个电路的元件接线示意图。电路中的电压继电器 KV 可用动作电压 10~60V，长期允许电压 220V 型的电压继电器；电容器可选用 $0.1~0.47\mu F/400V$ 的电容器；接触器 KM 的线圈电压也应当是 220V 的。

二十二、零序电流断相保护电路

如图 6-30（a）所示，零序电流断相保护电路是将电动机的三根相线一起穿入一个穿心

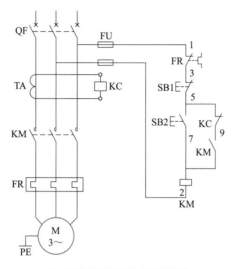

(a) 零序电流断相保护电路原理图

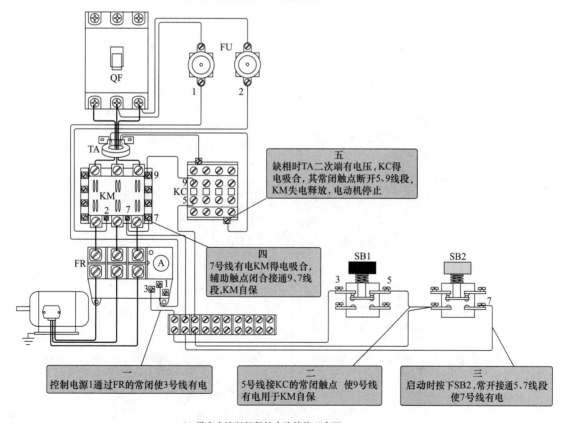

(b) 零序电流断相保护电路接线示意图

图 6-30　零序电流断相保护电路原理图与接线示意图

式电流互感器（LMZ型）TA中，电流互感器的二次端接入一个电流继电器KC，正常时三相电流值的和为零，电流互感器二次无电流流过电流继电器，继电器串接在控制电路中的常

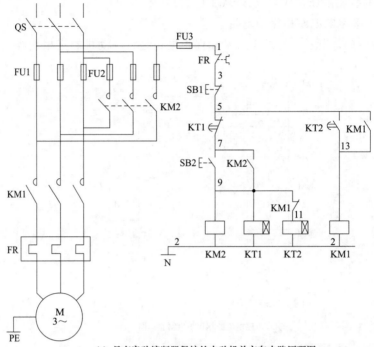

(a) 具有启动熔断器保护的电动机单方向电路原理图

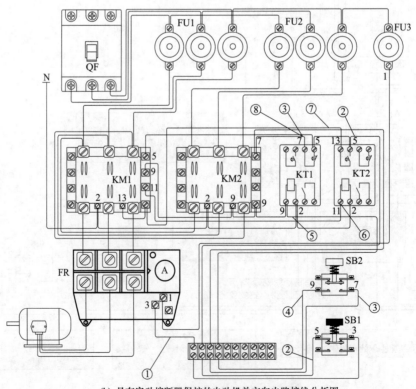

(b) 具有启动熔断器保护的电动机单方向电路接线分析图

图 6-31　具有启动熔断器保护的电动机单方向电路原理图与接线分析图

闭触点不动作，不影响电动机的正常启动和运行。一旦三相电源断一相，三相电流的和不再为零，就有不平衡电流流过电流继电器 KC，KC 动作，其常闭触点断开 KM 自锁电路，电动机停止运行。元件接线可参考图 6-30（b）的零序电流断相保护电路接线示意图。

二十三、具有启动熔断器保护的电动机单方向电路

由于三相交流电动机直接启动时的启动电流很大，一般是其额定电流的 4～7 倍，如果选用额定电流很大的熔丝，会在运行中对电动机起不到保护作用。如果在电路中增加一组熔断器，启动时使用两组熔断器，以利于启动，运行时使用电流较小的熔断器利于保护。如图 6-31（a）是具有启动熔断器保护的电动机单方向电路原理图，图 6-31（b）是具有启动熔断器保护的电动机单方向电路接线示意图。

具有启动熔断器保护的电路，当启动时按下启动按钮 SB2，KM2 得电，熔断器 FU2 接通，同时时间继电器 KT1 和 KT2 得电开始计时，KT2 时间到（不到 1s），KT2 的延时闭合接点接通 KM1 线路，KM1 得电吸合，其主触点闭合电动机启动，时间继电器 KT1 经过数秒钟的延时（根据电动机启动时间的长短整定）动作，KT1 的常闭接点断开，KM2 失电释放，其主触点断开，FU2 退出，FU1 继续工作，执行运行中的保护任务。

接线分析

① 控制电源 1 号线经热继电器的常闭触点使 3 号线有电。

② 3 号线经 SB1 的常闭 5 号线有电，5 号线接时间控制触点和 KM1 自保触点。

③ 5 号线经 KT1 的延时断开触点 7 号线有电，并为启动按钮 SB2 提供控制电源。

④ 启动时 SB2 的常开 7、9 接通，9 号线有电。

⑤ 9 号线有电使 KM2 得电吸合，KT1 通电延时。

⑥ 9 号线又通过 KM1 的常闭使 11 号线有电接通 KT2 线圈，KT2 也开始延时。

⑦ KT2 的延时时间到延时闭合触点 5、13 接通，13 线有电使 KM1 得电吸合。

⑧ KT1 的延时时间到延时断开触点 5、7 断开，7 号线无电，KM2、KT1 和 KT2 失电释放。

二十四、防止相间短路的正反转控制电路

容量较大的电动机或操作不当等原因，在电动机正反转切换时，如果电弧尚未完全熄灭，反转的接触器闭合，就会引起相间短路事故。图 6-32（a）防止相间短路的控制电路，在电路中多加了一个接触器 KM3，当正转接触器 KM1 断电后，KM3 接触器也随之断开。电路由两个接触器组成六个断开点，能有效地熄灭电弧，防止相间短路。元件接线可参考图 6-32（b）防止相间短路的正反转控制电路接线示意图。

二十五、具有后备保护功能的正反转电路

电动卷帘门、电葫芦等常用小型设备，在使用过程中由于各种原因，会有一些动作不灵敏情况，到位之后电动机不停，给设备带来损坏，具有后备保护功能的电路是一种发生故障时，强迫电动机停止运行的电路。电路原理图如图 6-33（a）所示。

电路工作原理

当需要正转时，按下 SB1，SB1 的常闭（3-5）接点断开 KM1 电路，常开（13-15）接点接通 KM2 电路，KM2 得电吸合动作，同时 KM2 的辅助常开接点接通 KM3，KM3 也得电吸合，其主触头接通电动机正转运行，到达设定位置，限位开关 SQ2 的常闭（15-17）接点断开，KM2 失电而电动机停止。

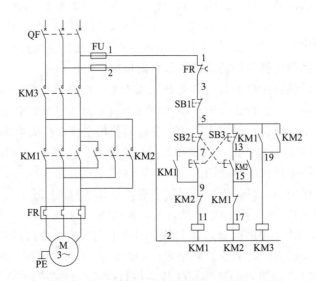

(a) 防止相间短路的正反转控制电路原理图

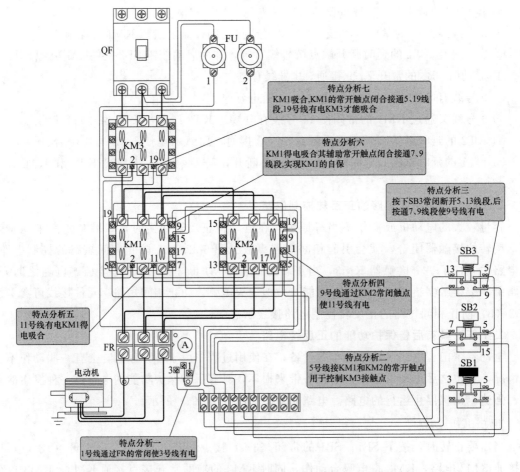

(b) 防止相间短路的正反转控制电路接线示意图

图 6-32　防止相间短路的正反转控制电路原理图与接线示意图

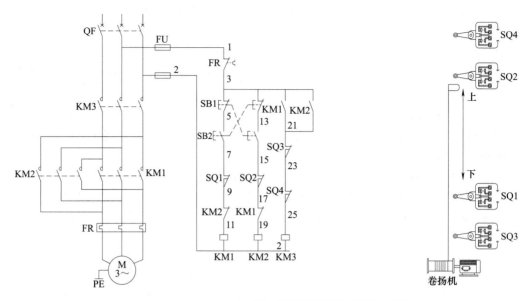

(a) 具有后备保护功能的正反转电路原理图

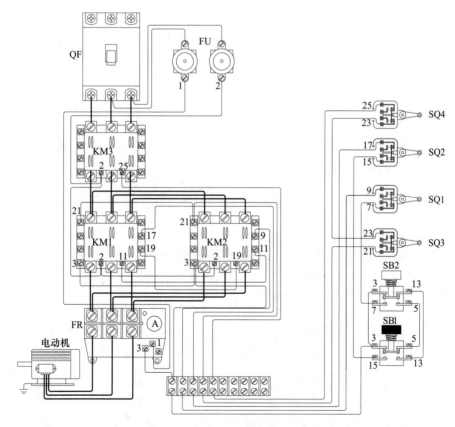

(b) 具有后备保护功能的正反转电路接线示意图

图 6-33　具有后备保护功能的正反转电路原理图与接线示意图

　　当需要反转时，按下 SB2，SB2 的常闭（3-13）接点断开 KM2 电路，常开（5-7）接点接通 KM1 电路，KM1 得电吸合动作，同时 KM1 的辅助常开接点接通 KM3，KM3 也得电吸合，其主触头接通电动机反转运行，到达设定位置，限位开关 SQ1 的常闭（7-9）接点断开，KM1 失电而电动机停止。

如果在运行的过程中（限位开关失灵，接触器不能断开电动机仍然运行时），紧急位置的限位开关 SQ3（SQ4）动作，切断 KM3 电源，停止向电动机供电，强迫电动机停止，待故障排除后，再继续运行。

二十六、机械电磁抱闸制动

电磁抱闸是利用电磁抱闸制动器的闸瓦，在电磁制动器无电时紧紧抱住电动机轴使其停止。电动机电磁制动电路如图 6-34（a）所示。

电磁制动过程分析，如图 6-34（b）所示，电磁抱闸制动器的闸瓦停电时在拉簧的作用下紧紧地抱住与电动机同轴的闸轮，使电动机不能转动。当电动机得电运行时电磁铁 YB 也得电吸合衔铁，衔铁带动闸瓦松开闸轮，电动机可以转动。当电动机停电时闸瓦又抱紧闸轮

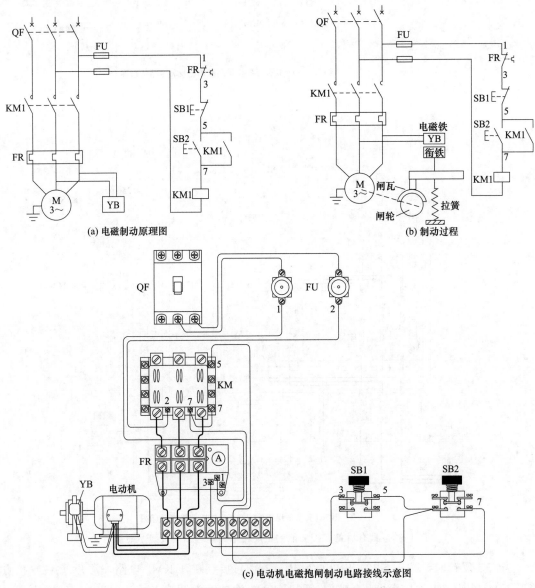

图 6-34　电动机电磁抱闸制动原理图与接线示意图

电动机立即停止转动。电磁抱闸制动电路接线如图 6-34（c）所示。

二十七、电动机电容制动电路

当电动机切断电源后，立即给电动机定子绕组接入电容器来迫使电动机迅速停止转动的方法叫电容制动。电容制动的工作原理，当旋转的电动机断开交流电源时，电动机转子内仍有剩磁，随着转子的惯性转动，有一个随转子转动的旋转磁场，这个磁场切割定子绕组产生感应电动势，并通过电容器回路形成感生电流，该电流产生的磁场与转子绕组中感生电流相互作用，产生一个与旋转方向相反的制动转矩，使电动机受制动而迅速停止转动，电气原理图如图 6-35（a）所示。

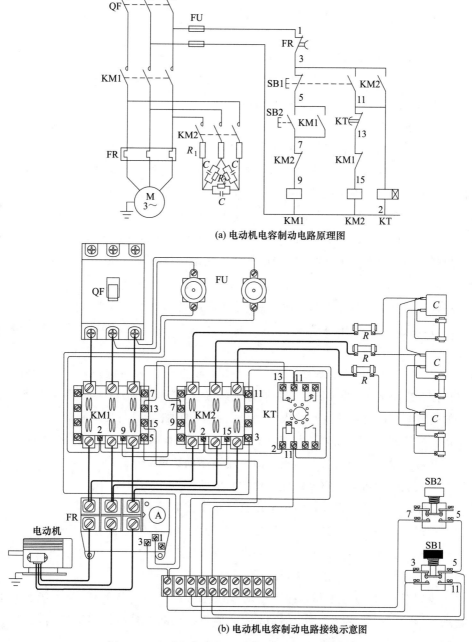

(a) 电动机电容制动电路原理图

(b) 电动机电容制动电路接线示意图

图 6-35　电动机电容制动电路原理图与接线示意图

工作过程 按下启动按钮 SB2，接触器 KM1 线圈得电吸合，其主触头闭合，电动机通电运行，同时 KM1 的辅助常开触点也闭合，电路自锁，KM1 的辅助常闭触点断开 KM2 线圈回路，实现互锁。

停止时按下 SB1 按钮，SB1 的常闭断开 KM1 线路，电动机停止运行，SB1 的常开触点接通 KM2 线圈，KM2 得电吸合，电动机接入电容器制动，同时常开触点闭合自保，时间继电器 KT 得电开始延时，延时时间（制动时间）到，KT 的延时断开触点断开 KM2 线圈，KM2 主触头断开，三相电容器切除，电动机停止。

制动电路中的电阻 R_1 是电流调节电阻，用以调节制动力矩的大小，电阻 R_2 是电容器放电电阻，对于 380V、50Hz 三相笼型电动机，电容器电容值约每千瓦 150μF 左右，电容器的耐压 500V。

电容制动电路的制动时间约为无制动停车时间的 1/20，所以电容制动是一种制动迅速，能量消耗小，设备简单的制动方法，一般适用于 10kW 以下的小容量电动机。

二十八、三相笼型异步电动机反接制动电路

反接制动是电动机电气制动方法之一，此种方法有制动力大，制动迅速的优点，多用在停止动作要求准确的机械设备控制电路。原理图如图 6-36（a）所示。

电动机需要反接制动时，可将电动机电源线任意两相对调，电动机的旋转磁场立即改变方向，但电动机转子由于惯性依然保持原来的转向，转子的感应电势和电流方向改变，电磁转矩方向也随之改变，与转子旋转方向相反，起到制动作用，使电动机迅速停止。为了保证制动准确，在电动机转速低于 100r/min 时，利用电动机轴所接的速度继电器常开接点断开，从而断开控制电路，接触器 KM2 线圈失电释放，主触头断开电动机及时脱离电源，准确停止，防止反向启动。

启动过程：按下启动按钮 SB2，接触器 KM1 线圈回路通电，并通过辅助接点自保，电动机启动运行。随着电动机转速升高，速度继电器 KS 的常开触点闭合为 KM2 通电做好准备。

停止过程：按下停止按钮 SB1，接触器 KM1 断电全部触点释放，电动机脱离电源。SB1 的常开触点接通 KM2 线圈回路，并通过辅助接点自保，KM2 主触点闭合并将经电阻 R 串联相接的电源（相序已经改变）接入电动机定子绕组回路，进行反接制动。

电动机转速迅速降低，当转速接近零时，速度继电器 KS 复原，常开触点打开，KM2 线圈断电，其常开触点打开切断电动机电源，反接制动结束。

二十九、笼型电动机半波整流能耗制动控制电路

半波整流能耗制动就是将运行中的电动机，从交流电源上切除后立即接通一个半波直流电源，如图 6-37（a）所示，在定子绕组接通直流电源时，直流电流会在定子内产生一个静止的磁场，转子因惯性在磁场内旋转，并在转子导体中产生感应电流，并与恒定磁场相互作用产生制动转矩，使电动机迅速减速，最后停止转动。

元件接线如图 6-37（b）所示，按下启动按钮 SB2 时，接触器 KM1 得电吸合并通过辅助常开触点自锁，电动机启动运行，KM1 辅助常闭触点断开接触器 KM2 线圈回路，实现互锁，使接触器 KM2 不能动作。

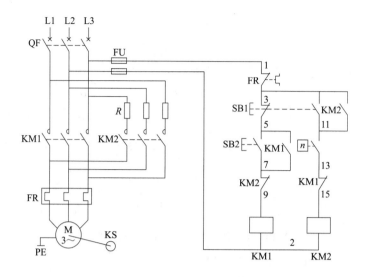

(a) 三相笼型异步电动机反接制动电路原理图

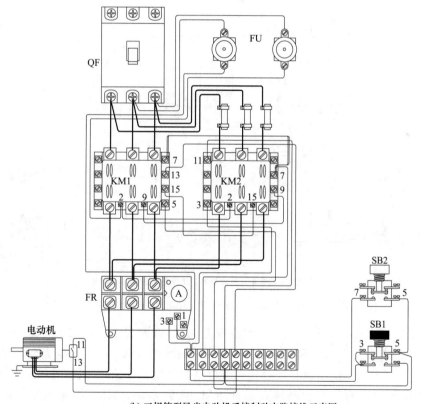

(b) 三相笼型异步电动机反接制动电路接线示意图

图 6-36　三相笼型异步电动机反接制动电路原理图与接线示意图

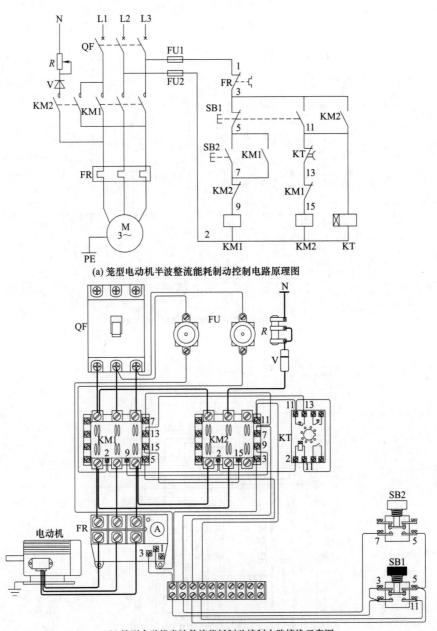

(a) 笼型电动机半波整流能耗制动控制电路原理图

(b) 笼型电动机半波整流能耗制动控制电路接线示意图

图 6-37　笼型电动机半波整流能耗制动控制电路原理图

　　停止时按下按钮 SB1，SB1 的常闭触点断开 KM1 线圈失电。KM1 的辅助常闭触点复位闭合，SB1 的常开触点接通，使接触器 KM2 和时间继电器 KT 线圈得电吸合，并通过 KM2 辅助常开触点自锁，KM2 主触点闭合接通直流电源（制动开始），同时时间继电器 KT 开始延时，经延时后 KT 的延时动断触点断开 KM2 线圈电源，KM2 失电释放，电动机停止转动。

　　停止速度的调整：制动时间是由电阻 R 的大小决定的，R 阻值小制动速度快，但要求电阻的功率要大，R 阻值大，制动的时间长。

　　整流二极管的选择：二极管的额定电流应大于 3.5～4 倍的电动机空载电流。

三十、电动机全波能耗制动控制电路

全波能耗制动就是将运行中的电动机，从交流电源上切除并立即接通直流电源，它与半波能耗制动相比具有制动力更强的优点。如图 6-38（a）所示，在定子绕组接通直流电源时，直流电流会在定子内产生一个静止的直流磁场，转子因惯性在磁场内旋转，在转子导体中产生感应电势有感应电流流过，并与恒定磁场相互作用消耗电动机转子惯性能量产生制动力矩，使电动机迅速减速，最后停止转动。

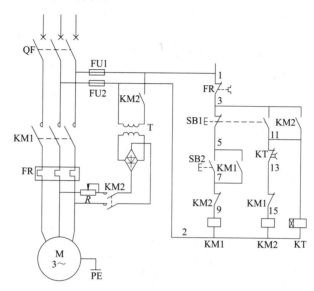

(a) 电动机全波能耗制动控制电路原理图

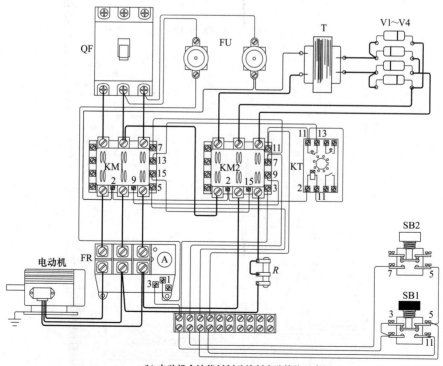

(b) 电动机全波能耗制动控制电路接线示意图

图 6-38　电动机全波能耗制动控制电路原理图及接线示意图

当需要停止时，按下停止按钮 SB1，KM1 线圈断电，其主触头全部释放，电动机脱离电源。同时，接触器 KM2 和时间继电器 KT 线圈通电并自锁，KT 开始计时，KM2 主触点闭合将直流电源接入电动机定子绕组，电动机在能耗制动下迅速停车。元件接线如图 6-38 （b）所示。

另外，时间继电器 KT 的常闭触点延时断开时接触器 KM2 线圈断电，KM2 常开触点断开直流电源，脱离电源及脱离定子绕组，能耗制动及时结束，保证了停止准确。

直流电源采用二极管单相桥式整流电路，电阻 R 用来调节制动电流大小，改变制动力的大小。

三十一、三相笼型电动机定子短接制动电路

在电动机切断电源停止运行的同时，将定子绕组短接，由于转子有剩磁的存在，形成了一个旋转磁场，在电动机旋转惯性作用下磁场切割定子绕组，并在定子绕组中产生感应电动

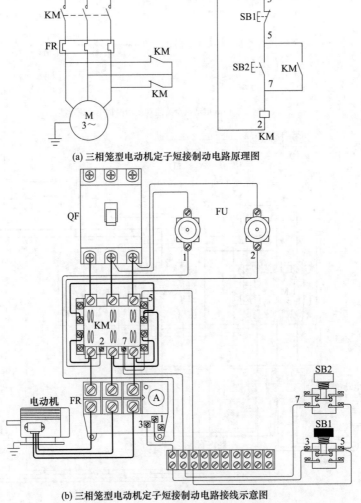

(a) 三相笼型电动机定子短接制动电路原理图

(b) 三相笼型电动机定子短接制动电路接线示意图

图 6-39　三相笼型电动机定子短接制动电路原理图与接线示意图

势，由于定子绕组已被接触器的常闭触头短接，所以在定子绕组回路中有感应电流，该电流又与旋转磁场相互作用，产生制动转矩，迫使电动机停止转动。原理图如图 6-39（a）所示，接线示意图如图 6-39（b）所示。

这种制动方法适用于小容量的高速电动机及制动要求不高的场合，短接制动的优点是无需增加控制设备，简单易行。

三十二、笼型三相异步电动机 Y-△降压手动控制电路

凡正常运行时定子绕组接成三角形的是三相笼型异步电动机，如图 6-40（a）所示，在启动时临时成星形，待电动机启动后接近额定转速时，在将定子绕组通过 Y-△降压启动装置接换成三角形运行，这种启动方法叫 Y-△降压启动。属于电动机降压启动的一种方式，由于启动时定子绕组的电压只有原运行电压的 $\frac{1}{\sqrt{3}}$，启动力矩较小，只有原力矩的 $\frac{1}{3}$，所以这种启动电路适用于轻载或空载启动的电动机。

接线示意图如图 6-40（b）所示。

（1）线路分析

① 合上空气开关 QF 接通三相电源。

② 按下启动按钮 SB2，首先交流接触器 KM3 线圈通电吸合，KM3 的三对主触头将定子绕组尾端连在一起。KM3 的辅助常开触点接通使交流接触器 KM1 线圈通电吸合，KM1 三对主触头闭合接通电动机定子三相绕组的首端，电动机在 Y 接下低压启动。

③ 随着电动机转速的升高，待接近额定转速时（或观察电流表接近额定电流时），按下运行按钮 SB3，此时 SB3 的常闭触点先断开 KM3 线圈的回路，KM3 失电释放，常开主触头释放将三相绕组尾端连接打开，SB3 的常开接点接通中间继电器 KA，线圈通电吸合，KA 的常闭接点先断开 KM3 电路（互锁），KA 的常开接点闭合，通过 SB2 的常闭接点和 KM1 常开互锁接点实现自保，同时通过 KM3 常闭接点复位（互锁）使接触器 KM2 线圈通电吸合，KM2 主触头闭合将电动机三相绕组连接成△形，使电动机在△接法下运行，完成了 Y-△降压启动的任务。

④ 热继电器 FR 作为电动机的过载保护，热继电器 FR 的热元件接在三角形的里面，流过热继电器的电流是相电流，定值时应按电动机额定电流的 $\frac{1}{\sqrt{3}}$ 计算。

⑤ KM2 线圈与 KM3 常闭触点和 KA 中间继电器构成互锁环节，保证了电动机 Y-△接法不可能同时出现，避免发生将电源短路事故。

（2）安装注意事项

① Y-△降压启动电路，只适用于△形接线，380V 的笼型异步电动机。不可用于 Y 形接线的电动机，因为启动时已是 Y 形接线，电动机全压启动，当转入△形运行时，电动机绕组会因电压过高而烧毁。

② 接线时应先将电动机接线盒的连接片拆除。

③ 接线时应特别注意电动机的首尾端接线相序不可有错，如果接线有错，在通电运行会出现启动时电动机左转，运行时电动机右转，因为电动机突然反转电流剧增烧毁电动机或造成掉闸事故。

④ 如果需要调换电动机旋转方向，应在电源开关负荷侧调电源线为好，这样操作不容易造成电动机首尾端接线错误。

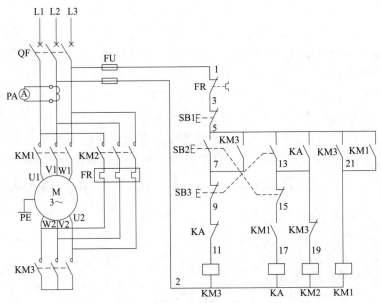

(a) 笼型三相异步电动机Y-△降压手动控制电路原理图

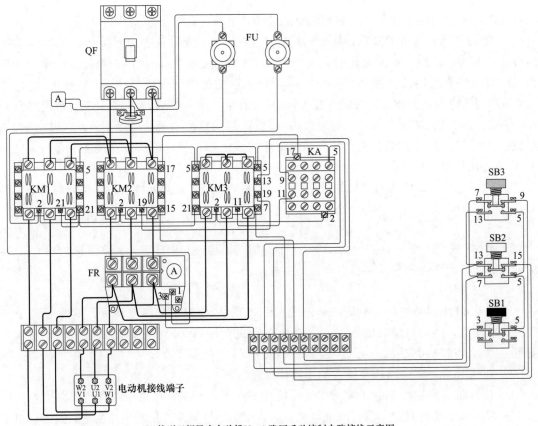

(b) 笼型三相异步电动机Y-△降压手动控制电路接线示意图

图 6-40　笼型三相异步电动机 Y-△降压手动控制电路原理图与接线示意图

⑤ 电路中装电流表的目的，是监视电动机启动、运行电流的，电流表的量程应按电动机额定电流的 3 倍选择。

三十三、笼型异步电动机的 Y-△启动（手动）

如图 6-41（a）所示，这种启动方法线路控制比较简单，一般适用于 20kW 以下的电动机 Y-△启动。

图 6-41（b）所示为接线示意图。

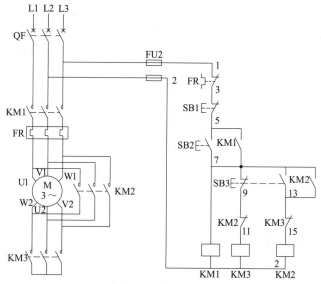

(a) 笼型异步电动机Y-△启动(手动)控制电路原理图

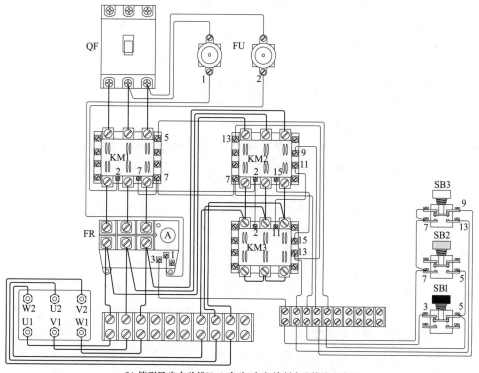

(b) 笼型异步电动机Y-△启动(手动)控制电路接线示意图

图 6-41　笼型异步电动机 Y-△启动（手动）控制电路原理图与接线示意图

线路分析

① 合上电源开关 QF 接通三相电源。

② 按下启动按钮 SB2，交流接触器 KM1 及 KM3 的线圈通电吸合并自锁。KM1 三对主触头闭合接通电动机定子三相绕组的首端，KM3 的三对主触头将定子绕组尾端连在一起，电动机在 Y 接下低电压启动。

③ 随着电动机转速的升高，待接近额定转速时（或观察电流表接近额定电流时），按下运行按钮 SB3，此时 BS3 的常闭触点断开 KM3 线圈的回路，KM3 失电释放，常开主触头释放将三相绕组尾端连接打开，常闭触点复位闭合为 KM2 通电做好准备，而 SB3 的常开触点接通了 KM2 线圈回路，使 KM2 线圈得电并自锁，KM2 主触头闭合将电动机三相绕组连接成△形，使电动机在△形接法下运行，完成了 Y-△降压启动的任务。

三十四、笼型异步电动机 Y-△启动电路（自动）

电动机 Y-△启动电路由时间继电器来完成转换，能可靠地保证转换过程的准确，原理图如图 6-42（a）所示。

电路元件接线与分析如图 6-42（b）所示。

启动时按下启动按钮 SB2，交流接触器 KM1 线圈回路通电吸合并通过自己的辅助常开触点自锁，其主触头闭合接通电动机三相电源，时间继电器 KT 线圈也通电吸合并开始计时，交流接触器 KM3 线圈通过时间继电器的延时断开接点通电吸合，KM3 的主触头闭合将电动机的尾端连接，电动机定子绕组成 Y 形连接，这时电动机在 Y 形接法下降压启动。

当时间继电器 KT 整定时间到时后，其延时断开触点打开，交流接触器 KM3 线圈回路断电，主触点打开定子绕组尾端的接线，KM3 的辅助常闭触点闭合为 KM2 线圈的通电做好准备。同时时间继电器 KT 的延时闭合触点闭合，接通 KM2 线圈回路，使得 KM2 通电吸合并通过自己的辅助常开触点自锁，KM2 主触头闭合将定子绕组接成三角形，电动机在△形接法下运行。

三十五、笼型电动机自耦降压启动手动控制电路

自耦降压启动是利用自耦变压器降低电动机端电压的启动方法，原理图如图 6-43（a）所示，自耦变压器一般有两组抽头，可以得到不同的输出电压（一般为电源电压的 80％和 65％），启动时使自耦变压器中的一组抽头（例如 65％）接在电动机的回路中，当电动机的转速接近额定转速时，将自耦变压器切除，使电动机直接接在三相电源上进入运转状态。

按下启动按钮 SB2，交流接触器 KM3 线圈回路通电，主触头闭合，自耦变压器接成星形。KM1 线圈通电其主触头闭合，由自耦变压器的 65％抽头端将电源接入电动机，电动机在低电压下启动。KM1 常开辅助触点闭合接通中间继电器 KA 的线圈回路，KA 通电并自锁，KA 的常开触点闭合为 KM2 线圈回路通电做准备。

当电动机转速接近额定转速时，按下按钮 SB3，KM1、KM3 线圈断电将自耦变压器切除，KM2 线圈得电并自锁，将电源直接接入电动机，电动机在全压下运行。

三十六、电动机自耦降压启动（自动控制电路）

电动机自耦降压启动（自动控制电路）原理图与接线示意图如图 6-44 所示。

（1）控制过程

① 合上空气开关 QF 接通三相电源。

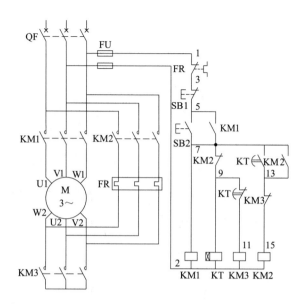

(a) 笼型异步电动机Y-△自动启动电路原理图(时间继电器自动切换)

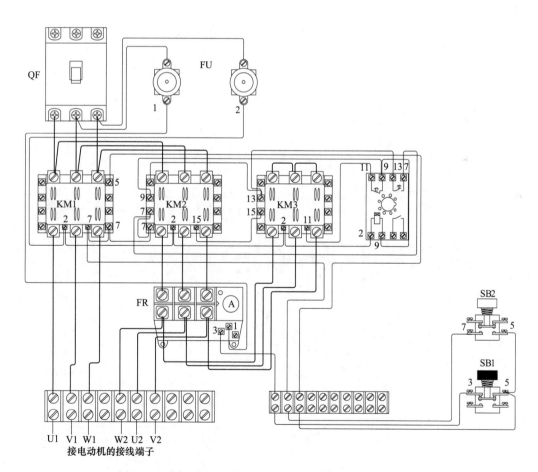

(b) 笼型异步电动机Y-△自动启动电路接线示意图

图 6-42　笼型异步电动机 Y-△自动启动电路原理图与接线示意图

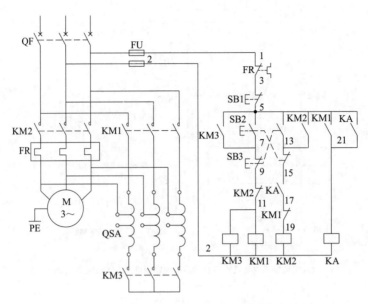

(a) 笼型电动机自耦降压启动手动控制电路原理图

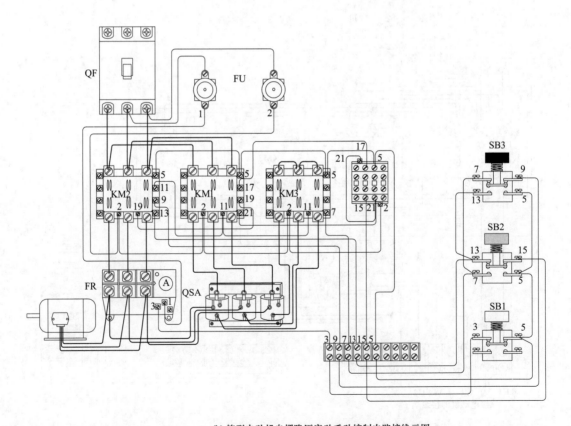

(b) 笼型电动机自耦降压启动手动控制电路接线示图

图 6-43　笼型电动机自耦降压启动手动控制电路原理图与接线示意图

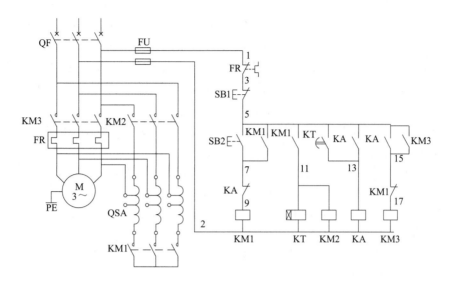

(a) 电动机自耦降压启动(自动控制)电路原理图

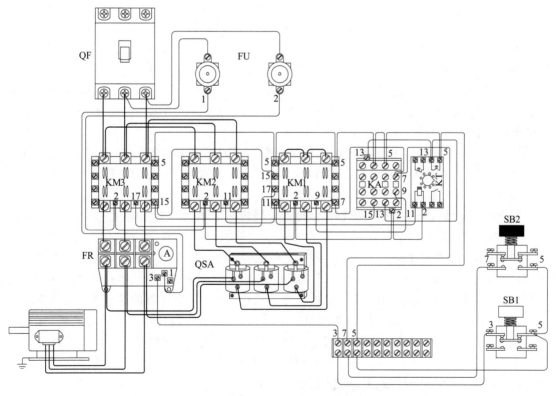

(b) 电动机自耦降压启动(自动控制)电路接线示意图

图 6-44　电动机自耦降压启动（自动控制）电路原理图与接线示意图

② 按启动按钮 SB2，交流接触器 KM1 线圈通电吸合并自锁，其主触头闭合，将自耦变压器线圈接成星形，与此同时，由于 KM1 辅助常开触点闭合，使得接触器 KM2 线圈通电吸合，KM2 的主触头闭合，由自耦变压器的低压抽头（例如 65%）将三相电压的 65% 接入电动机。

③ KM1 辅助常开触点闭合，使时间继电器 KT 线圈通电，并按已整定好的时间开始计时，当时间到达后，KT 的延时常开触点闭合，使中间继电器 KA 线圈通电吸合并自锁。

④ 由于 KA 线圈通电，其常闭触点断开使 KM1 线圈断电，KM1 常开触点全部释放，主触头断开，使自耦变压器线圈封星端打开；同时，KM2 线圈断电，其主触头断开，切断自耦变压器电源。此时 KM1 的常闭触点复位，使 KM3 线圈得电吸合，KM3 主触头接通，电动机在全压下运行。

⑤ KM1 的常开触点断开也使时间继电器 KT 线圈断电，其延时闭合触点释放，保证了在电动机启动任务完成后，使时间继电器 KT 可处于断电状态。

⑥ 停车时，按下 SB1 则控制回路全部断电，电动机切除电源而停转。

（2）安装与调试

① 电动机自耦降压电路，适用于任何接法的三相笼型异步电动机。

② 自耦变压器的功率应与电动机的功率一致，如果小于电动机的功率，自耦变压器会因启动电流大发热损坏绝缘烧毁绕组。

③ 对照原理图核对接线，要逐相地检查核对线号，防止接错线和漏接线。

④ 由于启动电流很大，应认真检查主回路端子接线的压接是否牢固，无虚接现象。

⑤ 空载试验：拆下热继电器 FR 与电动机端子的连接线，接通电源，按下 SB2 启动按钮，KM1 与 KM2 动作吸合，KM3 与 KA 不动作。时间继电器的整定时间到，KM1 和 KM2 释放，KA 和 KM3 动作吸合切换正常，反复试验几次，检查线路的可靠性。

⑥ 带电动机试验：经空载试验无误后，恢复与电动机的接线。在带电动机试验中应注意启动与运行的切换过程，注意电动机的声音及电流的变化，电动机启动是否困难、有无异常情况，如有异常情况应立即停车处理。

⑦ 再次启动：自耦降压启动电路不能频繁操作，如果启动不成功的话，第二次启动应间隔 4min 以上，如在 60s 连续两次启动后，应停电 4h 再次启动运行，这是为了防止自耦变压器绕组内启动电流太大而发热损坏自耦变压器的绝缘。

三十七、绕线式电动机转子回路串频敏变阻器启动电路

1. 频敏变阻器的工作原理

频敏变阻器实际上是一个特殊的三相铁芯电抗器，它有一个三柱铁芯，每个柱上有一个绕组，三相绕组一般接成星形。频敏变阻器的阻抗随着电流频率的变化而有明显的变化。电流频率高时，阻抗值也高，电流频率低时，阻抗值也低。频敏变阻器的这一频率特性非常适合于控制异步电动机的启动过程原理图如图 6-45（a）所示。启动时，转子电流频率最大，R_f 与 X_f 最大，电动机可以获得较大启动转矩。启动后，随着转速的提高，转子电流频率逐渐降低，R_f 和 X_f 都自动减小，所以电动机可以近似地得到恒转矩特性，实现了电动机的无级启动。启动完毕后，频敏变阻器应短路切除。

2. 启动电路原理

启动过程可分为自动控制和手动控制。由转换开关 SA 完成。

（1）自动控制　将 SA 扳向自动位置，按下启动按钮 SB2，交流接触器 KM1 线圈得电并自锁，主触头闭合，电动机定子接入三相电源开始启动（此时频敏变阻器串入转子回路）。

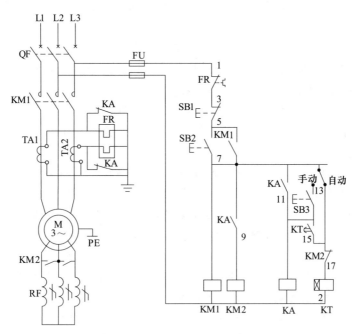

(a) 绕线式电动机转子回路串频敏变阻器启动电路原理图

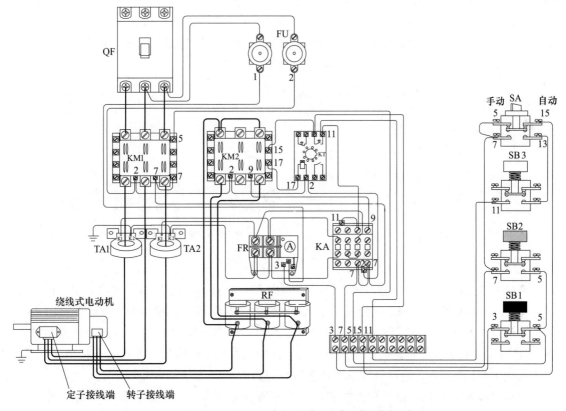

(b) 绕线式电动机转子回路串频敏变阻器启动电路接线示意图

图 6-45　绕线式电动机转子回路串频敏变阻器启动电路原理图与接线示意图

此时时间继电器 KT 也通电并开始计时，达到整定时间后 KT 的延时闭合的常开触点闭合，接通了中间继电器 KA 线圈回路，KA 常开触点闭合，使接触器 KM2 线圈回路得电，KM2 的常开触点闭合，将频敏变阻器短路切除，启动过程结束。

线路过载保护的热继电器接在电流互感器二次侧，这是因为电动机容量大，为了提高热继电器的灵敏度和可靠性，故接入电流互感器的二次侧。

另外在启动期间，中间继电器 KA 的常闭触点将继电器的热元件短接，是为了防止启动电流大引起热元件误动作。在进入运行期间 KA 常闭触点断开，热元件接入电流互感器二次回路进行过载保护。

（2）手动控制　将 SA 扳至手动位置，按下启动按钮 SB2，接触器 KM1 线圈得电吸合并自锁，主触头闭合，电动机带频敏变阻器启动。

待转速接近额定转速或观察电流表接近额定电流时，按下按钮 SB3，中间继电器 KA 线圈得电吸合并自锁，KA 的常开触点闭合接通 KM2 线圈回路，KM2 的常开触点闭合将频敏变阻器短路切除。

KA 的常闭触点断开，将热元件接入电流互感器二次回路进行过载保护。

三十八、双速电动机接触器调速控制电路

双速电动机属于异步电动机变极调速，是通过改变定子绕组的连接方法达到改变定子旋转磁场磁极对数，从而改变电动机的转速，根据公式 $n = 60f/p$ 可知异步电动机的同步转速与磁极对数成反比，磁极对数增加一倍，同步转速 n 下降至原转速的一半，电动机额定转速也将下降近似一半，所以改变磁极对数可以达到改变电动机转速的目的。这种调速方法是有级的，不能平滑调速，而且只适用于笼型电动机。图 6-46 介绍的是最常见的单绕组双速电动机，转速比等于磁极对数反比，从定子绕组△接法变为 YY 接法，磁极对数从 $2p = 2$ 变为 $2p = 1$，定子绕组的△接法变为 YY（双星）接法时，转速比为 1∶2。

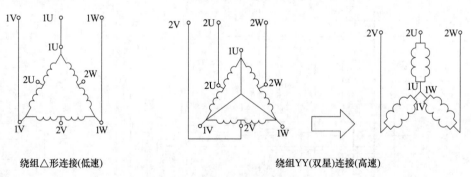

绕组△形连接(低速)　　　　　绕组YY(双星)连接(高速)

图 6-46　双速电动机绕组的连接

图 6-47 是双速电动机接触器调速控制原理图，△形启动时按下 SB3 按钮，SB3 的常开触点接通 7、9 线段，9 号线通过 KM2、KM3 的常闭互锁触点，使 KM1 得电吸合，KM1 的常闭触点断开 17、19 线段互锁 KM2、KM3 线圈不动作，KM1 的主触点闭合接通电源与 1U、1V、1W 的连接，电动机呈三角形启动，同时 KM1 的辅助常开触点闭合接通 7、9 线段，实现 KM1 的自锁，电动机在△接状态下低速运行。

电动机高速运行时，按下 SB2 按钮，常闭触点先断开 5、7 线段切断 KM1 的线路，常开触点后接通 5、15 线段，15 号线通过 SB3 的常闭触点和 KM1 的常闭触点，使 KM2 和 KM3 同时得电吸合，KM2 和 KM3 的辅助常开触点闭合接通 5、15 线段实现 KM2 和 KM3

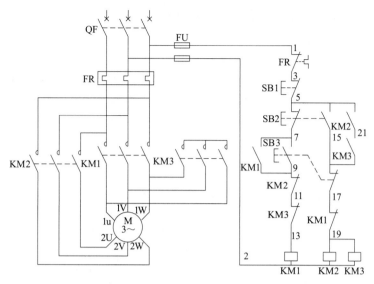

图 6-47　双速电动机接触器调速控制原理图

的自锁，KM2 的主触点闭合，电源与电动机的 2U、V2、2W 端连接，KM3 将电动机 1U、1V、1W 短封，电动机呈 YY 连接运行。

图 6-48 是双速电动机接触器调速控制接线示意图。

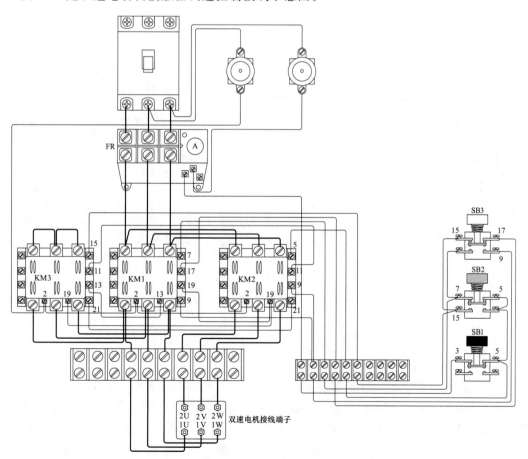

图 6-48　双速电动机接触器调速控制接线示意图

三十九、双速电动机时间继电器调速控制电路

图 6-49 是用时间继电器控制的双速电动机控制电路，这个电路可以低速运行也可以由低速启动高速运行。当接触器 KM1 吸合时电源与电动机的 1U、1V、1W 相接，电动机△形低速运行，KM2 和 KM3 吸合时电源与电动机的 2U、2V、2W 相接，1U、1V、1W 备短封，电动机 YY 接线高速运行。笼型双速电动机低速运行控制分析见图 6-50。笼型双速电动机低速启动高速运行控制分析见图 6-51。

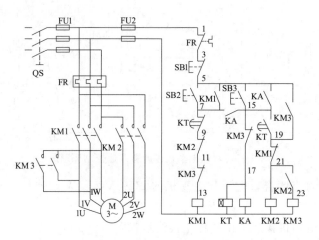

图 6-49　双速电动机时间继电器调速控制原理图

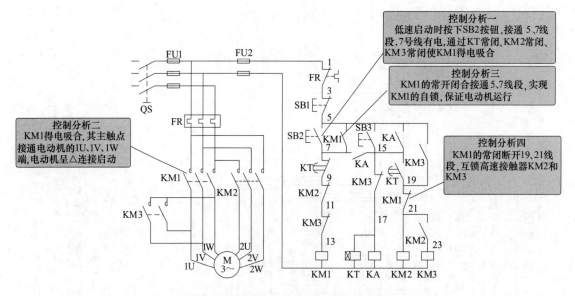

图 6-50　双速电动机低速运行控制分析

四十、三速三相异步电动机控制电路

三速三相异步电动机具有两套绕组，如图 6-52 所示，当采用不同的连接方法时，可以有三种不同的转速，即低速、中速、高速。第一套绕组（U2、V2、W2）同双速电动机一样，当电动机定子绕组接成△形接法时如图 6-53 所示，电动机低速运行；第二套绕组（U4、V4、W4）接成 Y 形接法，如图 6-54 所示，电动机中速运行；当电动机定子绕组接成 YY 形接法时如图 6-55 所示，电动机高速运行。

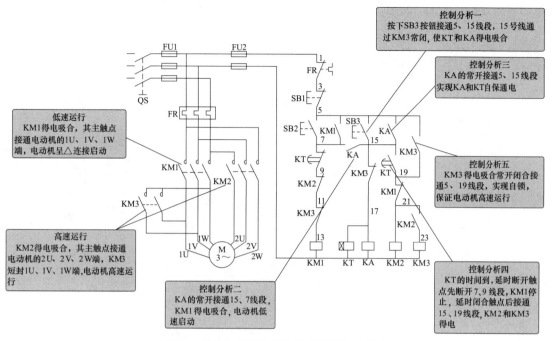

图 6-51　双速电动机低速启动高速运行控制分析

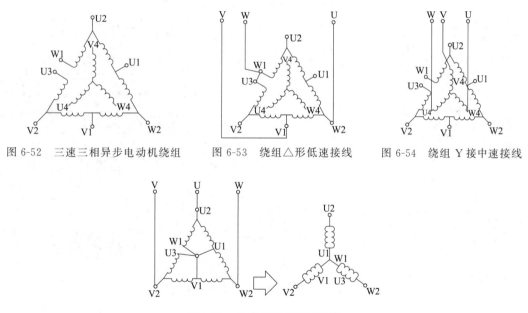

图 6-52　三速三相异步电动机绕组　　图 6-53　绕组△形低速接线　　图 6-54　绕组 Y 接中速接线

图 6-55　绕组 YY 接高速接线

三速电动机接触器-继电器控制电路原理图如图 6-56 所示。三个速度控制如下。

当按下低速启动按钮 SB1 时，接触器 KM1 通电闭合，电动机 M 定子绕组接成△形接法低速启动运转；

当按下中速启动按钮 SB2 时，接触器 KM1 首先闭合，电动机 M 低速启动，经过一定时间后，接触器 KM1 失电释放，接触器 KM2 通电闭合，电动机定子绕组接成 Y 形接法中速运行；

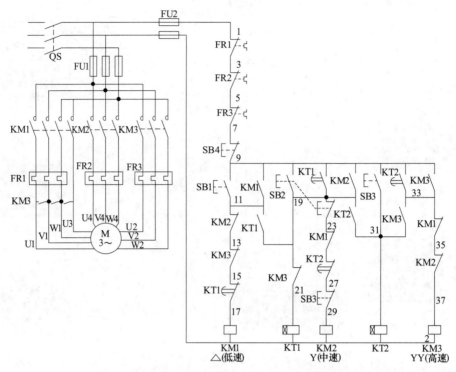

图 6-56 三速电动机接触器-继电器控制电路原理图

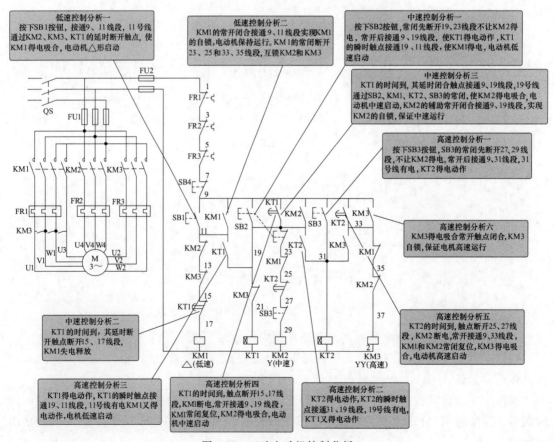

图 6-57 三速电动机控制分析

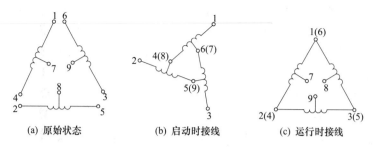

图 6-58　延边三角形绕组接线图

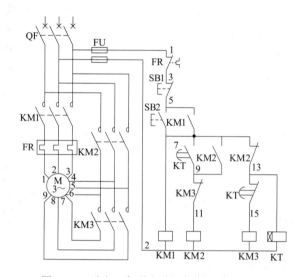

图 6-59　延边三角形电动机控制电路原理图

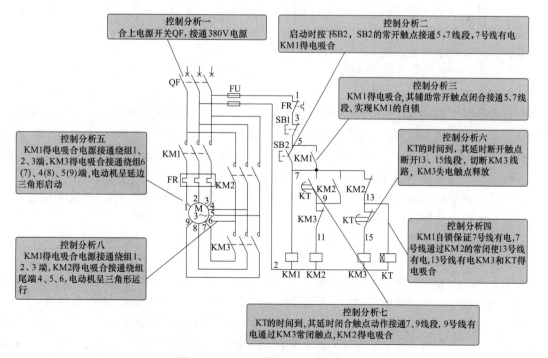

图 6-60　延边三角形电动机控制分析

当按下高速启动按钮 SB3 时，首先接触器 KM1 通电闭合，电动机 M 低速启动，经过一定时间后，接触器 KM1 失电释放，接触器 KM2 通电闭合，电动机 M 中速启动，又经过一定时间后，接触器 KM2 失电释放，接触器 KM3 通电闭合，电动机 M 定子绕组接成 YY 形接法高速运行。

图 6-57 所示为三速电动机控制分析。

四十一、延边三角形降压启动控制电路

延边三角形是一种特殊接线的电动机，主要用于降压启动的电动机。延边三角形电动机绕组抽头如图 6-58（a）所示，启动时它是将电动机定子绕组的一部分接成三角形，另一部分由三角形的顶点延伸接至电源如图 6-58（b）所示，运行时再接成三角形，如图 6-58（c）所示。这种电动机一般有三组线圈九个抽头。

延边三角形电动机的九个抽头全部在电动机接线盒里，工作时利用接触器可以将电动机抽头接成延边三角形和三角形，延边三角形电动机的控制原理如图 6-59 所示。控制分析如图 6-60 所示。

第四节 单相交流电动机的控制

一般的三相交流感应电动机在接通三相交流电后，电动机定子绕组通过交变电流后产生旋转磁场并感应转子，从而使转子产生电动势，并相互作用而形成转矩，使转子转动。但单相交流感应电动机，只能产生极性和强度交替变化的磁场，不能产生旋转磁场，因此单相交流电动机必须另外设计使它产生旋转磁场，转子才能转动，所以常见单相交流电动机有分相启动式、罩极式、电容启动式等种类。

在家用电气设备中，常配有小型单相交流感应电动机。交流感应电动机因应用类别的差异，一般可分为分相式电动机、电容启动式电动机、永久分相式电容电动机、罩极式电动机、永磁直流电动机及交直流电动机等类型。

一、分相启动式电动机

分相式电动机如图 6-61 所示，这种电动机广泛应用于电冰箱、空调、小型水泵等电器中，该电动机有一个笼型转子和主、副两个定子绕组。两个绕组相差一个很大的相位角，使副绕组中的电流和磁通达到最大值的时间比主绕组早一些，因而能产生一个环绕定子旋转的磁通。这个旋转磁通切割转子上的导体，使转子导体感应一个较大的电流，电流所产生的磁通与定子磁通相互作用，转子便产生启动转矩。电动机一旦启动，转速上升至额定转速 70％时，离心开关脱开副绕组即断电，电动机即可正常运转。

分相式电动机共有两组线圈，一组是运行线圈，一组是启动线圈，颠倒这两组线圈中任意一组的两个线端就可以使电动机反转。

二、罩极式单相交流电动机

罩极式单相交流电动机如图 6-62 所示，它的结构简单，其电气性能略差于其他单相电动机，但由于制作成本低，运行噪声较小，对电气设备干扰小，所以被广泛应用在电风扇等小型家用电器中。罩极式电动机只有主绕组，没有副绕组（启动绕组），它在电动机定子的两极处各设有一副短路环，也称为电极罩极圈。当电动机通电后，主磁极部分的磁场产生的脉动磁场感应短路而产生二次电流，从而使磁极上被罩部分的磁场，比未罩住部分的磁场滞后些，因而磁极构成旋转磁场，电动机转子便旋转启动工作。罩极式单相电动机还有一个特

图 6-61　分相式单相交流电动机　　　　　　　图 6-62　罩极式单相交流电动机

点，即可以很方便地转换成二极或四极转速，以适应不同转速电器配套使用。

这种电动机只有将电动机的定子铁芯取出倒个方向就可以使电动机反转。

图 6-63　单相串励电动机　　　　　　　　图 6-64　电容式启动电动机

三、单相串励电动机

一般常用单相串励电动机实物如图 6-63 所示，在交流 50Hz 电源中运行时，电动机转速较高的也只能达每分钟 3000 转。而交直流两用电动机在交流或直流供电下，其电动机转速可高达 20000 转，同时电动机的输出启动力矩也大，所以尽管电动机体积小，但由于转速高，输出功率大，因此交直流两用电动机在吸尘器、手电钻、家用粉碎机等电器中得以应用。

交直流两用电动机的内在结构与单纯直流电动机无大差异，均由电动机电刷经换向器将电流输入电枢绕组，其磁场绕组与电枢绕组构成串联形式。为了充分减少转子高速运行时电刷与换向器间产生的电火花干扰，而将电动机的磁场线圈制成左右两只，分别串联在电枢两侧。两用电动机的转向切换很方便，只要切换开关将磁场线圈反接，即能实现电动机转子的逆转或顺转。

四、电容式启动电动机

该类电动机可分为电容分相启动电动机和永久分相电容电动机。这种电动机结构简单、启动快速、转速稳定，如图 6-64 所示，被广泛应用在电风扇、排风扇、抽油烟机等家用电器中。电容分相式电动机在定子绕组上设有主绕组和副绕组（启动绕组），并在启动绕组中串联大容量启动电容器，使通电后主、副绕组的电相角成 90°，从而能产生较大的启动转矩，使转子启动运转。

对于永久分相电容电动机来说，其串接的电容器，当电动机在通电启动或者正常运行时，均与启动绕组串接。由于永久分相电动机其启动的转矩较小，因此很适于排风机、抽风机等要求启动力矩低的电气设备中应用。电容式启动电动机，由于其运行绕组分正、反相绕制设定，所以只要切换运行绕组和启动绕组的串接方向，即可方便地实现电动机逆、顺方向运转。

五、单相电动机的接线

当了解了单相电动机的构造，单相电动机的接线并不复杂，单相电动机里面有两组线圈，一组是运转线圈，一组是启动线圈，大多的电动机的启动线圈并不是只启动后就不用了，而是一直工作在电路中的。启动线圈电阻比运转线圈电阻大些。启动线圈串了电容器的，也就是串了电容器的启动线圈与运转线圈并联，再接到220V电压上，这就是电动机的接法。

六、几种单相电动机接线

图 6-65 是电容启动型电动机单方向运行的接线。

图 6-66 是电容启动型电动机正反转的接线，这种电动机一般功率不大，多用于普通洗衣机、排风扇、抽油烟机等电器上。

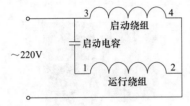

图 6-65 电容启动型电动机运行接线

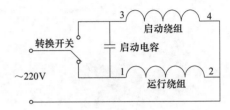

图 6-66 电容启动型电动机正反转接线

分相启动式电动机的接线如图 6-67 和图 6-68 所示，分相启动式电动机的功率较大，如小型水泵电动机、卷帘门电动机、小型食品加工机械等。分相启动式电动机正反转控制比较麻烦，不像电容启动电动机接线简单。

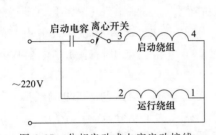

图 6-67 分相启动式电容启动接线

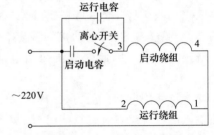

图 6-68 分相启动式电容启动运行接线

分相启动式单相电动机的接线端子盒如图 6-69 示意图，有六个接线端子，电动机的电容和主副绕组和离心开关的连接如图 6-70 所示，利用两个连接板不同的接法实现电动机的正转和反转运行。

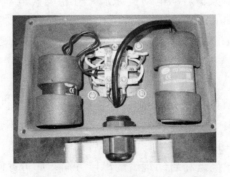

图 6-69 分相式单相电动机接线盒

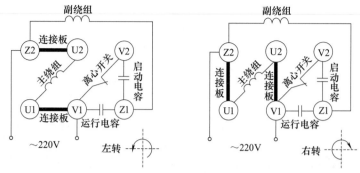

图 6-70　分相式单相电动机端子盒的接法

　　分相启动式单相电动机正反转接线原理图如图 6-71 所示，想实现单相电动机正反转运行，接线时需要将电动机接线盒内的连接板拆除，再通过接触器的连接以实现正反转运行。线路特点：由于需要利用接触器的触点改变连接板的接法，热继电器 FR 不应安装在接触器的后面，要装在接触器的前面，这样接线比较简单，KM1 吸合时电动机左转连接，U1、V1通过一个主触点接通，Z2、U2 通过两个主触点接通，KM2 吸合时电动机右转连接，V1、U2 通过一个主触点接通，U1、Z2 通过两个主触点接通。分相启动式单相电动机正反转接线示意图如图 6-72 所示。

　　图 6-73 所示为 HY2 倒顺开关单相电动机正反转的接线。

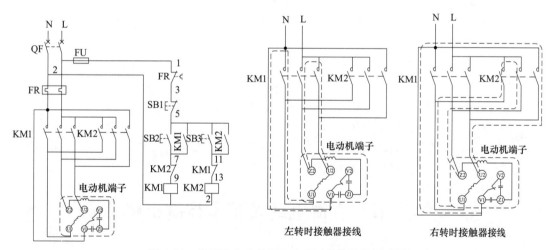

图 6-71　分相启动式单相电动机正反转接线原理图

七、单相电动机电容选择

单相电动机电容可根据以下公式计算。

　　分相启动电容容量：$C = 350000 \times I / 2p \times f \times U \times \cos\varphi$

式中　I——电流；

　　　f——频率；

　　　U——电压；

　　　$2p$——功率因数大取 2，功率因数小取 4；

　　　$\cos\varphi$——功率因数（0.4～0.8）。

　　分相启动电容耐压：电容耐压大于或等于 $1.42U$。

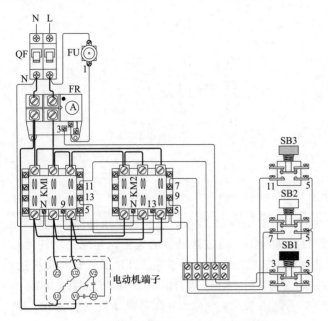

图 6-72　单相电动机正反转实物接线示意图

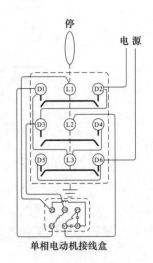

图 6-73　HY2 倒顺开关单相
电动机正、反转的接线

运转电容容量：$C = 120000 \times I/2p \times f \times U \times \cos\varphi$

式中　I——电流；

　　　f——频率；

　　　U——电压；

　　　$2p$——取 2.4；

　　　$\cos\varphi$——功率因数（0.4～0.8）。

运转电容耐压：电容耐压大于或等于（2～2.3)U。

双值电容电动机的启动电容容量：$C = (1.5～2.5) \times$ 运转电容容量。

启动电容耐压：电容耐压大于或等于 1.42U。

第五节　直流电动机基本控制电路

一、并励直流电动机串电阻启动控制电路

并励直流电动机的励磁绕组（定子绕组）与电枢绕组（转子）相并联，接线如图 6-74 所示。励磁绕组与电枢共用同一电源。

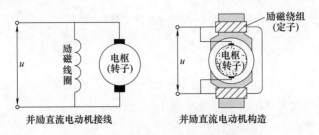

图 6-74　并励直流电动机绕组的接线

　　并励直流电动机的电枢绕组的阻值很小，直接启动会产生很大的冲击电流，一般可达额定电流的10～20倍，因此不能采用直接启动，在实际应用中，常在电枢绕组中串联电阻启动，待电动机转速达到一定值时，再切除串联的电阻全压运行，图6-75是利用接触器构成的并励直流电动机串接电阻启动控制电路原理图。图6-76为并励直流电动机串接电阻启动控制电路控制分析。

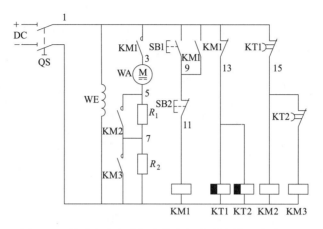

图 6-75　并励直流电动机串接电阻启动控制电路原理图

　　主要元件：WE—励磁线圈（转子）；WA—电枢（定子）；KT—断电延时型时间继电器；R_1、R_2—电阻（降压作用）；SB1—启动按钮；SB2—停止按钮；KM1—运行接触器；KM2、KM3—启动电阻接触器。

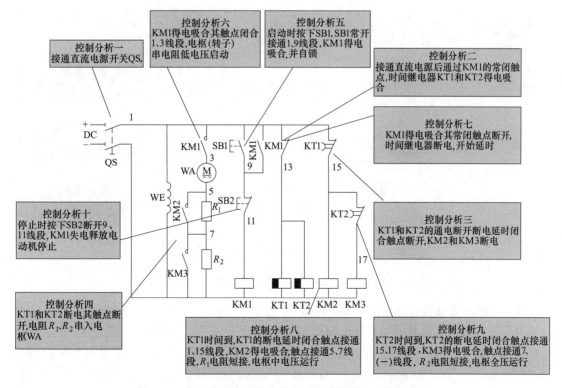

图 6-76　并励直流电动机串接电阻启动控制电路控制分析

二、并励直流电动机串电阻正、反转启动控制电路

并励直流电动机串电阻正、反转启动控制电路原理图如图 6-77 所示。并励直流电动机串电阻正、反转启动电路控制分析如图 6-78 所示。

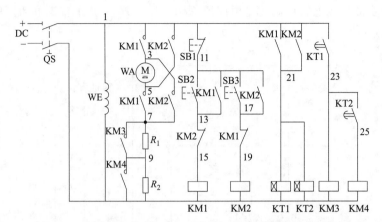

图 6-77　并励直流电动机串电阻正、反转启动控制电路原理图

主要元件：WE—励磁线圈（转子）；WA—电枢（定子）；R_1、R_2—电阻（降压作用）；SB1—停止按钮；SB2—正转按钮；SB3—反转按钮；KT1、KT2—通电延时的时间继电器；KM1—正转接触器；KM2—反转接触器；KM3、KM4—启动电阻接触器。

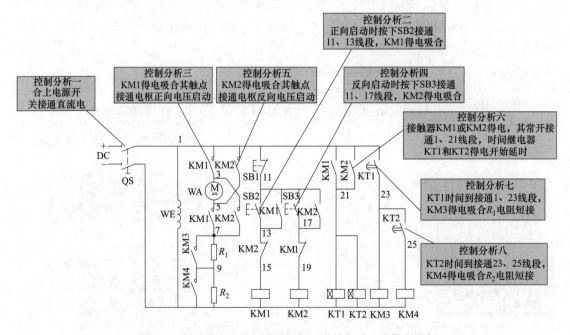

图 6-78　并励直流电动机串电阻正、反转启动电路控制分析

三、并励直流电动机能耗制动控制电路

并励直流电动机能耗制动控制电路原理图如图 6-79 所示，控制分析如图 6-80 所示。

主要元件：WE—励磁线圈（转子）；WA—电枢（定子）；KT—断电延时型时间继电器；R_1、R_2—电阻（降压作用）；SB1—停止按钮；SB2—正转按钮；SB3—反转按钮；VD—二极管；KA—中间继电器；R_B—制动电阻。

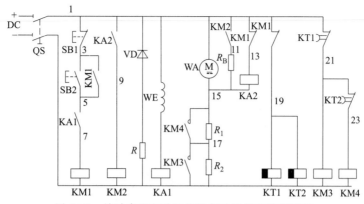

图 6-79　并励直流电动机能耗制动控制电路原理图

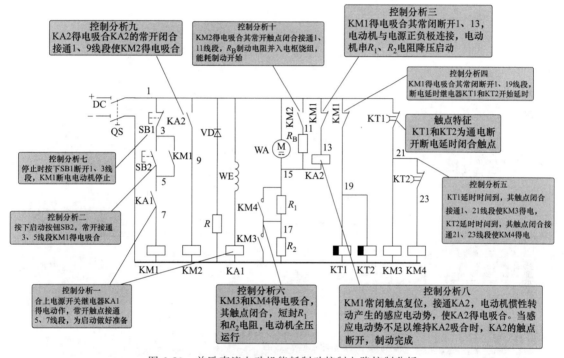

图 6-80　并励直流电动机能耗制动控制电路控制分析

四、并励直流电动机改变励磁磁通调速控制电路

根据直流电动机的转速公式 $n=(U-I_aR_a)/C_e\Phi$ 可知，直流电动机转速的调节方法主要有电枢回路串电阻调速、改变励磁磁通调速、改变电枢电压调速和混合调速四种，这里选取改变励磁磁通调速电路进行介绍。并励直流电动机改变励磁磁通调速控制原理图如图 6-81 所示，控制分析如图 6-82 所示。

主要元件　WA—电枢绕组；WE—励磁绕组；KM1—能耗制动接触器；KM2—型工作接触器；KM3—降压启动接触器；KT—得电型时间继电器；SB1—停止制动按钮；SB2—启动按钮；R_3—调速电阻器；R—启动电阻。

五、串励直流电动机串电阻启动控制电路

串励直流电动机的励磁绕组（定子绕组）与电枢绕组（转子）串联接线，接线如图 6-83 所示。励磁绕组与电枢的电流相同。

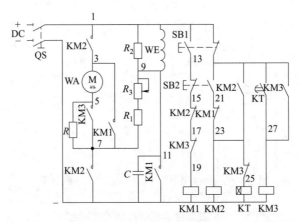

图 6-81 并励直流电动机改变励磁磁通调速控制原理图

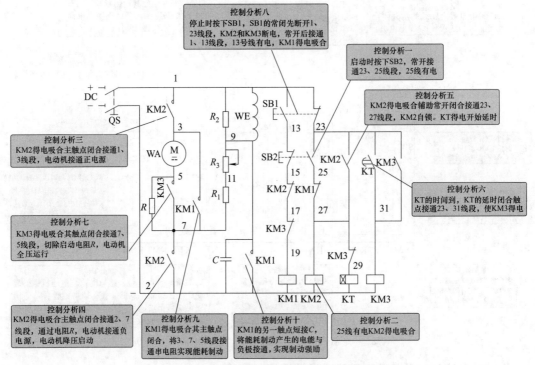

图 6-82 并励直流电动机改变励磁磁通调速控制分析

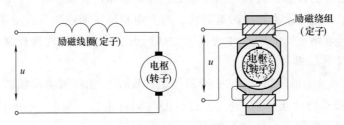

图 6-83 串励直流电动机绕组的接线

串励直流电动机过载能力强，低速力矩大，只要控制器余量大，质量可靠，可以过载 5 倍以上，一般适用于叉车、拖车等工业载重车辆。他励调速范围宽，节能性好，可电磁制动等，一般适用于载人的车辆上。图 6-84 所示为串励直流电动机串电阻启动控制电路原理图。

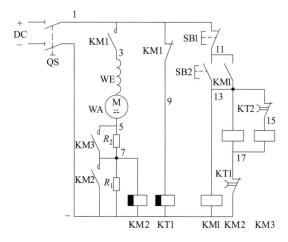

图 6-84　串励直流电动机串电阻启动控制电路原理图

主要元件　WA—电枢绕组；WE—励磁绕组；KM1—启动接触器；KM2、KM3—降压启动接触器；KT—断电型时间继电器；SB1—停止制动按钮；SB2—启动按钮；R_1、R_2—启动电阻器。

图 6-85 所示为串励直流电动机串电阻启动控制分析。

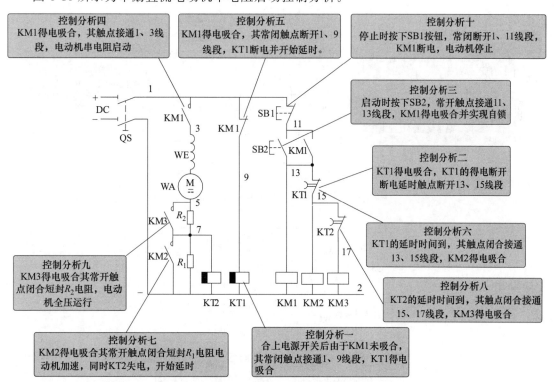

图 6-85　串励直流电动机串电阻启动控制分析

六、串励直流电动机正、反转控制电路

串励直流电动机正、反转控制电路原理图如图 6-86 所示，控制分析如图 6-87 所示。

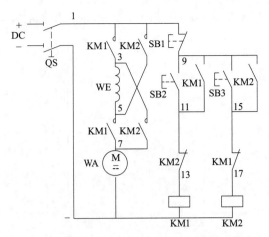

图 6-86　串励直流电动机正、反转控制电路原理图

主要元件 WA—电枢绕组；WE—励磁绕组；KM1—正向接触器；KM2—反向接触器；SB1—停止制动按钮；SB2—正向启动按钮；SB3—反向启动按钮。

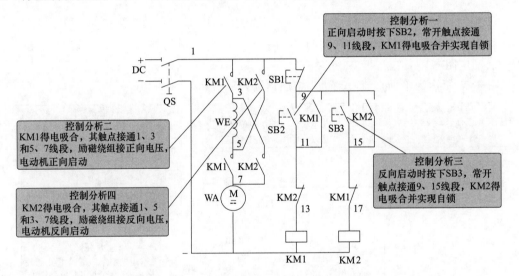

图 6-87　串励直流电动机正、反转控制分析

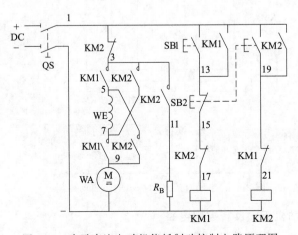

图 6-88　串励直流电动机能耗制动控制电路原理图

七、串励直流电动机能耗制动控制电路

串励直流电动机能耗制动控制电路原理图如图6-88所示，控制分析如图6-89所示。

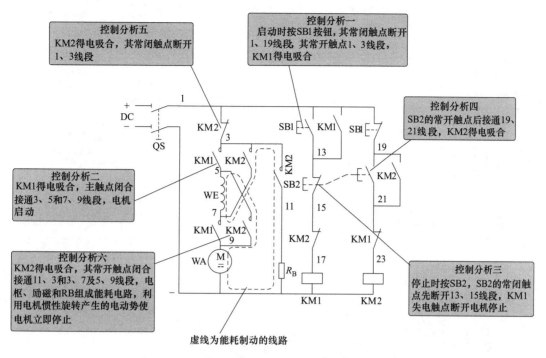

图6-89 串励直流电动机能耗制动控制分析

主要元件 WA—电枢绕组；WE—励磁绕组；KM1—启动接触器；KM2—能耗制动接触器；SB1—启动按钮；SB2—停止制动按钮；R_B—制动电阻。

八、串励直流电动机反接制动控制电路

串励直流电动机反接制动控制电路原理图如图6-90所示，控制分析如图6-91所示。

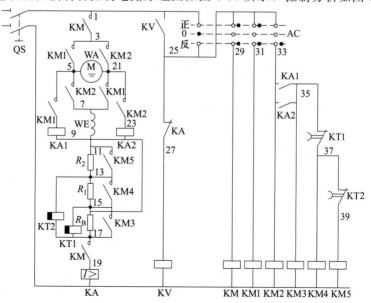

图6-90 串励直流电动机的反接制动控制电路原理图

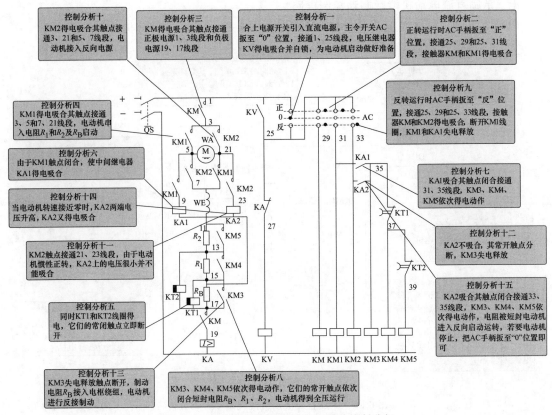

控制分析十
KM2得电吸合其触点接通3、21和5、7线段，电动机接入反向电源

控制分析三
KM得电吸合其触点接通正极电源1、3线段和负极电源19、17线段

控制分析一
合上电源开关引入直流电源，主令开关AC扳至"0"位置，接通1、25线段，电压继电器KV得电吸合并自锁，为电动机启动做好准备

控制分析二
正转运行时AC手柄扳至"正"位置，接通25、29和25、31线段，接触器KM和KM1得电吸合

控制分析九
反转运行时AC手柄扳至"反"位置，接通25、29和25、33线段，接触器KM和KM2得电吸合，断开KM1线圈，KM1和KA1失电释放

控制分析四
KM1得电吸合其触点接通3、5和7、21线段，电动机串入电阻R_1和R_2及R_B启动

控制分析六
由于KM1触点闭合，使中间继电器KA1得电吸合

控制分析七
KA1吸合其触点闭合接通31、35线段，KM5、KM4、KM5依次得电动作

控制分析十四
当电动机转速接近零时，KA2两端电压升高，KA2又得电吸合

控制分析十二
KA2不吸合，其常开触点分断，KM3失电释放

控制分析十一
KM2触点接通21、23线段，由于电动机惯性正转，KA2上的电压很小并不能吸合

控制分析五
同时KT1和KT2线圈得电，它们的常闭触点立即断开

控制分析十五
KA2吸合其触点闭合接通33、35线段，KM3、KM4、KM5依次得电动作，电阻被短封电动机进入反向启动，若要电动机停止，把AC手柄扳至"0"位置即可

控制分析十三
KM3失电释放触点断开，制动电阻R_B接入电枢绕组，电动机进行反接制动

控制分析八
KM3、KM4、KM5依次得电动作，它们的常开触点依次闭合短封电阻R_B、R_1、R_2，电动机得到全压运行

图 6-91 串励直流电动机的反接制动控制分析

主要元件 WA—电枢绕组；WE—励磁绕组；KM—启动接触器；KM1—正转接触器；KM2—反接制动接触器；AC—操作开关；KA—过电流继电器；KV—电压继电器；KT—断电型时间继电器；KA1、KA2—中间继电器；R_1、R_2—启动电阻；R_B—制动电阻。

第七章　机床电气控制

一、读机床电气控制图的步骤

机床的种类有很多，如车床、铣床、镗床、刨床、钻床、磨床等，各种机床的加工工艺都不相同，对电动机的驱动控制方法也不一样，因此不同种类不同型号的机床具有不同的电气控制电路图，在阅读这类电气控制图时，应按以下步骤进行。

第一步：首先要了解该设备的用途是什么，对工件进行加工的形式，如车床、铣床、镗床、刨床、钻床、磨床等加工方法。

第二步：了解这台机械设备的工作运行流程，设备中各个部位的动作关系和基本作用。

第三步：认真看图中的元器件表，了解图中的符号、名称以及各元件所起的作用。

第四步：分析各台电动机主电路，了解电动机的启动、调速和制动方式，这样在分析控制电路时，就会做到心中有数，并同时也知道各台电动机所对应的接触器。

第五步：分析控制电路，将控制电路"化整为零"划分成若干功能电路块，按照工作动作流程从起始状态开始，采用寻线读图逐一分析。

二、机床电气控制图的组成

机床电器控制线路图通常由电路功能说明框、电气控制图、区域标号三部分组成，如图7-1所示。

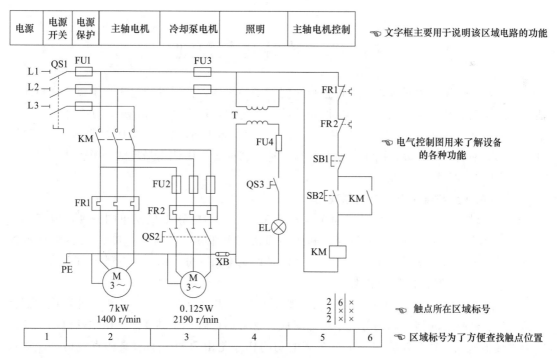

图 7-1　机床电路图部位功能

功能说明框：功能说明框在电路图的上方，方框中标有文字，主要用于说明文字框下方的电路功能，读图时从文字框两条垂直边向下延伸，两条边里所覆盖的元件以及构成的控制电路在机床电气图中所起的作用。

电气控制图：电气控制图在图纸的中间部位，是机床电气控制电路的核心部分，由电器图形符号、文字符号和线段节点组成，反映了设备的各种功能、工作原理及相互的连接控制关系。

图中的图形符号都是按无电压、无外力作用时的状态画成的，电气图中的各种设备、器件和元件等可动作的部位也都应表示为不工作时的状态或位置。

区域标号：机械设备电路图的图纸绘制是按照线路功能"列"绘制的，也叫区，如图7-1中区域标号，共分了6个区域，区域标号的主要作用是便于检修人员快速地查找到控制元件的触点位置，电气控制图主要是由接触器和各种继电器触点按照控制要求组成，这些电器元件的触点形式并不多，只有常开、常闭两种，但是它们的数量却有很多，并且控制连接的形式多种多样，根据这一特点，电气设备图中才用统一的区域符号和触点应用简化表，它表明了电气元件的触点使用几个并且这些触点可以在图中的哪个区域可以查到，简化表里的数字表示触点在本图中所在区域号。触点区域位置标记方法如图7-2所示。

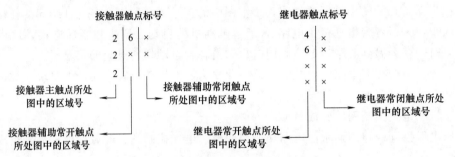

图 7-2　触点区域位置标记方法

第一节　车床电气控制

车床是主要用车刀对旋转的工件进行车削加工的机床，把零件通过三爪卡盘夹在机床主轴上，并高速旋转，然后用车刀按照回转体的母线走刀，切出产品外型来，在车床上还可用钻头、扩孔钻、铰刀、丝锥、板牙和滚花工具等进行相应的加工。车床主要用于加工轴、盘、套和其他具有回转表面的工件，是机械制造和修配工厂中使用最广的一类机床。

车床的结构如图7-3所示。

一、C620型普通车床的电气原理图

C620型与C616、C630型等普通车床是车床电气控制电路中最简单的一种，电气控制如图7-4所示，分为主回路、控制回路和照明回路三大部分，从图中可知1、2区是电源控制区，3、4区是电动机主回路区，5、6、7区是控制电路部分，8、9区是照明电路部分。

二、CA6140型卧式车床电路

CA6240型卧式车床是我国自行设计的普通车床，主要由床身、主轴箱、进给箱、溜板箱、刀架、丝杠、光杠和尾架等几个部分组成。正常运行时，主轴变速是由主轴电动机通过V形皮带传递到主轴变速箱实现的，车床的切削作业是由刀架带动刀具作直线运动，溜板箱可以将丝杠或光杠的转动传递给刀架部分，变换溜板箱外部的手柄位置可以使刀具作纵向或横向的进给。CA6140型车床的电气控制原理路如图7-5所示，电气控制动作分析如图7-6所示。CA6140型车床主要电气元件符号及功能说明如表7-1所示。

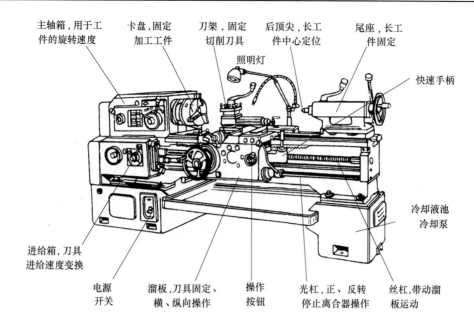

主轴箱,用于工件的旋转速度
卡盘,固定加工工件
刀架,固定切削刀具
后顶尖,长工件中心定位
尾座,长工件固定
照明灯
快速手柄
冷却液池 冷却泵
进给箱,刀具进给速度变换
电源开关
溜板,刀具固定、横、纵向操作
操作按钮
光杠,正、反转停止离合器操作
丝杠,带动溜板运动

图 7-3 普通车床结构图

CA6140 型车床主要有三台电动机。主轴电动机 M1 用于被加工工件的运动,冷却泵电动机 M3 保证冷却液输送,电动机 M2 是用于溜板箱快速移动以减轻操作者的工作量。由于机床在加工工件时有冷却液不断喷射,机床表面的油、水比较多,所以控制电路采用低压控制。

表 7-1 CA6140 型车床主要电气元件符号及功能说明

元件符号	名称及作用	元件符号	名称及作用
SB1	主轴停止按钮	FR1,FR2	电动机过流保护的热继电器
SB2	主轴启动按钮	QS	电源开关
SB3	溜板箱快速移动按钮	FU1~FU5	熔断器
SA1	冷却泵运行开关	TC	控制变压器
SA2	工作照明灯开关	KM1~KM3	交流接触器

三、CW6163 型卧式车床的电气原理图

CW6163 型车床是一种中型卧式车床,它可以加工最大直径为 630mm,长度 3000mm(加长型可达 5000mm)的工件,主轴电动机功率为 10~15kW,是工业、国防生产的重要加工设备。CW6163 型的电器控制原理图如图 7-7 所示。

电源开关及保护:电源进线 L1、L2、L3 由 FU 熔断器和 QF 断路器组成,QF 断路器具有热脱扣和电磁脱扣。

主轴电动机 1M:主轴电动机功率 10kW,由接触器 KM1 控制,FR1 实现对主轴电动机的过流保护。

短路保护 FU1:由于冷却电动机、快速电动机和控制电路的功率与主轴电动机线路功率相差悬殊,所以对冷却电动机、快速电动机和控制电路另加一组短路保护熔断器。

冷却液泵电动机 2M:冷却液泵电动机功率 90W,由接触器 KM2 控制,FR2 实现对冷却液泵电动机的过流保护。

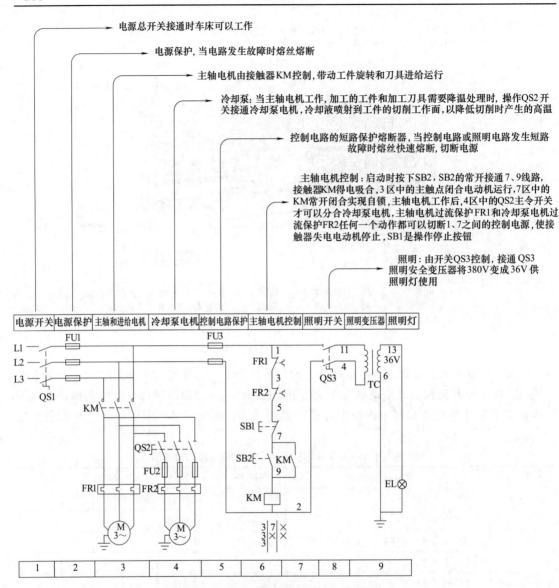

电源总开关接通时车床可以工作

电源保护,当电路发生故障时熔丝熔断

主轴电机由接触器KM控制,带动工件旋转和刀具进给运行

冷却泵:当主轴电机工作,加工的工件和加工刀具需要降温处理时,操作QS2开关接通冷却泵电机,冷却液喷射到工件的切削工作面,以降低切削时产生的高温

控制电路的短路保护熔断器,当控制电路或照明电路发生短路故障时熔丝快速熔断,切断电源

主轴电机控制:启动时按下SB2,SB2的常开接通7、9线路,接触器KM得电吸合,3区中的主触点闭合电动机运行,7区中的KM常开闭合实现自锁,主轴电机工作后,4区中的QS2主令开关才可以分合冷却泵电机,主轴电机过流保护FR1和冷却泵电机过流保护FR2任何一个动作都可以切断1、7之间的控制电源,使接触器失电电动机停止,SB1是操作停止按钮

照明:由开关QS3控制,接通 QS3照明安全变压器将380V变成36V供照明灯使用

| 电源开关 | 电源保护 | 主轴和进给电机 | 冷却泵电机 | 控制电路保护 | 主轴电机控制 | 照明开关 | 照明变压器 | 照明灯 |

| 1 | 2 | 3 | 4 | 5 | 6 | 7 | 8 | 9 |

图 7-4　C620 型普通车床电气原理图

快速进给电动机3M:由于刀具固定的溜板很大,人工移动很费力,当刀具重新定位和移动时,使用快速进给装置可以减轻操作人员体力和时间,快速进给电动机 3M 由接触器KM3 控制运行,由于快速进给电动机是短时间工作,没有采用独立的过流保护。

表 7-2 所示为 CW6163 型车床主要电气元件符号及功能说明。

表 7-2　CW6163 型车床主要电气元件符号及功能说明

元件符号	名称及作用	元件符号	名称及作用
SB1、SB2	主轴两地停止按钮	FR1,FR2	电动机过流保护的热继电器
SB3、SB4	主轴两地启动按钮	QF	电源断路器
SB5、SB6	冷却泵停止、启动按钮	FU1~FU4	熔断器
SB7	快速进给按钮	TC	控制变压器
SA	工作照明灯开关	KM1~KM3	交流接触器

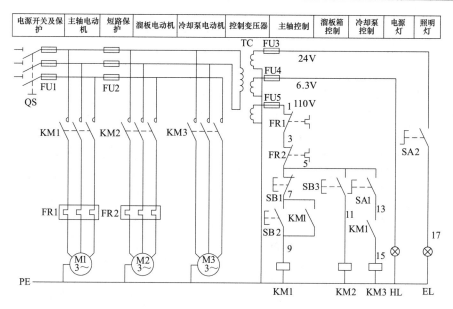

图 7-5　CA6140 型车床电气控制原理图

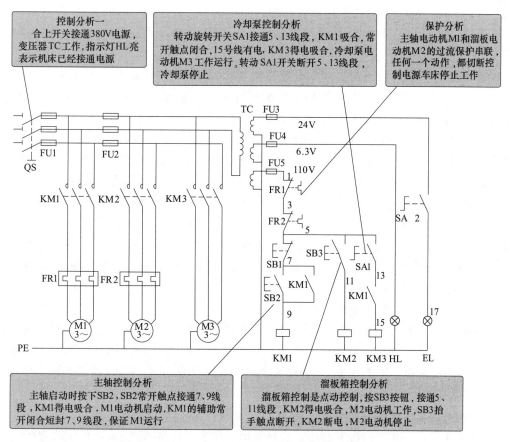

图 7-6　CA6140 型电气控制动作分析

控制变压器 TC：为了保证控制线路的安全和减少发生事故的机会，控制电路采用低电压控制，通过控制变压器将 380V 电源变为三路低压电源，一路 24V 用于机床照明，一路

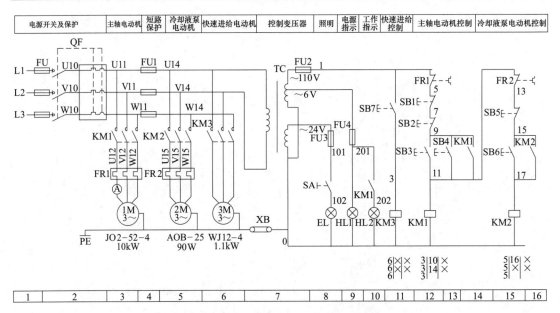

图 7-7　CW6163 型车床电气线路控制原理图

6V 用于指示灯，一路 110V 用于接触器控制。

工作照明等 EL：工作照明灯由变压器的 24V 电压供电，手动开关 SA 控制照明灯的工作。

指示灯：工作电压 6V，合上车床电源开关 QF，指示灯 HL1 没有控制开关立即亮，用于表示电源已经接通，HL2 指示灯用于主轴电动机工作指示，当 KM1 得电吸合工作时，KM1 的辅助常开触点接通 201、202 线路，HL2 亮。

快速进给控制：快速进给控制开关在 11 号区域的 SB7，进给接触器 KM3，进给控制是点动电路，SB3 接通 KM3 得电吸合，6 号区域的主触点闭合进给电动机工作，KM3 没有自锁电路，SB3 抬手电动机立即停止，以防止刀具在移动时与其他部位发生碰撞。

主轴电动机控制：在 12、13、14 区域，由于车床很大，主轴电动机采用多地点控制方式，一组控制按钮在车床的头部进给箱处由 SB1 和 SB3 组成，一组在溜板上由 SB2 和 SB4 组成，启动时按动 12 区域的 SB3 或 13 区域的 SB4 常开接通 9、11 线路，11 号有电 KM1 得电吸合，3 号区域的主触点闭合电动机运行，14 号区域的 KM1 常开闭合接通 9、11 线段实现 KM1 的自锁。11 号线保持有电为冷却液泵工作做好准备。停止时按下 SB1 或 SB2 常闭断开，9 号线无电 KM1 释放电动机停止。

冷却液泵电动机控制：15 号区域的 SB6 按下常开接通 15、17 线段。17 号线有电 KM2 得电吸合，5 号区域的主触点闭合，冷却液泵电动机工作，同时 16 号区域的 KM2 常开接通 15、17 线段实现自锁，停止时按下 15 号区域的 SB5 常闭断开 13 与 15 线的连接，KM2 失电冷却泵停止。

四、C650 型车床电气控制电路

C650 型车床是一种中型卧式车床，它可以加工最大直径为 1020mm，长度 3000mm（加长型可达 5000mm）的工件，主轴电动机功率为 10～30kW，外形如图 7-8 所示，是工业、国防生产的重要加工设备。车床的主轴由床身上的主轴电动机拖动旋转，带动卡盘上的工件旋转，刀具安装在刀架上，与床鞍一起随溜板箱沿着主轴轴线方向实现进给移动。主轴的移

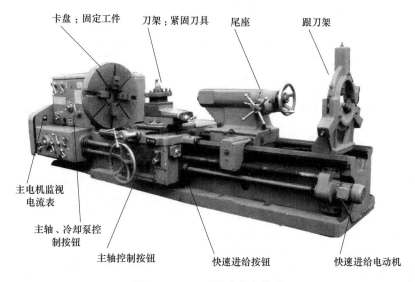

图 7-8　C650 型卧式车床外形

动和溜板箱的移动均由主轴电动机驱动，由于加工的工件比较大，加工时工件的旋转惯性也比较大，停车时不易立即停止，必须有停止制动装置。在加工过程中，还需要冷却液的提供，并且为了减少工人的劳动强度和节省辅助工作时间，要求带动刀架的溜板箱能够快速移动。

　　C650 型车床由三台电动机控制，其中 M1 为主轴电动机，完成主轴运动和刀具进给运动的驱动，该电动机采用直接启动方式，能正、反两个方向旋转，并能正、反两个方向制动，为了加工调整方便主轴具有点动功能；冷却泵电动机 M2 在加工时能提供冷却液，采用直接启停的运行方式并且为连续工作状态；快速进给电动机 M3 完成刀架溜板箱的快速移动的驱动，可以随时控制启停。C650 型卧式车床电气控制原理如图 7-9 所示。

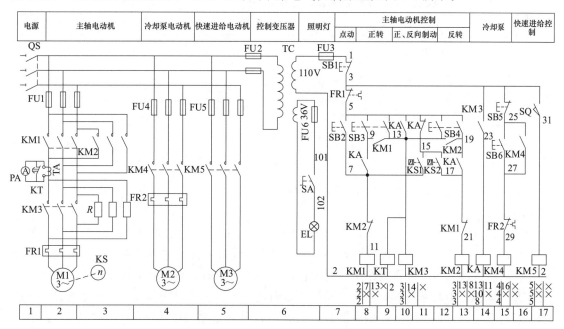

图 7-9　C650 卧式车床电气控制图

表 7-3 所示为 C650 型车床主要电气元件符号及功能说明。

表 7-3　C650 型车床主要电气元件符号及功能说明

元件符号	名称及作用	元件符号	名称及作用
SB1	主轴停止按钮	KM1~KM5	交流接触器
SB3	主轴正转启动按钮	KT	时间继电器
SB2	主轴点动按钮	QS	隔离开关
SB4	主轴反转按钮	FU1~FU5	熔断器
SB5、SB6	冷却泵启、停控制按钮	TC	控制变压器
SA	工作照明灯开关	FR1，FR2	电动机过流保护的热继电器
SQ	快速进给开关	TA	电流互感器
KS	速度继电器	PA	电流表
KA	中间继电器	R	主轴点动限流电阻

C650 型卧式车床主电路分析如下。

主电路如图 7-10 所示，主电路有三台电动机的驱动电路，隔离开关 QS 将三相电源引入，主轴电动机 M1 分为四部分控制。

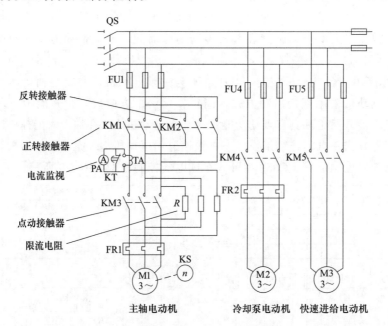

图 7-10　C650 型卧式车床的主电路特点

第一部分：由正转控制接触器 KM1 和反转接触器 KM2 的两组主触点构成电动机正反转电路。

第二部分：为电流监视，电流表 A 在电动机 M1 主电路中起监视绕组电流作用，通过 TA（LMZ 型电流互感器）接在电源一相上，当该接线有电流流过时，将产生感应电流，通过这一感应电流显示电动机绕组中当前电流值。为了防止电流表被启动电流冲击而损坏，利用时间继电器的延时断开触点，在启动的短时间内将电流表暂时短接，TA 产生的感应电流不经过电流表 A，而一旦 KT 触点断开，电流表 A 就可检测到电动机的工作电流。

第三部分：是串联限流电阻控制部分，接触器 KM3 动作吸合时，限流电阻切除脱离电路，KM3 不吸合时限流电阻接入电路，在进行主轴点动调整时为防止连续的启动电流造成电动机过载，串接限流电阻 R 以保证电路设备的正常工作。

　　第四部分：速度继电器 KS 与电动机主轴同轴连接，在停车制动过程中，当主轴电动机的转速为零时，其常开触点可将控制电路中反接制动相应电路断开，完成停车制动。

　　冷却泵电动机由交流接触器 KM4 控制其动力电路的接通与断开，快速进给电动机由接触器 KM5 控制。

　　图 7-11 所示为 C650 型车库主轴控制分析。

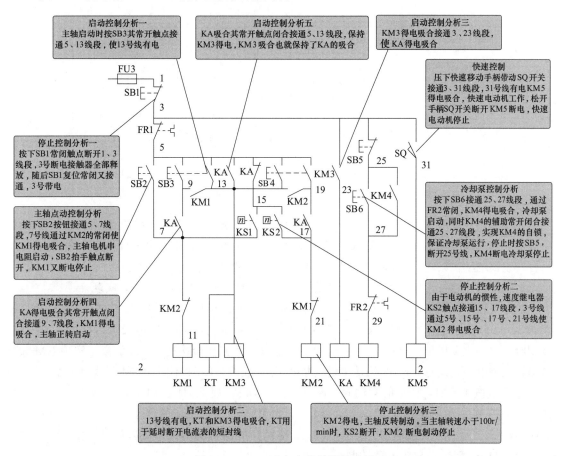

图 7-11　C650 型车床主轴控制分析

　　反转时按动 SB4 按钮，KM3 和 KT 得电闭合，然后 KA 和 KM2 得电吸合，主轴电动机反向启动，具体控制过程同正向启动相同，大家可以自行分析。

五、L-3 型卧式车床电器控制

　　L-3 型卧式车床是原苏联的机床型号，国产型号是 C6246 型卧式车床，其最大加工直径 450mm，最大加工长度 1500mm，是生产企业常用的普通车床之一。L-3 型卧式车床的电气控制如图 7-12 所示。

　　L-3 型卧式车床的电气控制比较简单，主轴电动机的控制是由 SB1、SB2、SB3 组成的一个正反转控制电路。为了防止切换电动机正、反转时的误动作，电路中采取了双重互锁控制，一是启动按钮 SB2 和 SB3 常闭触点连接成互锁接线，二是 KM1 和 KM2 利用辅助常闭触点互锁。

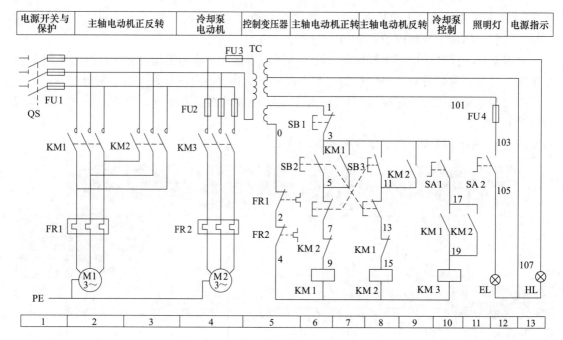

图 7-12　L-3 型卧式车床电气控制原理图

主轴正转启动时按下 SB2 按钮，SB2 的常闭触点首先断开 11、13 线段，SB2 的常开触点后接通 3、5 线段，5 号线通过 KM2 互锁常闭触点 7 号有电，KM1 得电吸合，其 2 区的主触点闭合，主轴电动机正转启动，同时 KM1 的辅助常开触点闭合接通 3、5 线段，实现 KM1 的自锁，主轴电动机运行，KM1 的常闭触点断开 13、15 线段，KM2 不能动作，实现互锁。

主轴反转启动时按下 SB3 按钮，SB3 的常闭触点首先断开 5、7 线段，SB3 的常开触点后接通 3、11 线段，11 号线通过 KM1 互锁常闭触点 15 号有电，KM2 得电吸合，其 3 区的主触点闭合，主轴电动机反转启动，同时 KM2 的辅助常开触点闭合接通 3、11 线段，实现 KM2 的自锁，主轴电动机运行，KM2 的常闭触点断开 7、9 线段，KM1 不能动作，实现互锁。

停止时按下 SB1，SB1 的常闭触点断开 1、3 线段，使 KM1 失电触点释放电动机停止。冷却泵的控制是在主轴电动机运行的状态下才可以工作，SA1 开关接通 3、17 线段，当 KM1 或 KM2 吸合常开触点闭合接通 17、19 线段，冷却泵电动机才可以得电工作。

六、1K62 型卧式车床电气控制

1K62 型卧式车床是在原苏联卧式车床的型号，国产车床型号是 C620-1B、C620-3，这种车床最大加工直径 400mm，工件的长度可达 1500mm。电气控制原理如图 7-13 所示。主要元件符号与功能说明如表 7-4 所示。

表 7-4　1K62 型卧式车床电气控制主要元件符号与功能说明

元件符号	名称及作用	元件符号	名称及作用
QS1	刀开关用于电源开关	SA	工作照明灯开关
FU1~FU4	熔断器用于短路保护	SB1	主轴电动机停止按钮
KM1	主轴电动机接触器	SB2	主轴电动机启动按钮
FR1~FR3	热继电器用于电动机过流保护	SQ1	快速移动电动机行程开关
QS2	旋转开关用于冷却泵的控制	SQ2	在溜板箱上的主轴控制开关
KT	时间继电器	TC	控制变压器

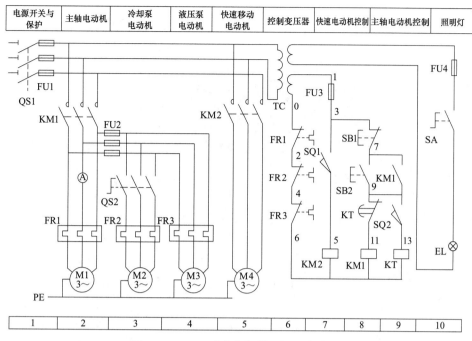

图 7-13　1K62 型卧式车床电气控制原理图

1K62 型车床的工作原理如下。

1K62 型车床在应用时，合上电源开关 QS1，380V 交流电经 FU1 熔断器加至控制变压器一次绕组，经变压器降压输出 110V 交流电压作为控制电路的电源，24V 交流电压作为机床的工作照明电源。1K62 型主轴电动机控制：电路通电后，当需要主轴电动机 M1 启动时，按下启动按钮 SB2，SB2 的常开触点闭合接通 7、9 线段，9 号线通过 KT 的延时断开触点使 11 号线有电，KM1 得电吸合并自锁，主轴电动机 M1 和液压泵电动机同时启动，冷却泵电动机 M2 这时可以通过 QS2 开关启动、停止。停止时按下 SB1，SB1 断开 7 号线路，KM1 失电释放，其主触点断开主轴电动机 M1 的电源，主轴电动机和及冷却泵电动机液压泵同时停止。由于车床的工作面比较长，按停止按钮 SB1 不方便，这时可以通过溜板箱上的操作手柄下压行程开关 SQ2，SQ2 接通 9、13 线段时间继电器 KT 得电开始计时，经过一个短暂时间，时间继电器的延时断开触点断开 11 号线，KM1 失电释放主轴电动机停止，这种控制方法可以实现空载停运和减少操作工人往返工作量。

快速移动电动机属于点动控制电路，QS1 接通时快速移动电动机运行，QS1 断开快速移动电动机停止。

七、C336-1 型转塔车床电气控制

转塔车床是具有能装多把刀具的车床。刀具装在转塔刀架上可以转动位置，过去大多呈六角形，故转塔车床也称六角车床。转塔车床的构造如图 7-14 所示。

转塔刀架的轴线大多垂直于机床主轴，可沿床身导轨作纵向进给。一般大、中型转塔车床是滑鞍式的，转塔溜板直接在床身上移动。小型转塔车床常是滑板式的，在转塔溜板与床身之间还有一层滑板，转塔溜板只在滑板上作纵向移动，工作时滑板固定在床身上，只有当工件长度改变时才移动滑板的位置。机床另有前后刀架，可作纵、横向进给。图 7-15 是 C336-1 型转塔车床电气控制原理图。

在转塔刀架上能装多把刀具，各刀具都按加工顺序预先调好，切削一次后，刀架退回并

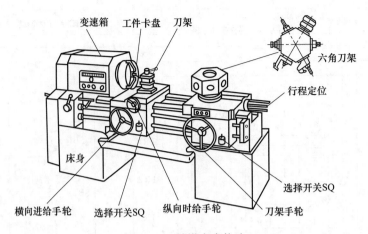

图 7- 14 转塔车床构造

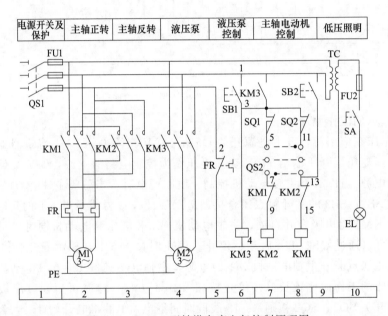

图 7-15 C336-1 型转塔车床电气控制原理图

转位，再用另一把刀进行切削，故能在工件的一次装夹中完成较复杂型面的加工。机床上具有控制各刀具行程终点位置的可调挡块，调好后可重复加工出一批工件，缩短辅助时间，生产率较高。此外，还有半自动转塔车床，采用插销板式程序控制实现加工的半自动循环。

表 7-5 为 C336-1 型转塔车床电气控制主要元件符号与功能说明。

表 7-5　C336-1 型转塔车床电气控制主要元件符号与功能说明

元件符号	名称及作用	元件符号	名称及作用
QS1	刀开关用于电源开关	QS2	主轴电动机倒顺开关
FU1、FU2	熔断器用于短路保护	SB1	主轴电动机启动按钮
KM1	主轴电动机接触器	SB2	主轴电动机正转点动按钮
FR	热继电器用于电动机过流保护	SQ1、SQ2	主轴电动机行程开关
SA	工作照明灯开关	EL	工作照明灯

C336-1 型转塔车床的主轴启动是由按钮 SB1 完成,但主轴的停止、正转、反转则是由倒顺开关 QS2 来操作的,具体的工作步骤如图 7-16 所示。

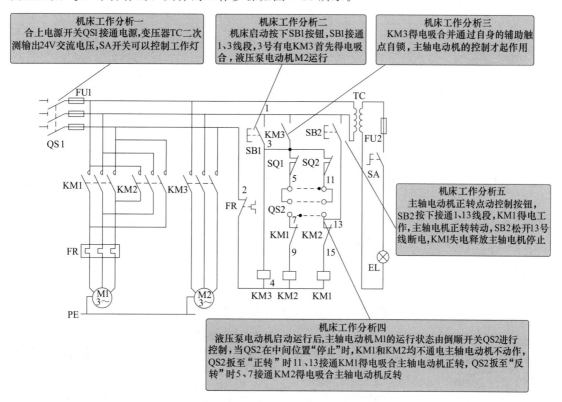

图 7-16　C336-1 型转塔车床控制分析

八、C1312 型单轴六角车床电气控制

单轴六角车床是以主轴箱固定型单轴自动车床,采用凸轮式工位控制,适用于加工 15mm 以下的形状较复杂的零件,可以进行外圆车削、端面车削、成型车削、切槽钻孔、扩孔、铰孔、镗孔、滚花、螺纹及切断面等加工工序,具有生产效率高,主轴变速灵活,精度稳定和工作可靠等优点,是应用很广泛的机床。C1312 型单轴六角车床电气控制原理图如图 7-17 所示,控制分析如图 7-18 所示。

C1312 型单轴六角车床的电气控制电路比较简单,就有一个接触器来控制 M1、M2、M3 三个电动机的接通与断开,机床装有两个电磁离合器 YA1 和 YA2,通过电磁离合器,在改变主轴转速时,通过变速操作手柄带动 SQ2 开关可以实现主轴转速的灵敏变换。电路的主要的电气元件及作用如表 7-6 所示。

表 7-6　C1312 型单轴六角车床主要电气元件符号与功能说明

元件符号	名称及作用	元件符号	名称及作用
QS1	刀开关用于电源开关	SB1	主轴停止按钮
FU1～FU3	熔断器用于短路保护	SB2	主轴启动按钮
KM	主接触器	SQ1	行程开关,加工工位保护
FR1～FR3	热继电器用于电动机过流保护	SQ2	行程开关,用于电磁离合器
QS2	润滑泵电动机开关	KA	中间继电器,超位置指示灯切换
QS3	工作照明灯开关	V1～V4	整流二极管
TC	控制变压器	YA1、YA2	电磁离合器的电磁铁

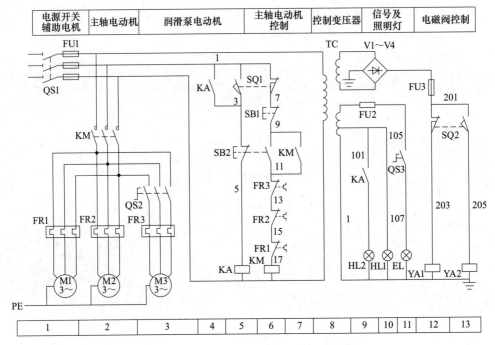

图 7-17 C1312 型六角车床电气控制原理图

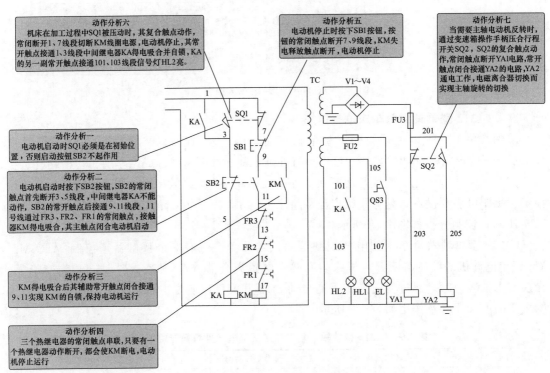

图 7-18 C1312 型车床电路控制分析

九、C0330 型仪表六角车床电气控制

C0330 型仪表六角车床是一种适用于仪器仪表制造业中大批量生产车间使用的生产机械，它具有推式夹紧机构及弹簧夹头、转塔式六角刀架，可以自动切换刀具连续作业。C0330 型仪表六角车床电气控制原理如图 7-19 所示。

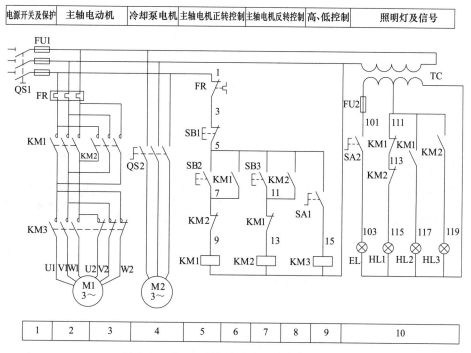

图 7-19 C0330 型仪表六角车床电气原理图

主回路的特点：C0330 型仪表六角车床主轴电动机采用双速电动机，可以实现低速和高速运行，KM1 和 KM2 组成了一个电动机正反转电路，KM3 是变换电动机接法的接触器，当KM1（或 KM2）主触点闭合 KM3 不动作时，电源与电动机绕组的 U2、V2、W2 端连接，电动机呈 YY（双星形）接法，主轴电动机低速运行，当 KM3 得电动作常闭断开常开闭合，电源与电动机绕组的 U1、V1、W1 端连接，电动机呈 △（三角形）接法，主轴电动机高速运行。电动机的高低速控制是由（9 区）SA1 开关完成的，SA1 不接通主轴电动机低速运行，SA1 开关接通主轴电动机高速运行。C0330 型仪表六角车床电路控制功能分析如图 7-20 所示。

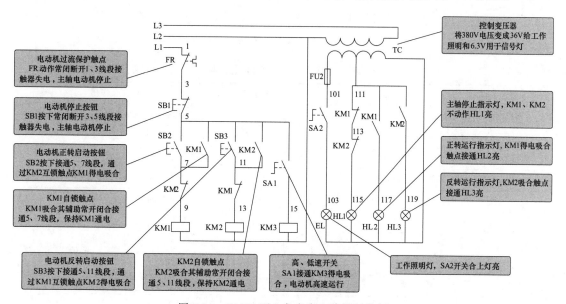

图 7-20 C0330 型六角车床电路控制分析

十、CW61100 大型卧式车床电气控制

CW61100 型卧式车床可以承担直径可达 630mm，最大加工长度从 1000～10000mm 工件的车削工作，能够车削各种零件的端面、外圆、内孔、公英制螺纹、锥面等工作，是一种普及范围广的大型普通车床，如图 7-21 所示是 CW61100 型车床的实物。

图 7-21 CW61100 型车床实物

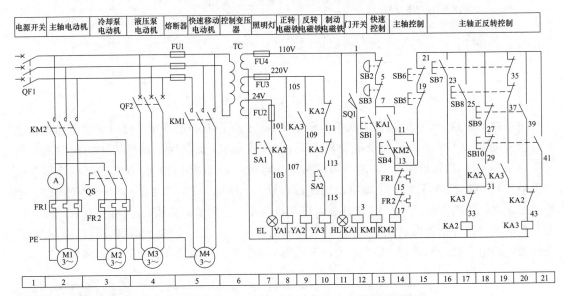

图 7-22 CW61100 型大型卧式车床电气控制原理图

表 7-7 CW61100 大型卧式车床主要电气元件符号与功能说明

元件符号	名称及作用	元件符号	名称及作用
KM1	快速移动电动机接触器	SB1	快速移动电动机点动按钮
KM2	主轴电动机接触器	SB2、SB3	机床急停按钮
KA1	中间继电器,安全保护	SB4	主轴电动机启动按钮
KA2	中间继电器,控制正转电磁铁	SB5、SB6	主轴电动机正反转停止按钮
KA3	中间继电器,控制反转电磁铁	SB7、SB8	主轴正转按钮
YA1、YA2	电磁离合器	SB9、SB10	主轴反转按钮
YA3	电磁制动器	QS	旋转开关,冷却泵电动机开关
QF1、QF2	断路器	SA1	照明灯开关
FR1、FR2	热继电器,电动机过载保护	SA2	制动电磁铁开关
FU	熔断器	TC	控制变压器

　　CW61100 型车床由主轴电动机、冷却泵电动机、快速移动电动机、液压泵电动机四台电动机保障机床工作，主轴电动机功率可达 22kW。由于主轴电动机在带动工件旋转时的惯性很大，主轴的变换转向和停止必须在电磁离合器和电磁制动器的协助下完成，这也是分析控制电路的要点，CW61100 型车床的电气控制原理如图 7-22 所示。

　　从图 7-22 中可看到 CW61100 型车床控制电路由主轴电动机控制电路、快速移动控制电路和信号、照明电路组成，图中使用的各个电气元件符号与功能说明如表 7-7 所示。

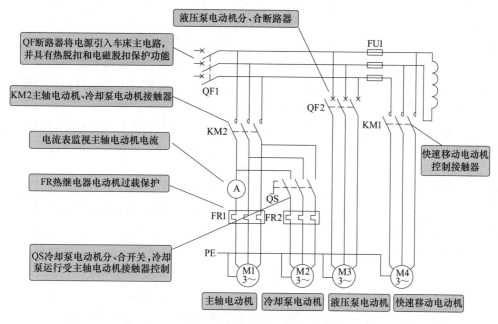

图 7-23　CW61100 大型卧式车床主回路元件作用

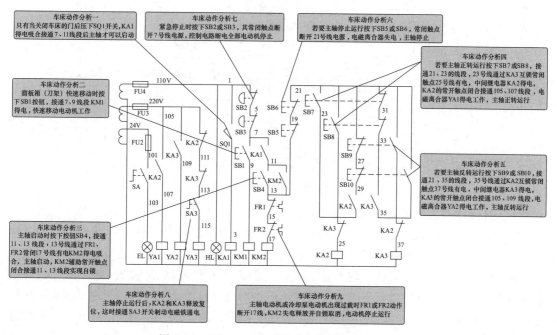

图 7-24　CW61100 大型卧式车床控制要点分析

图 7-23 是 CW61100 大型卧式车床主回路元件的作用。由于 CW61100 型车床的加工长度比较长，主轴的正反转控制采用两地控制方法，所以在控制电路中有两个正转按钮 SB7、SB8 和两个反转按钮 SB9、SB10，CW61100 型车床的控制要点如图 7-24 所示。

第二节　磨床电气控制

磨床是各类金属切削机床中品种最多的一类，主要类型有外圆磨床、内圆磨床、平面磨床、无心磨床、工具磨床等。

大多数的磨床是使用高速旋转的砂轮进行磨削加工，少数的是使用油石、砂带等其他磨具和游离磨料进行加工，如珩磨机、超精加工机床、砂带磨床、研磨机和抛光机等。

磨床能加工硬度较高的材料，如淬硬钢、硬质合金等；也能加工脆性材料，如玻璃、花岗石。磨床能作高精度和表面粗糙度很小的磨削，也能进行高效率的磨削，如强力磨削等。

外圆磨床是使用的最广泛的，能加工各种圆柱形和圆锥形外表面及轴肩端面的磨床。万能外圆磨床还带有内圆磨削附件，可磨削内孔和锥度较大的内、外锥面。不过外圆磨床的自动化程度较低，只适用于中小批单件生产和修配工作。

内圆磨床的砂轮主轴转速很高，可磨削圆柱、圆锥形内孔表面。普通内圆磨床仅适于单件、小批生产。自动和半自动内圆磨床除工作循环自动进行外，还可在加工中自动测量，大多用于大批量的生产中。

外圆磨床的基本工作原理，如图 7-25 所示，头架与尾架是固定加工工件并由头架电动机带动旋转，工作台在液压的作用下进行往返运动，砂轮高速旋转慢慢地靠近工件进行磨削加工，在磨削时要不断地向磨削面浇冷却液以保证加工面的光洁度。

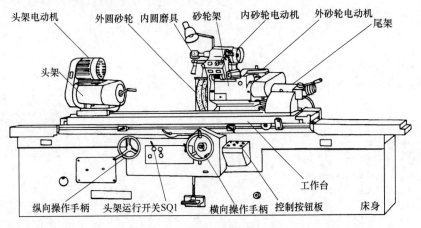

图 7-25　万能外圆磨床的构造图

一、M1432 型万能外圆磨床电气控制

M1432 型磨床的特点是它可以进行外圆的磨削，也可以进行工件的内圆磨削，内外磨具都固定在砂轮架上，内圆磨具平时处于抬起状态，不能旋转，外圆砂轮可以旋转，当使用内圆磨具时磨具放下，外圆砂轮将不能工作，它们之间有电气联锁 SQ2。磨床工作前必须先开动液压油泵，否则磨床不能开动。根据不同的磨削材料带动工件的头架电动机有两种转速，高速和低速是采用△/双 Y 电动机实现转速变换的。图 7-26 是 M1423 型万能外圆磨床电气控制图。

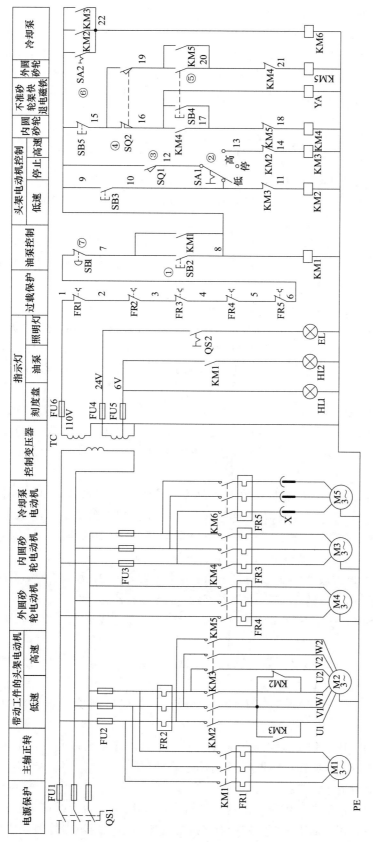

图 7-26 M1423 型万能外圆磨床电气控制图

主要元件用途 FR1～FR5 电动机的过流保护；SB1 紧急停止按钮；SA1 高、低转速选择；SQ1 转速开关；SB3 低速启动开关；YA 防止内磨削磨具快速退出的电磁铁；SB2 油泵启动；SA1 高、低转速启动；SB4 磨削砂轮启动；SB5 磨削砂轮停止；SQ2 内磨削与外磨削的限位开关；KM1 液压泵电动机接触器；KM2 低速接触器；KM3 高速接触器；KM4 内圆砂轮电动机接触器；KM5 外圆砂轮电动机接触器；KM6 冷却泵电动机接触器；X 连接插头。

（1）M1423 型万能外圆磨床电气控制特点

① 高速、低速控制。图 7-25 中的 KM2、KM3 是高、低速控制接触器，低速旋转时由 KM2 供电，KM2 吸合时 KM2 的常闭触点先断开，由于 KM3 互锁而不动作 KM3 的常开触点打开，向电动机△型接线供电，电动机低速旋转，高速运行时，KM3 的常开触点接通 U1、V1，KM2 的常闭触点接通 V1、W1，KM3 向电动机的 U2、V2、W2 供电，电动机呈双 Y 型运行。

② 五个电动机的过流保护 FR 全部串联连接，只要有一个动作控制电路都会断电停止工作，这主要是保证加工时的安全。

（2）M1423 型万能外圆磨床电气控制分析　接通电源开关 QS1，控制变压器 TC 立即工作，刻度盘上的指示灯立即亮起，110V 控制电源通过 FU6 熔断器和 FR1、FR2、FR3、FR4、FR5、SB1 的常闭使 7 号线有电。

① 先启动液压油泵电动机，按下 SB2 按钮，SB2 的常开触点接通 7、8 线段，8 号线有电使 KM1 得电吸合，KM1 的主触点闭合液压泵电动机工作，KM1 的辅助常开触点接通 7、8 线段，实现 KM1 自锁，8 号线有电以保证其他的控制电路可以工作。

② 扳动 SA1 开关选择工件所需的转速（如选择低速）。

③ 磨削运行时扳动 SQ1 限位开关接通 8、11 线路，SA1 扳至低速位置与 9 号线接通，使 KM2 得电吸合，M2 电动机呈△形接线低速运转。SA1 扳至高速位置与 12 号线接通 KM3 得电，M2 电动机呈双 Y 形接线高速运转。调试工件时还可以按 SB3 按钮，头架电动机低速点动工作。

④ 内圆、外圆砂轮切换限位开关：内砂轮机头放下时 SQ2 的常闭触点接通 15、16 线段，SQ2 常开触点断开 15、19 线段，电磁铁 YA 立即得电工作禁止砂轮架快速移动，抬起内砂轮机头 SQ2 的常闭触点断开 15、16 线段，SQ2 的常开触点接通 15、19 线段，外砂轮可以工作。

⑤ 磨削砂轮启动控制：内砂轮机头放下时 SQ2 的常闭 15、16 线段，SB4 砂轮启动按钮的第一副常开点接通 16、17 线段，通过 KM5 的常闭触点 18 号线有电，KM4 得电吸合内圆砂轮工作，同时 KM4 的常闭触点断开 20、21 线段互锁 KM5 接触器。

外磨削砂轮启动只有在 SQ2 限位开关抬起常开触点接通 15、19 线段，SB4 按钮的第二副常开触点接通 19、20 线段。20 号线通过 KM4 的常闭触点使 21 号线有电，KM5 得电吸合外砂轮工作，KM5 的常闭断开 17、18 线段互锁 KM4 接触器。

砂轮停止按钮 SB5，按下 SB5 常闭断开 8、15 线段，15 号线无电，接触器失电释放电动机停止。

⑥ 冷却泵控制可以采用 SA2 手动控制启动，也可以自动控制，当工件电动机运行时冷却泵立即启动用于防治由于无冷却液磨削造成加工工件质量不合格，工件的旋转接触器的辅助常开触点 KM2、KM3 与 SA2 并联任何一个触点接通 KM6 都会得电，冷却泵电动机工作。

⑦ 紧急停止按钮 SB1，SB1 按钮与其他按钮不同，紧急停止按钮是一种按压锁定式按钮，当按钮按下时左旋或右旋锁定触点状态，不能自动复位。

二、Y3150 型滚齿机电路控制

滚齿机是齿轮加工机床中应用最广泛的一种机床，如图 7-27 所示，在滚齿机上可切削直齿、斜齿圆柱齿轮，还可加工蜗轮、链轮等。如图 7-28 所示，用滚刀按展成法加工直齿、

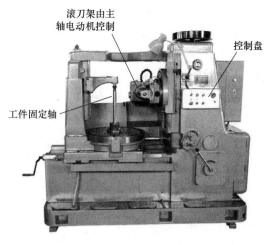

图 7-27　滚齿机床

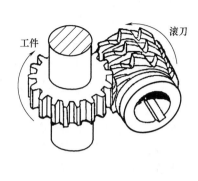

图 7-28　滚齿机加工示意图

斜齿和人字齿圆柱齿轮以及蜗轮的齿轮加工机床。这种机床使用特制的滚刀时也能加工花键和链轮等各种特殊齿形的工件。

滚齿机的控制比较简单，主要由主轴电动机带动滚刀工作，冷却泵用于加工时冷却液的循环，加工工件的旋转，是采用与主轴联动机械传输运动，图 7-29 是 Y3150 型滚齿机的电气控制图。

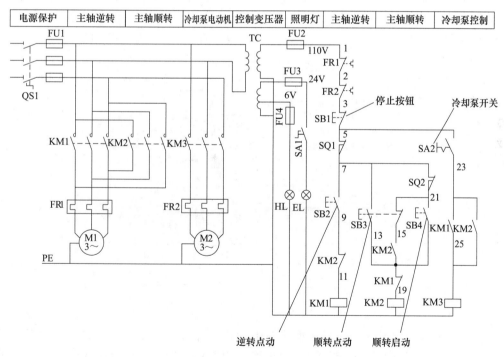

图 7-29　Y3150 型滚齿机电气控制图

控制分析如下。

① 合上电源开关 QS1，控制变压器 TC 立即工作，电源指示灯 HL 亮。

② 打开工作照明灯开关 SA1，指示灯 EL 亮。

③ 逆转点动：SB2 按钮接通时 7、9 线段接通。通过 KM2 互锁常闭触点 11 线有电，

KM1 得电吸合主触点闭合，电动机动作。SB2 松开 KM1 断电电动机停止。

④ 顺转点动：按下 SB3 按钮，SB3 的常闭触点先断开 21、15 线段，消除 KM2 的自保功能，SB3 的常开触点后接通 7、13 线段，13 号线有电通过 KM1 的互锁常闭 19 号线有电 KM2 得电吸合，电动机顺转动作，松开 SB3 按钮 KM2 立即停止动作。

⑤ 顺转启动：按下 SB4 按钮接通 21、13 线段，13 号线有电通过 KM1 的互锁常闭 19 号线有电 KM2 得电吸合，KM2 的辅助常开触点接通 15、13 线段实现 KM2 自锁，电动机顺转运行。

⑥ 主轴停止：主轴停止控制有过流保护停止 FR1、FR2 常闭，操作停止 SB1 常闭按钮，限位停止 SQ1、SQ2 常闭触点三部分。

⑦ 冷却泵控制 SA2 为推拉式开关，按下开关接通，主轴电动机 KM1 或 KM2 接触器工作常开触点接通，冷却泵电动机 KM3 接触器得电工作，主轴电动机停止，冷却泵电动机也同时停止，便于检查加工测量。

平面磨床主要用于磨削零件上的平面。平面磨床与其他磨床不同的是工作台上安装有电磁吸盘或其他夹具，用作装夹零件。磨头沿滑板的水平导轨可作横向进给运动，这可由液压驱动或横向进给手轮操纵。滑板可沿立柱的导轨垂直移动，以调整磨头的高低位置及完成垂直进给运动，该运动也可操纵手轮实现。砂轮由装在磨头壳体内的电动机直接驱动旋转。

三、M1720 型平面磨床电气控制

M1720 型平面磨床的构造如图 7-30 所示，磨削砂轮由主轴电动机带动运行，滑板由升降电动机带动可以调整磨削尺寸，在床身的内部还有液压系统电动机、冷却系统电动机，电磁吸盘采用直流电以保证吸附的牢固性，M1720 型平面磨床的工作分析如下。

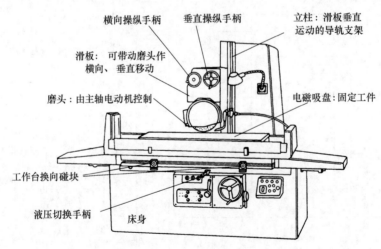

图 7-30　M1720 型平面磨床的构造

工作台的移动：将液压系统用于磨床具有切换速度快、动作速度可调、故障率低等特点，利用工作台上的碰块撞击液压切换手柄换向阀切换位置，工作台改变运动方向。图 7-31 是磨床工作台的液压工作系统的组成。

M1720 型平面磨床是平面磨床中使用较为普遍的一种，M1720 型平面磨床的电气控制系统如图 7-31 所示。

图 7-32 所示电路图中的 YH 是电磁吸盘、也是 M1720 型平面磨床磁力工作台，它是用于将需要加工的钢、铁等导磁材料的工件吸附固定在工作台上，实现工件的定位和磨削加

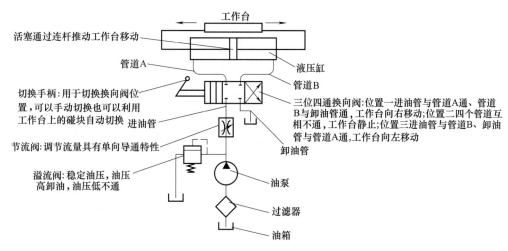

图 7-31　工作台的液压工作系统

工。为确保安全生产，只有当电磁吸盘正常工作后，才准许砂轮机和液压泵工作，所以电磁吸盘控制线路安全可靠，是 M1720 型磨床正常工作的前提和必要条件。如图 7-33 是电磁吸盘电压保护的电路分析。

表 7-8 所示为 M1720 型平面磨床电气控制元件名称及用途。

表 7-8　M1720 型平面磨床电气控制元件名称及用途

元件符号	名称及用途	元件符号	名称及用途
M1	液压泵电动机	SB9	吸盘去磁按钮
M2	砂轮电动机	KV	直流欠压继电器
M3	冷却泵电动机	YH	电磁吸盘
M4	砂轮升降电动机	QS1	断路器,电源开关
SB1	紧急停止按钮	SA	工作灯开关
SB2	液压泵停止按钮	V1～V4	整流二极管
SB3	液压泵启动按钮	FU	熔断器
SB4	砂轮停止按钮	TC	控制变压器
SB5	砂轮启动按钮	C	电容器
SB6	砂轮上升点动按钮	R	电阻
SB7	砂轮下降点动按钮	KM	接触器
SB8	吸盘工作按钮	XB	连接压板

电磁吸盘电压保护电路的改进

从图 7-33 可以分析，只要在整流电路工作正常的情况下，电压继电器 KV 获电而且足以吸合，公共回路接通，几台拖动电动机可以正常工作。但此时，若接触器主触头、插接器、电磁线圈或中间连接线，有接触不良或断线的情况，电磁吸盘 YH 就可能电流不足或没有电流，这样造成电磁吸盘吸力不足或没有吸力，砂轮机一旦继续工作，工件将被惯性抛出，非常危险，也就是说欠电压继电器不能完全起到安全联锁作用。

如图 7-34 所示，将欠压继电器 KV 取消，在直流正极电路中串接一个欠电流继电器 KA，欠电流继电器线圈以电磁吸盘回路电流大小为输入信号。工作过程中，无论什么故障

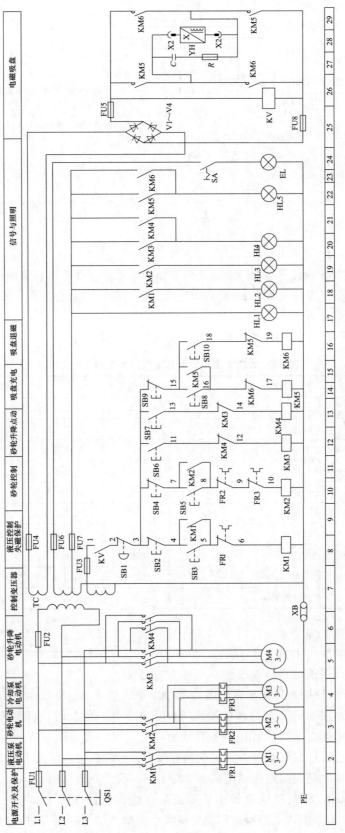

图 7-32 M1720 型平面磨床电气控制线路图

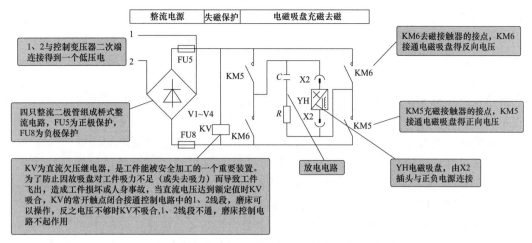

图 7-33　磨床的电磁吸盘电压保护电路分析

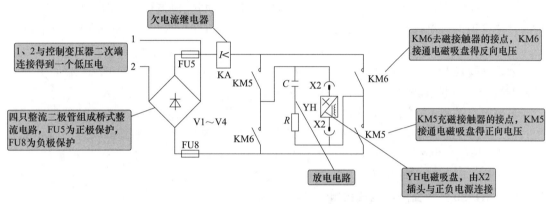

图 7-34　磨床的电磁吸盘电流保护电路分析

原因，只要电流减小到整定值以下，即线圈不足以产生加工时所需的磁场强度，欠电流继电器就释放，KA 常开触头复位断开，磨床拖动电动机自动停止工作，确保生产安全。

　　M1720 型平面磨床控制电路控制并不复杂分析，主要由多个单方向控制电路组成，如图 7-35 所示是电路的控制要点。

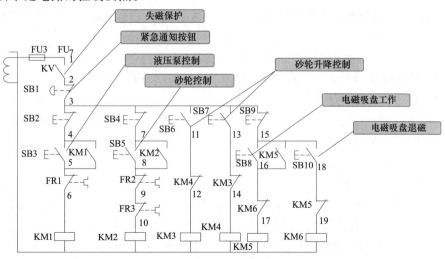

图 7-35　M1720 型平面磨床控制电路要点

失磁保护触点：KV 是电磁吸盘电路中的欠压继电器（在 26 区域），当电磁吸盘的直流电压达到额定值时 KV 吸合，常开触点闭合接通（1、2 线段）控制电路，各种功能的电动机可以运行。如果当电磁吸盘的直流电压发生欠压时，KV 不吸合，触点断开，一切电动机停止运行。

紧急停止按钮 SB1：SB1 是常闭触点，当发生异常情况时按下 SB1 断开 2、3 线路，控制线路全部断电，一切电动机停止运行。SB1 按钮与其他按钮不同，紧急停止按钮是一种按压锁定式按钮，当按钮按下时左旋或右旋锁定触点状态，不能自动复位。

液压泵控制：液压泵控制电路是一个电动机单方向控制运行电路，SB3 是启动按钮，SB2 是停止按钮，FR1 是液压泵电动机的过流保护。启动时按下 SB3 接通 4、5 线段，5 号线通过 FR1 的常闭 6 号线有电，KM1 得电吸合，液压泵开始工作。

砂轮控制：砂轮控制电路也是一个电动机单方向控制运行电路，但砂轮电动机的接触器也同时接通砂轮电动机 M2 和冷却泵电动机 M3，以保证加工工件的质量。

SB5 是启动按钮，SB4 是停止按钮，FR2 是砂轮电动机的过流保护，FR3 是冷却泵电动机的过流保护。启动时按下 SB5 接通 7、8 线段，8 号线通过 FR2 的常闭和 FR3 的常闭 10 号线有电，KM2 得电吸合，砂轮电动机和冷却泵电动机同时开始工作。

砂轮升降控制：砂轮升降控制由 SB6 和 SB7 构成的电动机点动控制电路控制，并在电路中 KM3 和 KM4 接触器采用互锁保护功能。

电磁吸盘控制：SB8 是吸盘充磁按钮，KM5 是充磁接触器，KM5 接通时吸盘电路中（26、29 区域）的主触点闭合，吸盘接正电源工作。SB9 是吸盘停止按钮，操作时常闭断开 3、15 线段接触器失电，SB10 是一个点动控制，用于磁盘的退磁功能，SB10 接通时 KM6 接触器工作，吸盘接反向电源产生反向磁场以抵消正向吸合时的余磁。

四、M1730 型平面磨床电气控制

M1730 型平面磨床是利用砂轮的周边或端面磨削钢料、铸铁、有色金属等材料的平面、沟槽等加工位置，加工工件可吸附于电磁工作台，也可以直接固定在工作台上进行磨削。该磨床具有三台电动机保持工作，M1 主轴电动机用于砂轮的旋转，M2 冷却泵电动机用于保证在磨削时冷却液的供给，M3 液压泵电动机用于工作台的移动，两台控制变压器的 TC1 用于工作照明灯的电源，TC2 用于电磁吸盘的电源。电磁吸盘电路中采用了欠电流保护电路，更加有效地防止因为吸盘吸力不够造成工件在磨削过程中飞出。M1730 型平面磨床的电气控制如图 7-36 所示。

M1730 型平面磨床电气控制比较简单，主轴电动机与冷却泵电动机由同一个接触器 KM1 控制，液压泵电动机由 KM2 控制，具体的电路控制分析如图 7-37 所示。

五、M125K 型外圆磨床电气控制

M125K 型外圆磨床是维修工作和单件生产应用广泛的一种磨床，能够加工各种圆柱形和圆锥形外表面及轴肩端面的磨床，但是由于自身的自动化程度比较低，M125K 型外圆磨床的电气控制如图 7-38 所示。

电路结构与工作原理如下。

M125K 型外圆磨床由工件旋转电动机 M4、砂轮电动机 M3、液压泵电动机 M2 和冷却泵电动机 M1 构成主电路，QS 开关合上之后接通 380V 电源，控制变压器 TC 通电，提供照明灯电源，KM1 接触器主触点分、合时，冷却泵电动机 M1、液压泵电动机 M2 和砂轮电动机 M3 同步启动或停止，工件旋转电动机属于正反转控制，KM2 控制工件电动机正向启动，

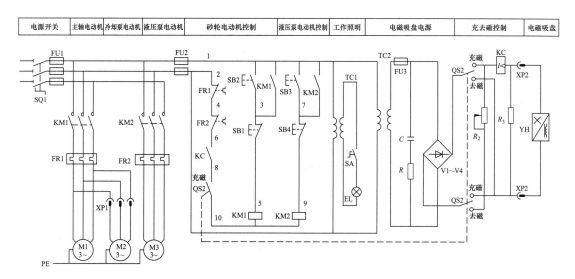

图 7-36 M1730 型平面磨床电气控制原理图

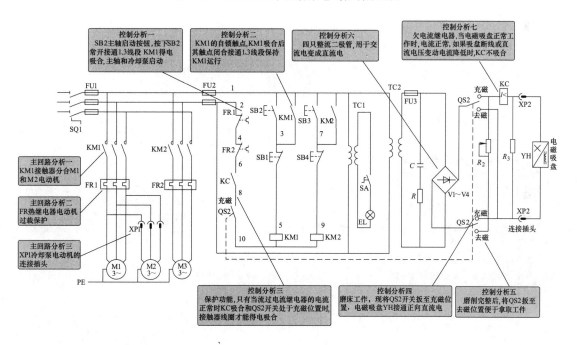

图 7-37 M1730 型磨床控制电路分析

KM3 控制工件电动机反转启动。四台电动机的过载保护 FR 串联以确保磨床工作的安全性。M125K 磨床的控制电路分析如图 7-39 所示。

六、M131 型外圆磨床电气控制

M131 型外圆磨床可以磨削直径为 315mm，最大长度为 1500mm 的轴类工件，加工各种圆柱形和圆锥形外表面及轴肩端面的磨床，M131 型外圆磨床电气控制如图 7-40 所示。

M131 型外圆磨床电路结构与工作原理如下。

M131 型外圆磨床由砂轮电动机 M1、冷却泵电动机 M2、工件旋转电动机 M3 和水泵电

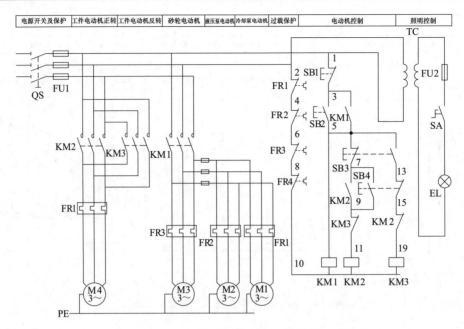

图 7-38　M125K 型外圆磨床的电气控制原理图

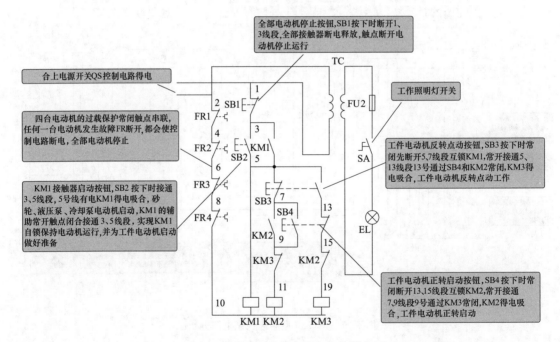

图 7-39　M125K 型磨床的电气控制分析

动机 M4 构成主电路。QS 开关合上之后接通 380V 电源，控制变压器 TC 通电，提供照明灯电源。KM1 接触器主触点分、合时，砂轮电动机 M1 和冷却泵电动机 M2 同步启动或停止，工件电动机和水泵电动机分别由 KM2 和 KM3 控制启动，四台电动机的过载保护 FR 串联以确保磨床工作的安全性，M131 型磨床的控制电路分析如图 7-41 所示。

七、M250 型内圆磨床电气控制电路

M250 型内圆磨床主要用于工件的圆柱孔、圆锥孔及其他形状工件的内表面和孔端面，

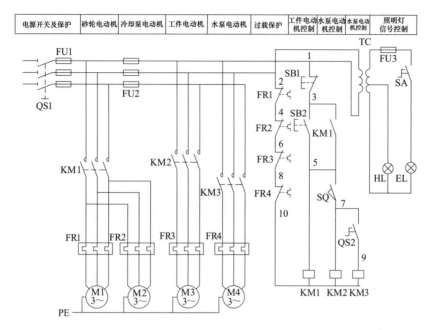

图 7-40　M131 型外圆磨床电气控制原理图

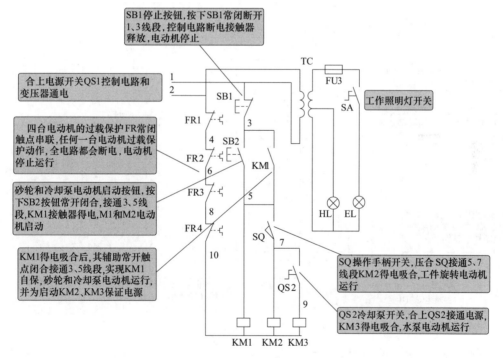

图 7-41　M131 磨床的控制电路分析

M250 型内圆磨床的主轴电动机为三速电动机，具有磨削精度高、稳定性好、操作简单等优点，图 7-42 是 M250 型内圆磨床的电气控制原理图。

M250 型内圆磨床主轴工作原理如下。

M250 内圆磨床的主轴采用三速电动机，有低速、中速、高速三种运行转速，可以满足各种加工工件的磨削要求，M250 型磨床主回路工作分析要点在主轴电动机的三个速度接触

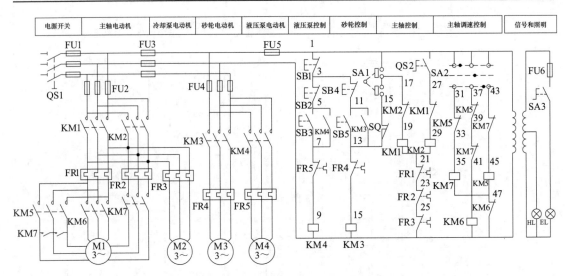

图 7-42　M250 型内圆磨床电气控制电路原理图

器的使用，如图 7-43 是主回路接触器的作用。关于三速电动机的接线原理可参考第六章电动机基本控制电路。

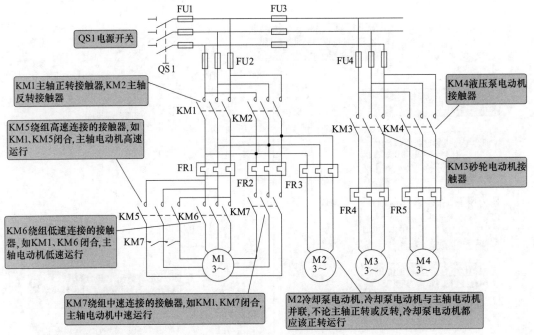

图 7-43　M250 磨床主回路分析

控制元件符号及功能说明如表 7-9 所示。

M250 型磨床控制电路分析重点如图 7-44 所示，图中主要分析了主轴电动机的手动与自动，启动、变速、停止过程，液压泵和砂轮的控制是由单方向控制组成。

八、KU250/750 型万能外圆磨床的电气控制

KU250/750 型万能外圆磨床是用于磨削半径比较大又较长的工件，可以磨削内圆、外圆或圆锥形工件，磨床具有磨削精度好、安全可靠和操作方便，电气控制电路具有维修方便等优点，KU250/750 型万能外圆磨床的电气控制原理如图 7-45 所示。

表7-9　M250内圆磨床电气控制元件功能说明

符号	名称及用途	符号	名称及用途	符号	名称及用途
SB1	液压泵、砂轮停止按钮	SA1	手动/自动转换开关	SQ	行程开关
SB2	液压泵停止按钮	SA2	主轴调速开关	KM	接触器
SB3	液压泵启动按钮	SA3	照明灯开关	FU	熔断器
SB4	砂轮停止按钮	QS1	电源开关	EL	照明灯
SB5	砂轮启动按钮	QS2	主轴反接制动开关	HL	信号灯

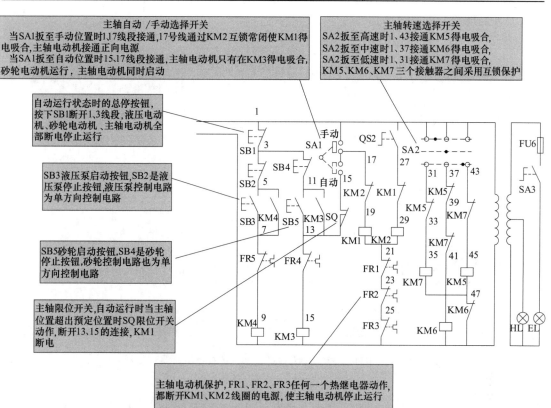

图7-44　M250型磨床控制电路分析重点

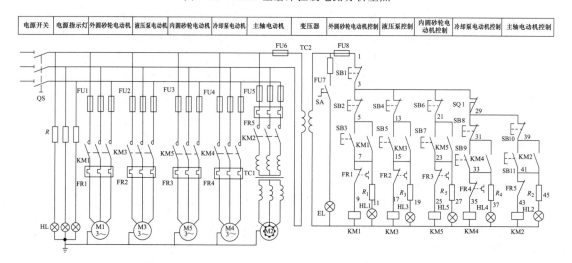

图7-45　KU250/750型万能外圆磨床的电气控制原理图

KU250/750 型万能外圆磨床主回路特征如下。

KU250/750 型万能外圆磨床主回路由电源指示和 5 台电动机组成，M1 为外圆砂轮电动机，M2 为主轴电动机，M 2 电动机是采用三相整流子无级调速电动机，这种电动机通过调节碳刷的位置即可改变电动机的转速，M3 为液压泵电动机，M4 为冷却泵电动机，M5 为内圆砂轮电动机。

KU250/750 型万能外圆磨床的控制电路并不复杂，各个电动机基本都是由单方向电路构成，控制电路分析如图 7-46 所示。

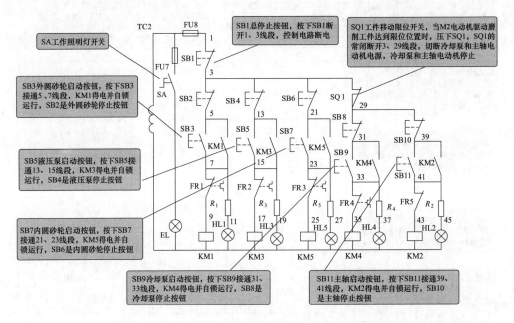

图 7-46　KU250/750 型万能外圆磨床的控制电路要点分析

第三节　刨、插、拉床电气控制

刨床是用刨刀对工件的平面、沟槽或成型表面进行刨削的直线运动机床。使用刨床加工，刀具较简单，但生产率较低（加工长而窄的平面除外），因而主要用于单件、小批量生产及机修车间，在大批量生产中往往被铣床所代替。根据结构和性能，刨床主要分为牛头刨床、龙门刨床、单臂刨床及专门化刨床（如刨削大钢板边缘部分的刨边机、刨削冲头和复杂形状工件的刨模机）等。牛头刨床因滑枕和刀架形似牛头而得名，刨刀装在滑枕的刀架上作纵向往复运动，多用于切削各种平面和沟槽。龙门刨床因有一个由顶梁和立柱组成的龙门式框架结构而得名，工作台带着工件通过龙门框架作直线往复运动，多用于加工大平面（尤其是长而窄的平面），也用来加工沟槽或同时加工。

机械牛头刨床如图 7-47 所示，适用于刨削长度不超过 1000mm 的中小型零件。牛头刨床的特点是调整方便，但由于是单刃切削，而且切削速度低，回程时不工作，所以生产效率低，适用于单件小批量生产。动作如图 7-48 所示，电动机带动变速机构带动摆杆机构，摆杆带动滑枕前后摆动。

液压型牛头刨床如图 7-49 所示，适用于刨削长度不超过 1000mm 的中小型零件。特点是

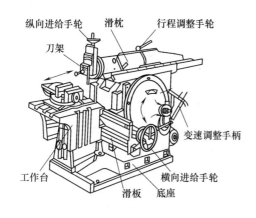

图 7-47　机械型牛头刨床

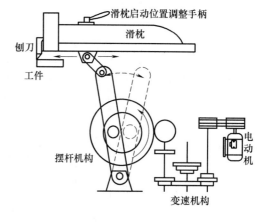

图 7-48　机械型牛头刨床动作原理

调整方便，但由于是单刃切削，而且切削速度低，回程时不工作，所以生产效率低，适用于单件小批量生产。动作如图 7-50 所示，滑枕油缸带动滑枕前后运动。

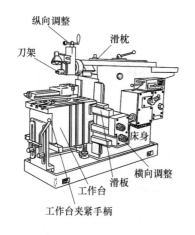

图 7-49　液压型牛头刨床

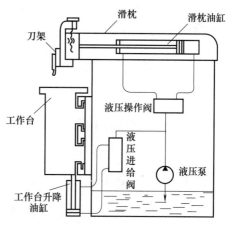

图 7-50　液压型牛头刨床动作原理

一、B690 型牛头刨床的电气控制

牛头刨床的电气控制比其他的机床控制比较简单，如图 7-51 是 B690 型牛头刨床的电气控制图，它有两个电动机，一个是带动刨刀的主轴电动机 M1，一个是工作台快速移动的电动机 M2。

刨床工作时合上开关 QS 接通电源，这时控制变压器已经通电，工作照明可以通过 QS2 开关打开工作台的照明。工作台快速移动控制是电动机的点动控制电路，按下 SB3 常开接通 3、7 线段，7 号线有电 KM2 得电吸合，电动机 M2 工作。刨床工作时按—FSB2，SB2 的常开接通 3、5 线段，KM1 得电吸合主触点闭合主轴电动机运行，KM1 的辅助常开触点闭合接通 3、5 线段实现 KM1 的自锁。

二、B635-1 型液压牛头刨床电气控制

B635-1 型液压牛头刨床属于小型牛头刨床，最大刨削长度为 350mm，其电气控制比较简单，只有一台电动机作为刨床的动力。控制原理如图 7-52 所示。

工作原理：B635-1 型液压牛头刨床主轴电动机控制属于单方向控制电路，合上电源开

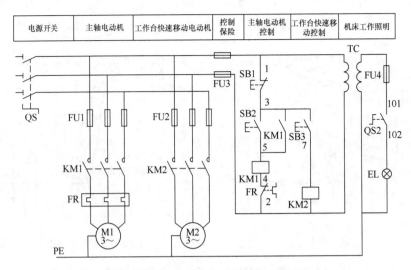

图 7-51　B690 型牛头刨床电气控制图

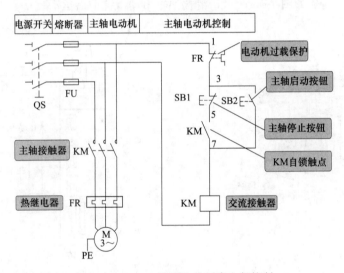

图 7-52　B635-1 液压牛头刨床电气控制

关 QS 后，当需要主轴电动机启动运行时，按下 SB2 按钮，SB2 常开闭合接通 3、7 线段，接触器 KM 得电吸合并自锁，其主触点闭合接通主轴电动机电源，电动机得电启动运行。停止时按下 SB1 断开 3、5 线段，接触器失电释放，其主触点断开切断主轴电动机工作电源，主轴电动机停止运行。

三、B7430 型插床电气控制

插床是利用插刀的竖直往复运动插削键槽和型孔的直线运动机床。插床与刨床一样，也是使用单刀刀具（插刀）来切削工件，但刨床是卧式布局，插床是立式布局，如图 7-53 所示。插床的生产率和精度都较低，多用于单件或小批量生产中加工内孔键槽或花键孔，也可以加工平面、方孔或多边形孔等，在批量生产中常被铣床或拉床代替。但在加工不通孔或有障碍台肩的内孔键槽时，就只有利用插床了。插床主要有普通插床、键槽插床、龙门插床和移动式插床等几种。普通插床的滑枕带着刀架沿立柱的导轨作上下往复运动，装有工件的工作台可利用上下滑座作纵向、横向和回转进给运动。键槽插床的工作台与床身连成一体，从

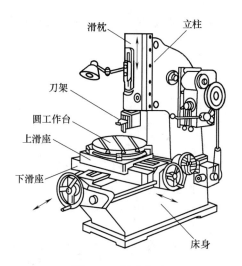

图 7-53　插床构造

床身穿过工件孔向上伸出的刀杆带着插刀边作上下往复运动，边作断续的进给运动，工件安装不像普通插床那样受到立柱的限制，故多用于加工大型零件（如螺旋桨等）的孔中的键槽。图 7-54 是 B7430 型插床电气控制原理图。

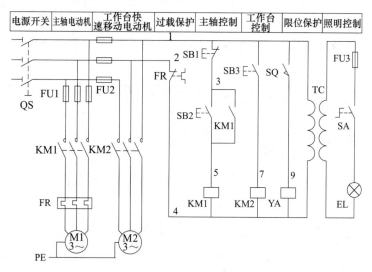

图 7-54　B7430 型插床电气控制原理图

工作原理：B7430 型插床主轴电动机控制属于单方向控制电路，工作分析如图 7-55 所示，合上电源开关 QS 后，当需要主轴电机启动运行时，按下 SB2 按钮，SB2 常开闭合接通 3、5 线段，接触器 KM1 得电吸合并自锁，其主触点闭合接通主轴电动机 M1 电源，电动机得电启动运行，停止时按下 SB1 断开 1、3 线段接触器失电释放，其主触点断开切断主轴电动机工作电源，主轴电机停止运行。

四、B516 型插床电气控制

B516 型插床主要由床身、下滑座、工作台、滑枕、立柱等部分组成，其刀具的直线运动是主运动，刀具的进给靠刀具本身的结构实现，常用于加工各种工件的内、外成型表面。B516 型插床的电气控制比较简单，是由电动机单方向运行电路构成，B516 型插床控制电路

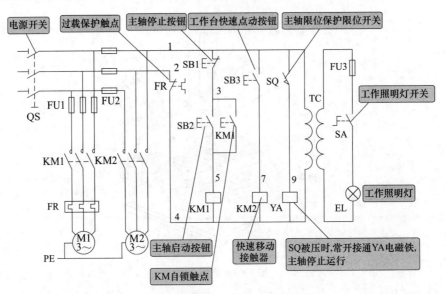

图 7-55　B7430 型插床电气元件功能

原理如图 7-56 所示。

　　当需要主轴电动机启动工作时，按下启动按钮 SB2，SB2 接通 3、5 线段，接触器 KM 得电吸合并自锁，其主触点闭合接通电动机工作电源，主轴工作。当需要停止时按下 SB1 按钮，SB1 断开 1、3 控制线段，接触器失电释放，其主触点断开电动机的工作电源，主轴 停止。

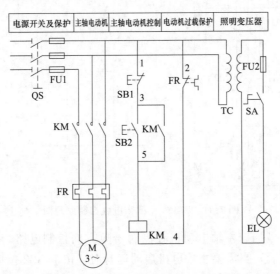

图 7-56　B516 型插床电气控制原理图

五、B540 型插床电气控制

　　B540 型插床主要由床身、下滑座、工作台、滑枕、立柱等部件组成，其刀具的直线运动是主运动，刀具的进给靠刀具本身的结构实现，常用于加工各种工件的内、外成型表面。B540 型插床控制电路原理如图 7-57 所示。

　　当需要主轴电动机启动工作时，按下启动按钮 SB2，SB2 接通 5、7 线段，接触器 KM1 得电吸合并自锁，其主触点闭合接通电动机工作电源，主轴工作。当需要停止时按下 SB1

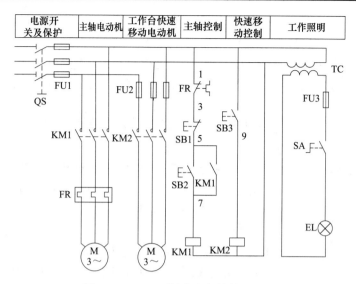

图 7-57　B540 型插床电气控制原理图

按钮，SB1 断开 3、5 控制线段，接触器失电释放，其主触点断开电动机的工作电源，主轴停止。按下快速移动按钮 SB3 按钮接通 1、9 线段，KM2 得电，快速移动电动机得电工作台移动，松开 SB3 按钮 9 号线断电，KM2 释放，快速移动停止。

六、B7430 型插床电气控制

B7430 型插床主要由床身、下滑座、工作台、滑枕、立柱等部件组成。B7430 型插床利用插刀的垂直往复运动插削键槽、花键，也可以加工平面、方孔或多边形孔等。B7430 型插床电气控制原理如图 7-58 所示。

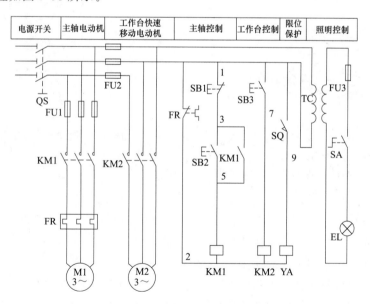

图 7-58　B7430 型插床电气控制原理图

当需要主轴电动机启动工作时，按下启动按钮 SB2，SB2 接通 3、5 线段，接触器 KM1 得电吸合并自锁，其主触点闭合接通电动机工作电源，主轴工作。当需要停止时按下 SB1 按钮，SB1 断开 1、3 控制线段，接触器失电释放，其主触点断开电动机的工作电源，主轴停止。按下快速移动按钮 SB3 按钮接通 1、7 线段，KM2 得电快速移动电机得电，工作台移动，松开 SB3 按钮 7 号线断电，KM2 释放，快速移动停止。

SQ 是限位保护开关，当主轴启动运行后，工作行程超出范围时行程开关 SQ 被压合，SQ 的常开触点闭合接通 1、9 线段，电磁离合器 YA 得电工作，使主轴电动机停止运行。

第四节　钻床电气控制

钻床系指主要用钻头在工件上加工孔的机床。通常钻头旋转为主运动，钻头轴向移动为进给运动。钻床结构简单，加工精度相对较低，可钻通孔、盲孔，更换特殊刀具，可扩、锪孔，铰孔或进行攻螺纹等加工。钻床可分为下列类型。

一、台式钻床

可安放在作业台上，主轴垂直布置的小型钻床，是设备维修工作中使用最多的一种设备。台式钻床只有一个电动机，它带动主轴上的卡头工作，最大钻孔直径 $\phi13mm$，台式钻床的构造如图 7-59 所示。台式钻床的电气控制比较简单，一般采用旋转开关或倒顺开关作为台钻的通断操作，如图 7-60 所示。

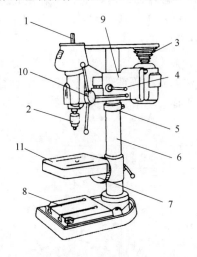

图 7-59　台式钻床构造

1—主轴；2—卡头；3—塔形皮带轮；4—锁紧手柄；
5—保险环；6—立柱；7—转盘；8—底座；9—机
头架；10—操作手柄；11—工作台

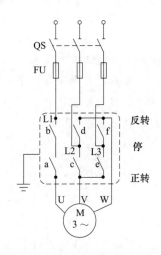

图 7-60　倒顺开关控制台钻电路

二、立式钻床

主轴竖直布置并且中心位置固定的钻床，简称立钻，如图 7-61 所示。常用于机械制造和修配工厂加工中、小型工件的孔。

加工前，需先调整工件在工作台上的位置，使被加工孔中心线对准钻头轴线。加工时，工件固定不动，主轴在套筒中旋转并与套筒一起作轴向进给。工作台和主轴箱可沿立柱导轨调整位置，以适应不同高度的工件。普通立式钻床的电气控制比较简单，主轴由一组电动机正反转电路组成，如图 7-62 是普通立式钻床的电气控制图。

三、Z5140A 型立式钻床的电气控制

Z5140A 立式钻床是 Z51 系列钻床中的具有代表性的型号，其他型号也有 Z5150、

Z5163、Z5180 等，型号中的 40、50、63、80 表示最大钻孔直径。Z51 系列立式钻床具有工作台面底，而且可以卸下升降工作台加工超大工件，可进行钻孔、扩孔、铰孔及攻螺纹等工序，是应用广泛的钻床。图 7-63 是 Z5140A 型钻床的实物。

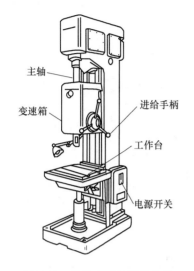

图 7-61　普通立式钻床的构造

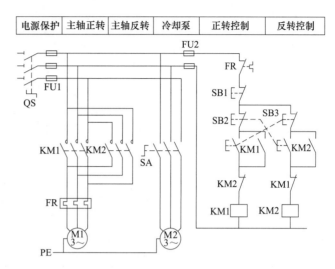

图 7-62　普通立式钻床的电气控制图

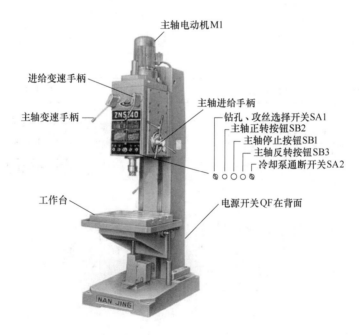

图 7-63　Z5140A 型钻床

　　Z5140A 型钻床电气控制如图 7-64 所示，其主回路电动机由 KM1 和 KM2 构成正反转电路，并且采用直流能耗制动控制。Z5140A 型钻床主要电气元件符号与功能说明如表 7-10 所示。

　　主回路的元件作用分析如图 7-65 所示。

　　钻床主轴正转启动过程分析如图 7-66 所示，主轴反转的控制过程读者可依照正转的分析方法自行分析。钻床攻螺纹过程分析如图 7-67 所示。

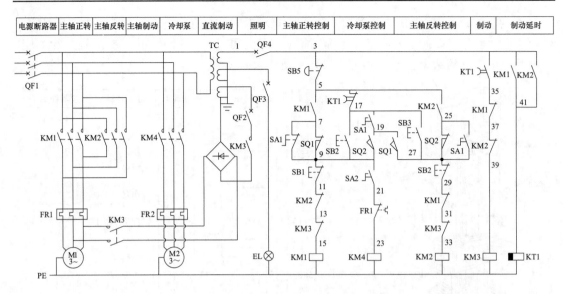

图 7-64　Z5140A 型钻床电气控制图

表 7-10　Z5140A 型钻床主要电气元件符号与功能说明

元件符号	名称及用途	元件符号	名称及用途
SB1	主轴停止按钮	SA2	旋转开关,冷却泵电动机通断
SB2	主轴正转启动按钮	SQ1、SQ2	微型开关,自动攻螺纹机构往返
SB3	主轴反转启动按钮	KT1	断电延时型时间继电器
SA1	旋转开关,钻孔、攻螺纹选择	EL	36V 工作照明灯

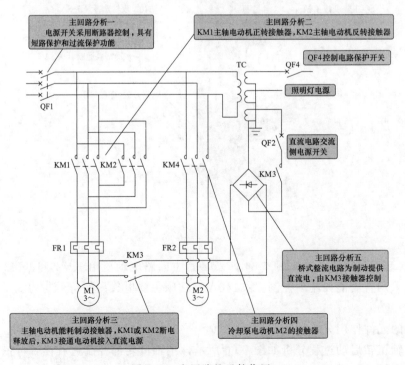

图 7-65　主回路的元件作用

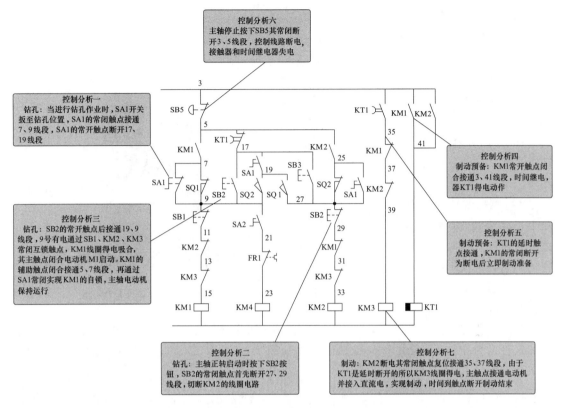

图 7-66 钻孔控制过程分析

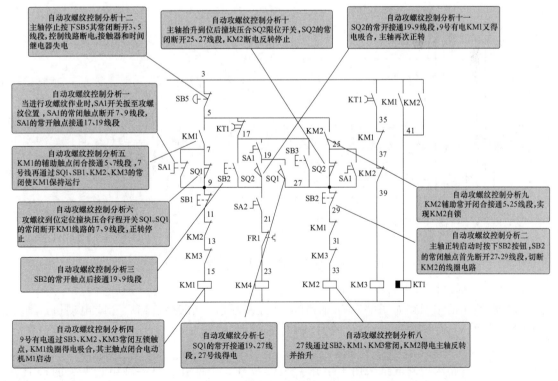

图 7-67 自动攻螺纹控制过程分析

四、Z35 型摇臂钻床

摇臂钻床的主轴箱可在摇臂上左右移动，并随摇臂绕立柱回转。摇臂还可沿立柱上下升降，以适应加工不同高度的工件。较小的工件可安装在工作台上，较大的工件可直接放在机床底座或地面上。摇臂钻床广泛应用于单件和中小批生产中，加工体积和重量较大的工件的孔。摇臂钻床加工范围广，可用来钻削大型工件的各种螺钉孔、螺纹底孔和油孔等。

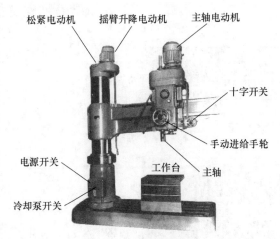

图 7-68　Z35 型摇臂钻床构造

Z35 型摇臂钻床工作时，立柱固定在底座上不能转动，摇臂可围着立柱转动 360°，摇臂可通过升降电动机沿丝杠顺着立柱上下移动，主轴电动机可作钻头的旋转和进给运动，主轴箱可沿着摇臂作径向运动。在加工工件时，除主轴带动钻头旋转、进给运动外，其余部件都是坚固不再移动。Z35 型摇臂钻床可用来钻孔、铰孔、镗孔及攻螺纹等，最大加工直径为 50mm。Z35 型摇臂钻床实物如图 7-68 所示。Z35 型摇臂钻床的电气控制如图 7-69 所示。

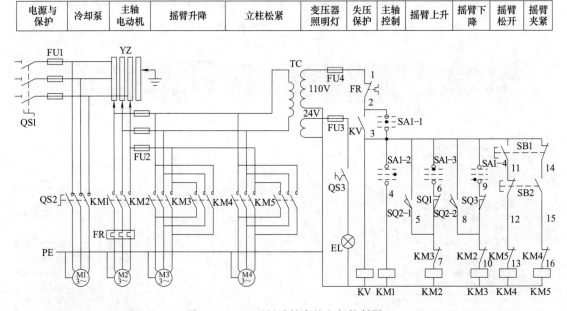

图 7-69　Z35 型摇臂钻床的电气控制图

1．Z35 型摇臂钻床的主回路特征

Z35 型钻床的主回路如图 7-70 所示，380V 经滑环引入给 M2、M3、M4 电动机，通过变压器提供 24V 的照明电压和 110V 的控制电路电压。

2．Z35 型摇臂钻床控制电路分析

Z35 型摇臂钻床控制电路采用十字开关 SA1 操作，十字开关是一种组合开关的，十字开关由十字手柄和四个微动开关组成，十字手柄有 5 个位置："上"、"下"、"左"、"右"、

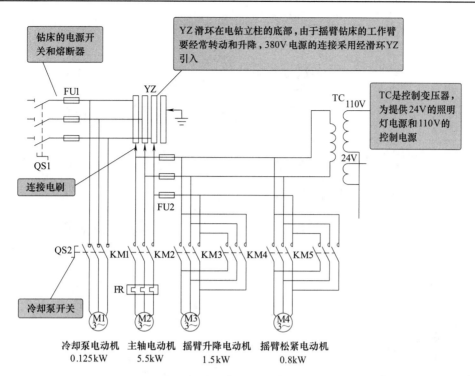

钻床的电源开关和熔断器

YZ滑环在电钻立柱的底部,由于摇臂钻床的工作臂要经常转动和升降,380V电源的连接采用经滑环YZ引入

TC是控制变压器,为提供24V的照明灯电源和110V的控制电源

连接电刷

冷却泵开关

冷却泵电动机 0.125kW 主轴电动机 5.5kW 摇臂升降电动机 1.5kW 摇臂松紧电动机 0.8kW

图 7-70 Z35 型摇臂钻床主回路

"中"。十字开关每次只能扳到一个方向,接通一个方向的电路。其触头通断情况如表 7-11 所示,在电气控制图中的"●"点,分别表示 SA1 在上、下、左、右方向时的触头闭合,而点在中间位置时,则表示上、下、左、右触头均处于分断状态。

表 7-11 十字开关通断表

开关位置	实物位置	控制线路符号	控制电路情况
左	⊕	SA1-1	KV 得电
右	⊕	SA1-2	KM1 得电
上	⊕	SA1-3	KM2 得电
下	⊕	SA1-4	KM3 得电
中间	⊕	SA1	控制电路断电

在 Z35 型摇臂钻床电气电路中,用十字开关分别控制主轴旋转、摇臂升降以及控制电路接通电源。这样操作方便,结构也较简单。

控制电路的电源是 110V 的交流电,由变压器 TC 将 380V 交流电降为 110V 得到,控制分析如图 7-71 所示。

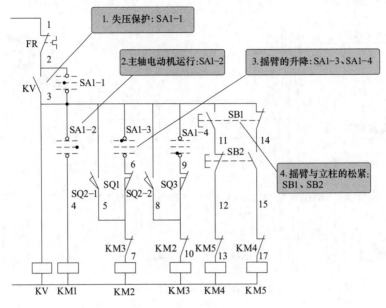

图 7-71　Z35 型摇臂钻床控制电路分析

（1）失压保护　合上电源后首先将十字开关扳向左边,微动开关 SA1-1 接通 2、3 线段,3 号线有电,失压继电器 KV 线圈通电吸合并自锁。当机床工作时,再将十字手柄扳向需要的位置。若电源断电,失压继电器 KV 释放,其自锁触点断开;当电源恢复时,零压继电器不会自动吸合,控制电路不会自动通电,这样可防止电源中断又恢复时,机床自行启动的危险。

（2）主轴电动机运转　将十字开关扳向右边,微动开关 SA1-2 接通,接触器 KM1 线圈通电吸合,主轴电动机 M2 启动运转。主轴的正反转是由主轴箱上的摩擦离合器手柄操作。摇臂钻床的钻头的旋转和上下移动都由主轴电动机拖动。将十字开关扳到中间位置,SA1-2 断开,主轴电动机 M2 停止。

（3）摇臂的升降　将十字手柄扳向上边,微动开关 SA1-3 闭合接通 3、6 线段,接触器 KM2 因线圈通电而吸合,电动机 M3 正转,带动升降丝杠正转。摇臂松紧机构如图 7-72 所示,升降丝杠开始正转时,升降螺母也跟着旋转,所以摇臂不会上升。下面的辅助螺母因不能旋转而向上移动,通过拨叉使传动松紧装置的轴逆时针方向转动,结果松紧装置将摇臂松开。在辅助螺母向上移动时,带动传动条向上移动。当传动条压上升降螺母后,升降螺母就不能再转动了,而只能带动摇臂上升。在辅助螺母上升而转动拨叉时,拨叉又转动开关 SQ2 的轴,使触点 SQ2-2 闭合接通 3、8 线段,为夹紧做准备。这时 KM2 的互锁常闭触点断开,接触器 KM3 线圈不会通电。

当摇臂上升到所需的位置时,将十字开关扳回到中间位置,这时接触器 KM2 因线圈断电而释放,其常闭触点（8、10）复位,因为触点 SQ2-2 已经闭合,接触器 KM3 线圈通电而吸合,电动机 M3 反转使辅助螺母向下移动,一方面带动传动条下移而与升降螺母脱离接触,升降螺母又随丝杠空转,摇臂停止上升;另一方面辅助螺母下移时,通过拨叉又使传动松紧装置的轴顺时针方向转动,结果松紧装置将摇臂夹紧;同时,拨叉通过齿轮转动开关

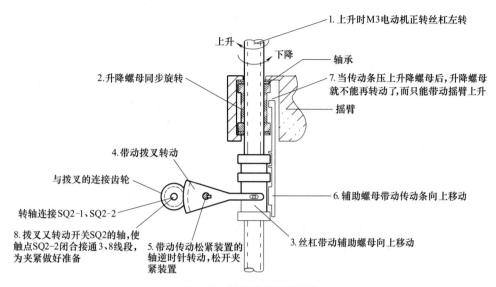

图 7-72 摇臂松紧升降机构

SQ2 的轴，使摇臂夹紧时触点 SQ2-2 断开，接触器 KM3 释放，电动机 M3 停止。

将十字开关扳到下边，微动开关触点 SA1-4 闭合接通 3、9 线段，接触器 KM3 因线圈通电而吸合，电动机 M3 反转，带动升降丝杠反转。开始时，升降螺母也跟着旋转，所以摇臂不会下降。下面的辅助螺母向下移动，通过拨叉使传动松紧装置的轴顺时针方向转动，结果松紧装置也是先将摇臂松开。在辅助螺母向下移动时，带动传动条向下移动。当传动条压住上升螺母后，升降螺母也不转了，带动摇臂下降。辅助螺母下降而转动拨叉时，拨叉又转动组合开关 SQ2 的轴，使触点 SQ2-1 闭合，为夹紧做准备。这时 KM3 的常闭触点 KM3（5、7）是断开的。

当摇臂下降到所需要的位置时，将十字开关扳回到中间位置，这时 SA1-4 断开，接触器 KM3 因线圈断电而释放，其互锁常闭触点复位（5、7），又因触点 SQ2-1 已闭合，接触器 KM2 因线圈通电而吸合，电动机 M3 正转使辅助螺母向上移动，带动传动条上移而与升降螺母脱离接触，升降螺母又随丝杠空转，摇臂停止下降；辅助螺母上移时，通过拨叉使传动松紧装置的轴逆时针方向转动，结果松紧装置将摇臂夹紧；同时，拨叉通过齿轮转动组合开关 SQ2 的轴，使摇臂夹紧时触点 SQ2-1 断开，接触器 KM2 释放，电动机 M3 停止。

上、下极限限位保护：限位开关 SQ1 是用来限制摇臂升降的极限位置。当摇臂上升到极限位置时，SQ1 断开，接触器 KM2 因线圈断电而释放，电动机 M3 停转，摇臂停止上升。当摇臂下降到极限位置，触点 SQ3 断开，接触器 KM3 因线圈断电而释放，电动机 M3 停转，摇臂停止下降。

（4）立柱和主轴箱的松开与夹紧 立柱的松开与夹紧是靠电动机 M4 的正反转通过液压装置来完成的。当需要立柱松开时，可按下按钮 SB1，接触器 KM4 因线圈通电而吸合，电动机 M4 正转，通过齿轮离合器，M4 带动齿轮式油泵旋转，从一定的方向送出高压油，经一定的油路系统和传动机构将外立柱松开。松开后可放开按钮 SB1，电动机停转，即可用手推动摇臂连同外立柱绕内立柱转动。当转动到所需位置时，可按下 SB2，接触器 KM5 因线圈通电而吸合，电动机 M4 反转，通过齿轮式离合器，M4 带动齿轮式离合器反向旋转，从另一方向送出高压油，在液压推动下将立柱夹紧。夹紧后可放开按钮 SB2，接触器 KM5 因线圈断电而释放，电动机 M4 停转。

Z35 型摇臂钻床的主轴箱在摇臂上的松开与夹紧和立柱的松开与夹紧由同一台电动机 M4 和同一液压机构进行。

五、Z3040 型摇臂钻床电气控制

Z3040 型立式摇臂钻床是具有广泛用途的一种万能型钻床，可以在中小型零件上进行钻孔、扩孔、铰孔，刮平面和螺纹等加工作业，配有工艺装备时，还可以镗孔。Z3040 型摇臂钻床的构成如图 7-73 所示；主要由底座、立柱、摇臂、主轴箱、主轴、工作台构成。

主运动：主轴电动机 M1 带动钻头刀具作旋转运动和进给运动，主轴的上、下进给运动。

辅助运动：

① 摇臂围绕立柱作回转运动是由手动操作；

② 摇臂沿立柱作升、降运动由升降电动机 M2 驱动；

③ 主轴箱沿摇臂水平移动是手动操作；

④ 主轴箱与摇臂间的夹紧与放松运动，由液压泵电动机 M3 带动液压系统完成。

摇臂钻床的液压系统如图 7-74 所示。

液压泵采用双向定量泵，由接触器 KM4、KM5 控制液压泵电机 M3 的正、反转。

电磁换向阀 YV 的电磁铁 YA 用于选择夹紧、放松的对象。

电磁铁 YA 线圈不通电时，电磁换向阀 YV 工作在左工位，同时实现主轴箱和立柱的夹紧与放松。

电磁铁 YA 线圈通电时，电磁换向阀 YV 工作在右工位，实现摇臂的夹紧与放松。

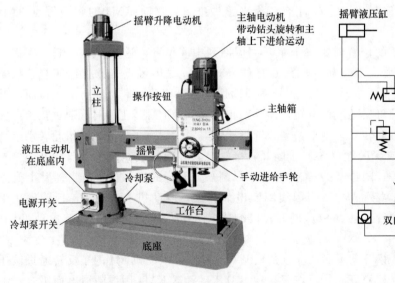

图 7-73　Z3040 型摇臂钻床构造

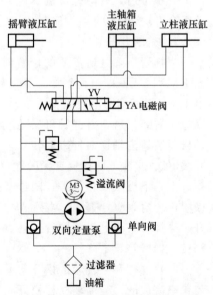

图 7-74　Z3040 型摇臂钻床液压系统

Z3040 型摇臂钻床电气控制原理如图 7-75 所示。

Z3040 型摇臂钻床控制电路由主轴电动机对应 M1 控制电路、摇臂升降电动机 M2 控制电路、立柱夹紧控制电路和工作照明、信号电路组成，图中各电气元件符号及作用说明如表 7-12 所示。

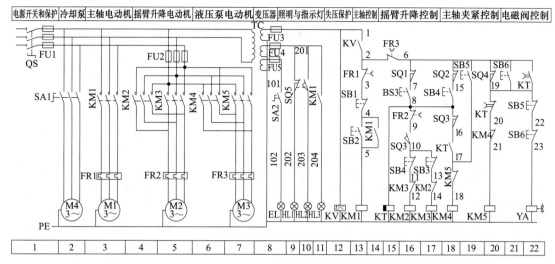

图 7-75　Z3040 型摇臂钻床电气控制原理图

表 7-12　Z3040 型摇臂钻床主要电气元件符号及作用说明

元件符号	名称及用途	元件符号	名称及用途
SB1	主轴停止按钮	QS	电源总开关
SB2	主轴启动按钮	SA1	旋转开关冷却泵通断
SB3	主轴上升点动按钮	SA2	照明灯开关
SB4	主轴下降点动按钮	YA	电磁阀的电磁铁
SB5	主轴松开按钮	FR1～FR3	热继电器
SB6	主轴夹紧按钮	KM1～KM5	交流接触器
SQ1	摇臂上限限位开关	KT	断电延时型时间继电器
SQ2	摇臂下限限位开关	KV	欠电压继电器
SQ3	M2、M3 启动运行转换行程开关	TC	控制变压器
SQ4	摇臂夹紧放松限位开关	EL	工作照明灯
SQ5	信号灯控制行程开关	HL1～HL3	指示灯

特别注意电路图中的时间继电器 KT 是断电延时型，其 3 副触点的动作是：

KT 16 17　通电后瞬时动作的常开触点；

KT 6 19　通电后瞬时闭合断电后延时断开的常开接点；

KT 19 20　通电后瞬时断开断电后延时闭合的常闭接点。

电路分析如图 7-76、图 7-77 所示。

六、Z3040A 型摇臂钻床电气控制

Z3040A 型是 Z3040 型的改进产品：一用断路器取代了原有的熔断器保护功能，二将原

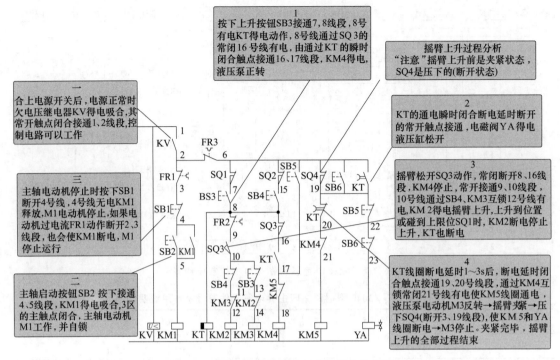

图 7-76 主轴启动和摇臂上升控制电路分析

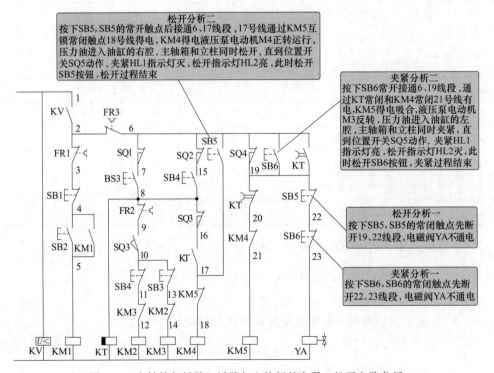

图 7-77 主轴箱与摇臂、摇臂与立柱间的夹紧、松开电路分析

来的主轴箱与摇臂、摇臂与立柱间的同时夹紧、松开控制由一个电磁阀工作，改为由两个电磁阀分别控制的松、紧电路，这样可以保证在加工工件时减少定位的时间。Z3040A 型摇臂钻床的电气控制如图 7-78 所示。主回路结构与主要元件的作用如图 7-79 和表 7-13 所示。

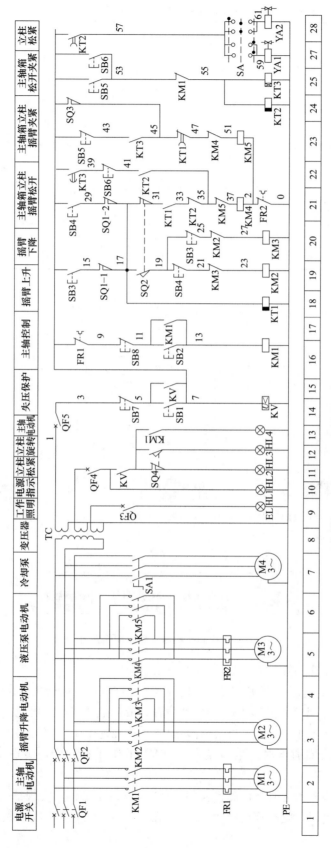

图 7-78 Z3040A 型摇臂钻床电气控制原理图

表 7-13　Z3040A 型摇臂钻床电气元件符号及功能说明

元件符号	名称及用途	元件符号	名称及用途
SB1	钻床启动按钮	SQ2	M2、M3 启动运行转换行程开关
SB2	主轴启动按钮,钻头旋转	SQ3	摇臂放松夹紧行程开关
SB3	摇臂上升点动按钮	SQ4	信号灯转换控制行程开关
SB4	摇臂下降点动按钮	KV	欠电压继电器
SB5	液压泵正转点动按钮	KT1、KT2	断电延时型时间继电器
SB6	液压泵反转点动按钮	KT3	通电延时型时间继电器
SB7	钻床停止按钮	YA1、YA2	电磁阀
SB8	主轴停止按钮,钻头停止	SA	电磁阀切换开关
SQ1-1	摇臂上升限位开关	EL	照明灯
SQ1-2	摇臂下降限位开关	HL1～HL4	信号指示灯

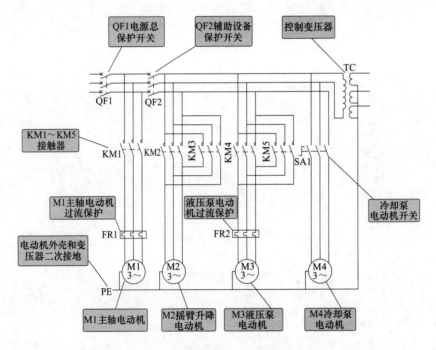

图 7-79　主回路结构与主要元件的作用

Z3040A 型摇臂钻床的液压系统如图 7-80 所示。

液压泵采用双向定量泵,由接触器 KM4、KM5 控制液压泵电动机 M3 的正、反转。

电磁换向阀的电由电磁铁 YA 控制导通的位置,液压缸活塞运动实现夹紧、放松。

电磁铁 YA1 线圈不通电时,电磁换向阀 YV1 工作在左工位,同时实现主轴箱和立柱的夹紧。电磁铁 YA1 线圈通电时,电磁换向阀 YV1 工作在右工位,实现主轴箱和立柱的放松。

电磁铁 YA2 线圈不通电时,电磁换向阀 YV2 工作在左工位,实现摇臂与立柱的夹紧。电磁铁 YA2 线圈通电时,电磁换向阀 YV2 工作在右工位,实现摇臂与立柱的放松。

Z3040A 型摇臂钻床控制分析如图7-81所示。

1. 钻床启动分析点①→②→③

① 当钻床的总电源开关 QF1 和 QF2 合上之后，控制变压器投入运行，QF5 断路器起到分合控制电源的作用，钻床不工作时应当拉开 QF5。

② 失压保护启动，SB1、SB7、KV 组成一个运行电路，按下 SB1 接通 5、7 线段，7 号线有电使 KV 得电吸合，KV 的常开触点同时接通 5、7 线段实现自锁功能。

③ 当电压达不到 KV 继电器的保持电压时，KV 释放断开 7 号线，使控制电路因无电压而不能工作。

2. 主轴启动分析点④

④ 主轴启动电路是由 FR1、SB2、SB8、KM1 组成的一个单方向运行电路。

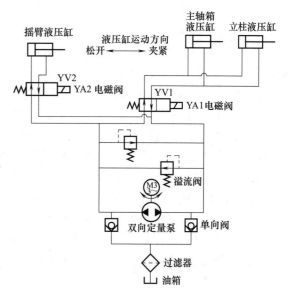

图 7-80　Z3040A 型摇臂钻床的液压系统

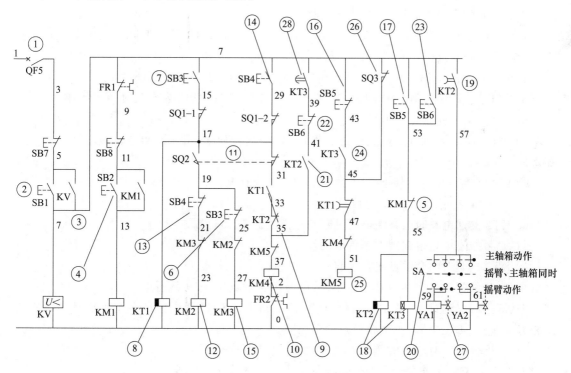

图 7-81　Z3040A 型摇臂钻控制分析参考点

3. 摇臂上升动作分析点⑥→⑦→⑧→⑨→⑩→⑪→⑫

⑥ 摇臂上升时的操作按钮是 SB3，按下 SB3 时 SB3 的常闭触点首先断开 19、25 线段，KM3（升降电动机反转接触器）不能动作。

⑦ SB3 的常开触点后接通 7、15 线段，15 号线通过 SQ1-1 常闭使 17 号线有电。

⑧ 时间继电器 KT1 得电动作。

⑨ KT1 的瞬时闭合触点接通 31、33 线段。

⑩ 33 号线通过 KT2 常闭、KM5 常闭使 37 号线有电，KM4 得电吸合，液压泵电动机正向旋转，带动松紧机构松开。

⑪ 当松开到位时 SQ2 动作，SQ2 的常闭触点断开 17、31 线段，液压泵电动机 M3 停止运行，SQ2 的常开触点后接通 17、19 线段。

⑫ 19 号线有电通过 SB4 常闭、KM3 常闭，使 KM2 得电吸合，升降电动机正转，摇臂开始上升。上升到位松开 SB3，KM2 断电停止运行。

4. 摇臂下降动作分析点⑬⑭⑧⑨⑩⑪⑮

⑬ 摇臂下降时的操作按钮是 SB4，按下 SB4 时 SB4 的常闭触点首先断开 19、21 线段，KM2（升降电动机正转接触器）不能动作。

⑭ SB4 的常开触点后接通 7、29 线段，29 号线通过 SQ1-2 常闭使 17 号线有电。

⑧ 17 号线有电时间继电器 KT1 得电动作。

⑨ KT1 的瞬时闭合触点接通 31、33 线段。

⑩ 33 号线通过 KT2 常闭、KM5 常闭使 37 号线有电，KM4 得电吸合，液压泵电动机正向旋转，带动松紧机构松开。

⑪ 当松开到位时 SQ2 动作，SQ2 的常闭触点断开 17、31 线段，液压泵电动机 M3 停止运行，SQ2 的常开触点后接通 17、19 线段。

⑮ 19 号线有电通过 SB3 常闭、KM2 常闭，使 KM3 得电吸合，升降电动机反转，摇臂开始下降。下降到位松开 SB4，KM3 断电停止运行。

5. 主轴箱松开动作分析点⑳→⑯→⑰→⑱→⑲→⑳→㉘→㉑→⑩→㉖

主轴箱松开动作必须是在主轴电动机停止状态下 KM1⑤常闭复位后才可以操作。

⑳ 用 SA 开关选择动作项目。

⑯ 按 SB5，SB5 的常闭触点首先断开 7、43 线段，使 KM5 不能得电，液压泵电动机反转不能动作。

⑰ SB5 的常开触点后接通 7、53 线段，53 号线有电。

⑱ 53 号线通过 KM1 的常闭触点，使时间继电器 KT2 和 KT3 得电工作。

⑲ KT2 的通电瞬时闭合断电延时断开触点接通 7、57 线段。

⑳ 57 号线有电，电磁阀 YA 得电动作。

㉘ KT3 的延时闭合触点闭合接通 7、39 线段。

㉑ 39 号线通过 SB6 的常闭和 KT2 的瞬时闭合触点使 35 号线得电。

⑩ 35 号线又通过 KM5 的常闭触点使 KM4 得电，KM4 得电液压泵电动机正转，液压缸松开，松开 SB5 按钮，主轴箱松开动作完成。

㉖ 松开动作完成 SQ3 常闭断开为夹紧操作做好准备。

6. 主轴箱夹紧动作分析点㉒→㉓→⑱→⑲→㉗→㉔→㉕→㉖

主轴箱夹紧动作必须是在主轴电动机停止状态下 KM1⑤常闭复位后才可以操作

㉒ 按下 SB6，SB6 的常闭触点首先断开 39、41 线段，禁止液压泵电动机正转接触器 KM4 动作。

㉓ SB6 的常开触点后接通 7、53 线段，53 号线有电。

⑱ 53 号线通过 KM1 的常闭触点，使时间继电器 KT2 和 KT3 得电工作。

⑲ KT2 的通电瞬时闭合断电延时断开触点接通 7、57 线段。

㉗ 57 号线有电，电磁阀 YA 得电动作。

㉔ KT3 的瞬时闭合触点接通 43、45 线段。

㉕ 45 号线通过 KT1 常闭和 KM4 常闭，使 KM5 得电，液压泵电动机反转运行，液压缸夹紧，松开 SB6 夹紧操作完成。

㉖ 夹紧完成 SQ3 复位，保持液压泵反转液压缸始终处于夹紧状态。

七、Z3050 型摇臂钻床电气控制

Z3050 型立式摇臂钻床是具有广泛用途的一种万能型钻床，可以在中小型零件上进行钻孔、扩孔、铰孔、刮平面和螺纹等加工作业，配有工艺装备时还可以进行镗孔，Z3050 型钻床具有精度高、稳定性好、使用寿命和保护装置完善等优点，Z3050 型摇臂钻床的电气控制线路如图 7-82 所示。

表 7-14 所示为电气元件符号及用途说明。

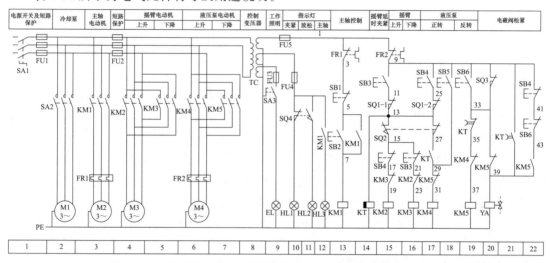

图 7-82　Z3050 型摇臂钻床电气控制原理图

表 7-14　电气元件符号及用途说明

元件符号	名称及用途	元件符号	名称及用途
SB1	主轴停止按钮	SQ3	摇臂放松夹紧行程开关
SB2	主轴启动按钮	SQ4	信号灯控制行程开关
SB3	摇臂上升点动按钮	KT	断电型时间继电器
SB4	摇臂下降点动按钮	YA	电磁阀
SB5	液压泵正转点动按钮	TC	控制变压器
SB6	液压泵反转点动按钮	SA1～SA3	控制开关
SQ1-1	摇臂上升限位开关	FU1～FU5	熔断器
SQ1-2	摇臂下降限位开关	EL	照明灯
SQ2	摇臂升降电动机、液压泵电动机转换开关	HL1～HL3	信号灯

Z3050 型钻床控制动作分析点如图 7-83 所示。

1. **主轴控制点** ①→②→③→④

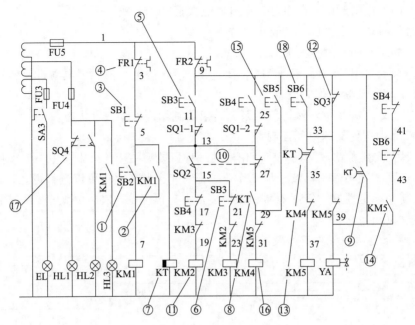

图 7-83　Z3050 型钻床控制动作分析点

① SB2 是主轴启动按钮，按下 SB2，SB2 的常开触点接通 5、7 号线段，7 号线有电使 KM1 得电吸合，KM1 在 3 区的主触点闭合，主轴电动机旋转工作。

② KM1 的辅助常开触点同时闭合接通 5、7 线段，实现 KM1 的自锁保持运行状态。

③④ SB1 是停止控制按钮，FR1 是热继电器接点，它们都是常闭触点，动作时都能断开 7 号线的电源，使 KM1 失电触点释放，电动机停止运行。

2. 摇臂上升控制点 ⑤→⑥→⑦→⑧→⑨→⑩→⑪→⑫→⑬→⑭

⑤ 摇臂上升时按下 SB3，SB3 的常闭触点⑥首先断开了 15、21 线段，切断 KM3 的线圈回路的电源，禁止 KM3 动作。SB3 的常开触点后接通 9、11 线段，11 号线得电。

⑦ 11 号线有电，KT 时间继电器得电动作。

⑧ KT 的瞬时闭合触点接通 27、29 线段，使 KM4 得电吸合，KM4 的主触点闭合（6 区），液压泵电动机正转启动。

⑨ 时间继电器 KT 的瞬时闭合延时断开触点接通 9、39 线段，电磁阀 YA 得电，正向液压油通过二位六通阀进入摇臂松开液压缸，摇臂开始松开。

⑩ 摇臂放松后通过活塞杆压下行程开关 SQ2，使 SQ2 动作，SQ2 的常闭触点断开 13、27 线段，接触器 KM4 失电释放液压泵电动机停止，SQ2 的常开触点接通 13、15 线段。

⑪ 15 号线有电，通过 SB4 常闭和 KM3 常闭使 19 号线有电，并使 KM2 得电吸合，KM2 的主触点（4 区）接通摇臂电动机正转接触器，带动摇臂上升。当上升到要求位置时松开 SB3，上升操作停止，但上升过程并没有结束。

⑫（注意摇臂在工作和停用状态时是处于夹紧状态，所以 SQ3 是处于断开位置）当摇臂放松到位时，活塞杆也压下行程开关 SQ3，SQ3 复位接通 9、33 线段为摇臂夹紧做好准备。

松开 SB3 按钮断开了 11 号线的电源，时间继电器 KT 和 KM2 失电，上升电动机停止，KT 的瞬时触点复位断开了 27、29 线段，KM4 线圈失电，液压泵正转停止。

⑬ 由于 KT 是断电延时型时间继电器，其触点仍然接通 33、35 线段，使 KM5 得电吸合，液压泵电动机反转。

⑭ KM5 的常开触点接通 43、39 线段，YA 电磁阀得电，液压油通过二位六通阀反向油压进入摇臂夹紧液压缸，驱动摇臂夹紧，摇臂夹紧后行程开关 SQ3 复位断开 KM5 电源，液压泵停止，SQ2 复位为下一次摇臂升降做好准备，这时摇臂上升过程全部结束。

摇臂的下降过程与摇臂的上升过程相同，只是所控制的接触器由 KM2 改成 KM3，M3 电动机反转摇臂下降，当摇臂需要下降时按下控制按钮 SB4，其控制过程请读者自行分析。

3. 立柱和主轴箱的松开动作分析点⑮→⑯→⑰

⑮ 当需要立柱和主轴箱松开时，按下 SB5 按钮，SB5 接通 9、29 线段。

⑯ 29 号线通过 KM5 的互锁常闭触点，使 KM4 得电吸合，液压泵电动机正转运行，给液压缸供正向液压油。

⑰ 松开立柱和主轴箱后，信号灯行程开关 SQ4 动作，松开指示灯 HL2 亮。

4. 立柱和主轴箱的夹紧动作分析点⑱→⑯→⑰

⑱ 当需要立柱和主轴箱夹紧时，按下 SB6 按钮，SB6 接通 9、33 线段。

⑯ 33 号线通过 KT 的常闭触点和 KM4 互锁触点，使 KM5 得电吸合，液压泵电动机反转运行，给液压缸供反向液压油。

⑰ 立柱和主轴箱夹紧后，信号灯行程开关 SQ4 复位，夹紧指示灯 HL1 亮。

第五节　铣床电气控制

铣床是用铣刀对工件进行铣削加工的机床。在铣床上可以加工平面（水平面、垂直面）、沟槽（键槽、T 形槽、燕尾槽等）、分齿零件［齿轮、花键轴、链轮、螺旋形表面（螺纹、螺旋槽）］及各种曲面，如图 7-84 所示。此外，还可用于对回转体表面、内孔加工及进行切断工作等，效率较刨床高，在机械制造和修理部门得到广泛应用。

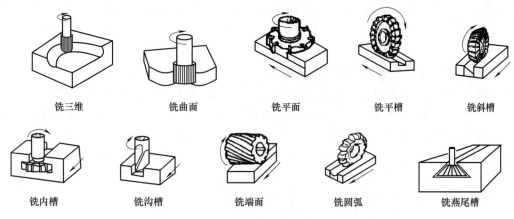

铣三维　　　铣曲面　　　铣平面　　　铣平槽　　　铣斜槽

铣内槽　　　铣沟槽　　　铣端面　　　铣圆弧　　　铣燕尾槽

图 7-84　铣床典型的加工

一、X6132 型卧式铣床电气控制

铣床在工作时，工件装在工作台上或分度头等附件上，铣刀旋转为主运动，辅以工作台或铣头的进给运动，工件即可获得所需的加工表面。由于是多刀断续切削，因而铣床的生产率较高。

铣床种类很多，一般是按布局形式和适用范围加以区分，主要的有升降台铣床、龙门铣床、单柱铣床和单臂铣床、仪表铣床、工具铣床等。图 7-85 是卧式铣床构造。

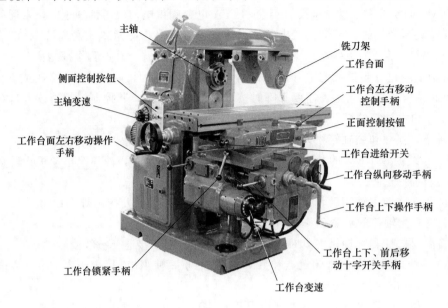

图 7-85　X6132 型卧式铣床构造

升降台铣床有万能式、卧式和立式几种，主要用于加工中小型零件，应用最广；龙门铣床包括龙门铣镗床、龙门铣刨床和双柱铣床，均用于加工大型零件；单柱铣床的水平铣头可沿立柱导轨移动，工作台作纵向进给；单臂铣床的立铣头可沿悬臂导轨水平移动，悬臂也可沿立柱导轨调整高度。单柱铣床和单臂铣床均用于加工大型零件。

X6132 型卧式铣床是一种应用很广泛的铣床，X6132 型卧式铣床的电气控制如图 7-86 所示。

图 7-87 为 X6132 型卧式万能铣床主轴启动、停止、变速冲动、主轴换刀控制分析点。

图 7-88 所示为 X6132 型卧式万能铣床工作台左、右进给控制分析点。

图 7-89 所示为 X6132 型卧式万能铣床工作台向前、上、后、下进给，工作台变速冲动控制分析点。

二、XA6132 型卧式万能铣床电气控制

XA6132 型卧式万能铣床是 X6132 型铣床的改进型，主要由床身、底座、悬梁、刀杆刀架、升降台、溜板和工作台等部件组成，可以用各种圆柱铣刀、圆片铣刀、角度铣刀、成型铣刀和端面铣刀加工各种平面、斜面、沟槽、齿轮等工件，还可以使用万能铣刀、圆工作台、分度头等铣床附件扩大加工范围，XA6132 型卧式万能铣床的电气控制原理如图 7-90 所示。

表 7-15 所示为 XA6132 型卧式万能铣床电气控制主要元件名称及用途。

图 7-91 所示为 XA6132 型卧式万能铣床主轴控制分析。

图 7-92 所示为 XA6132 型卧式万能铣床进给、快速控制分析。

三、X62W 型万能铣床电气控制

X62W 型是一种使用很广泛的金属加工机床，主要由床身、底座、悬梁、刀杆刀架、升降台、溜板和工作台等部件组成，可以用各种圆柱铣刀、圆片铣刀、角度铣刀、成型铣刀和端面铣刀加工各种平面、斜面、沟槽、齿轮等工件，还可以使用万能铣刀、圆工作台、分度头等铣床附件扩大加工范围，X62W 型卧式万能铣床的电气控制原理如图 7-93 所示。

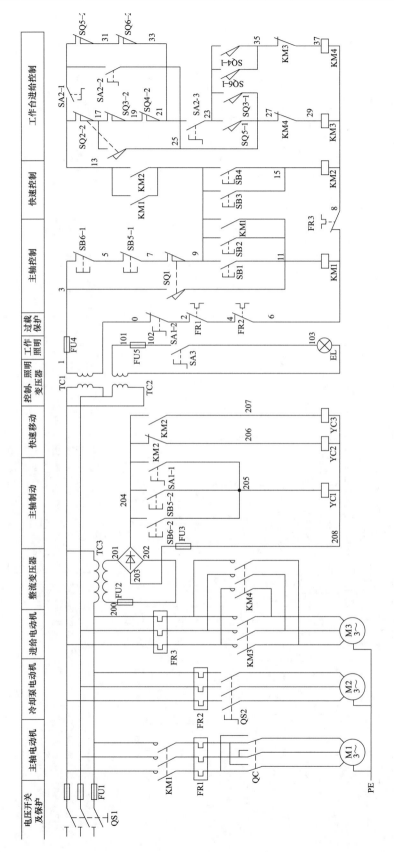

图 7-86　X6132 型卧式万能铣床电气控制原理图

X6132 型卧式万能铣床主要电气元件功能 QS1—电源开关；KM1—主轴接触器；QC—主轴制动电磁离合器；YC1—主轴制动电磁铁；YC2、YC3—快速移动电磁铁；SB1、SB2—主轴两地启动按钮；SB3、SB4—快速进给电动机两地点动控制；SB5、SB6—主轴电动机两地停止按钮；SA1—主轴换刀保护开关；SA2—圆工作台控制开关；SA3—工作照明灯开关；SQ1—主轴变速冲动控制；SQ2—进给电动机转换开关；SQ3—向后；SQ4—向前；SQ5—向左；SQ6—向右；TC1—整流变压器；TC2—照明变压器；TC3—控制变压器；FU1～FU5—熔断器；EL—工作灯。关；FR1～FR3—热继电器；YC1—主轴制动电磁铁；QS2—冷却泵开关，反转运行转换开关；QS2—冷却泵开

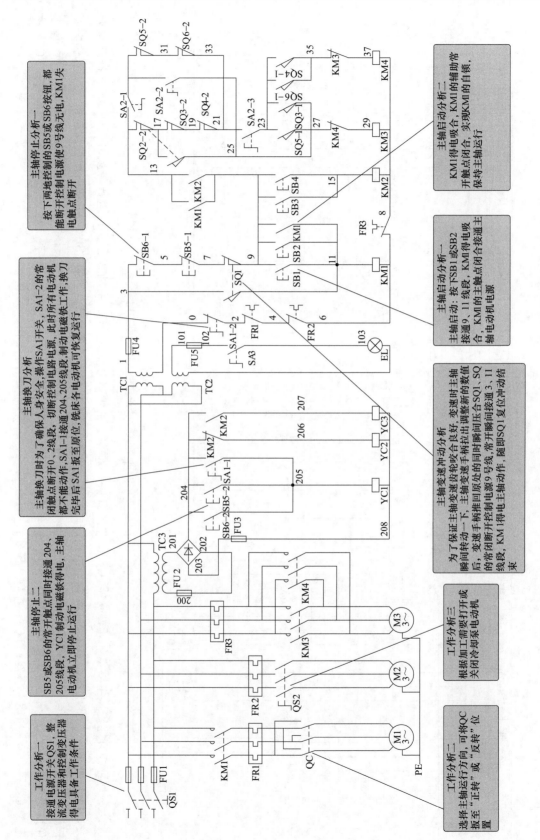

主轴停止分析一

按下两地控制的SB5或SB6按钮，都能断开控制电源使9号线无电，KM1失电触点断开

主轴启动分析二

KM1得电吸合，KM1的辅助常开触点闭合，实现KM1的自锁，保持主轴运行

主轴换刀分析

主轴换刀时为了确保人身安全，操作SA1开关，SA1-2的常闭触点断开0、2线段，切断所有控制电源，此时所有电动机都不能动作，SA1-1接通204、205线段，制动电磁铁工作，换刀完毕后SA1扳至原位，铣床各电动机可恢复运行

主轴启动分析一

主轴启动：按下SB1或SB2接通9、11线段，KM1得电吸合，KM1的主触点闭合接通主轴电动机电源

主轴停止分析二

SB5或SB6的常开触点同时接通204、205线段，YC1制动电磁铁得电，主轴电动机立即停止运行

主轴变速冲动分析

为了保证主轴变速齿轮啮合良好，变速时主轴瞬间转动一下，主轴变速手柄应拉出调整新的数值后，变速手柄推回原处的同时瞬间压合SQ1，SQ1的常闭触点断开瞬间接通3、11线段，KM1得电主轴瞬间动作，随即SQ1复位冲动结束

工作分析一

接通电源开关QS1，整流变压器和控制变压器得电具备工作条件

工作分析三

根据加工需要打开或关闭冷却泵电动机

工作分析二

选择主轴运行方向，可将QC扳至"正转"或"反转"位置

图7-87　X6132型卧式万能铣床主轴启动、停止、变速冲动、主轴换刀控制分析

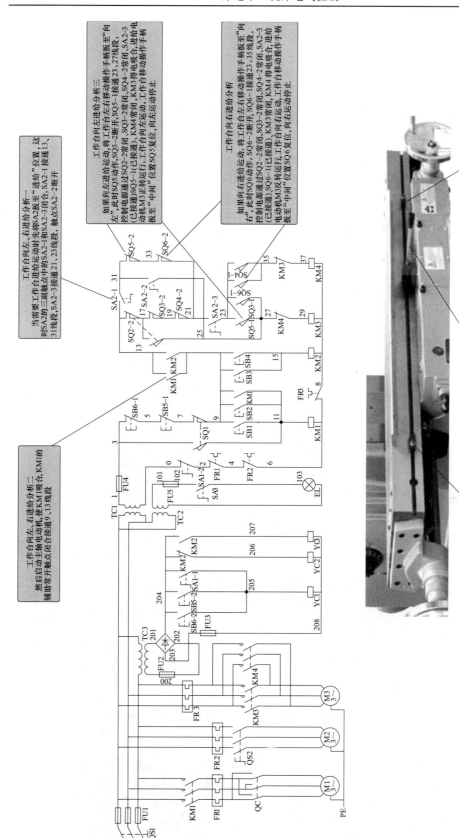

图 7-88　X6132 型卧式万能铣床工作台左、右进给控制分析点

X6132 型铣床的工作台左右移动限位是通过安装在工作台上的挡铁来实现的。当工作台移动到左右端位置时，挡铁撞击工作台左右操作手柄，使其手柄转换到"中间"位置，工作台就会自动停止向左或向右进给运动，从而起到工作台左右移动的限位保护

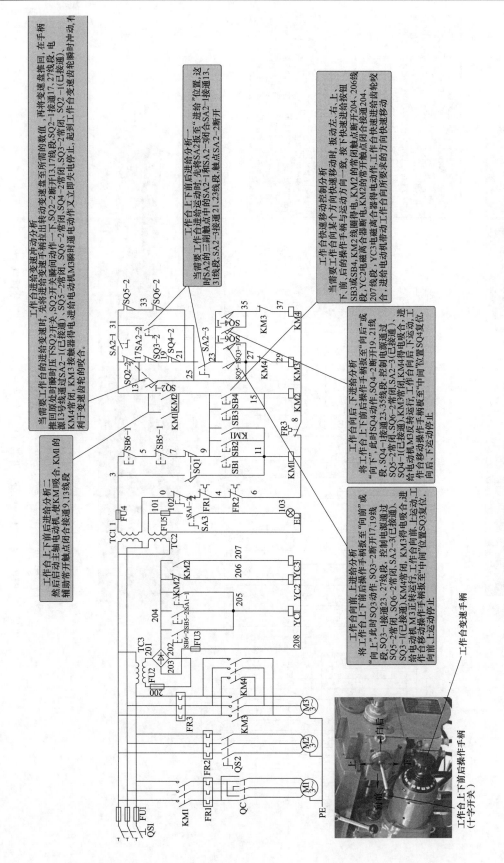

图 7-89　X6132 型卧式万能铣床工作台向前、上、后、下进给、工作台变速冲动控制分析点

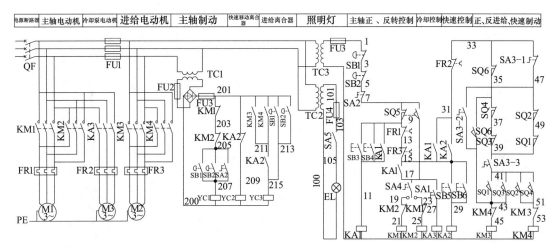

图 7-90　XA6132 型卧式万能铣床电气控制原理图

表 7-15　XA6132 型卧式万能铣床电气控制主要元件名称及用途

元件符号	名　称	用　途
M1	电动机	铣床主轴电动机,刀具工作动力
M2	电动机	铣床工作进给动力
M3	电动机	冷却泵动力,保证冷却液循环
KM1	交流接触器	主轴电动机正向运行
KM2	交流接触器	主轴电动机反转运行
KM3	交流接触器	进给电动机正转运行
KM4	交流接触器	进给电动机反转运行
SB1、SB2	按钮	主轴两地停止按钮
SB3、SB4	按钮	主轴两地启动按钮
SB5、SB6	按钮	快速进给两地控制点动按钮
SA1	旋转开关	冷却泵开关
SA2	旋转开关	主轴换刀开关
SA3	旋转开关	圆工作台开关
SA4	旋转开关	主轴正反转切换开关
SA5	旋转开关	照明开关
SQ1～SQ4	限位开关	工作台进给限位
SQ5	限位开关	主轴冲动控制
YC1	电磁离合器	主轴制动
YC2	电磁离合器	快速移动离合器
YC3	电磁离合器	进给离合器
FR1～FR3	热继电器	电动机过载保护
TC1～TC3	变压器	TC1—整流变压器、TC2—照明变压器、TC3—控制变压器
FU1～FU4	熔断器	线路短路保护

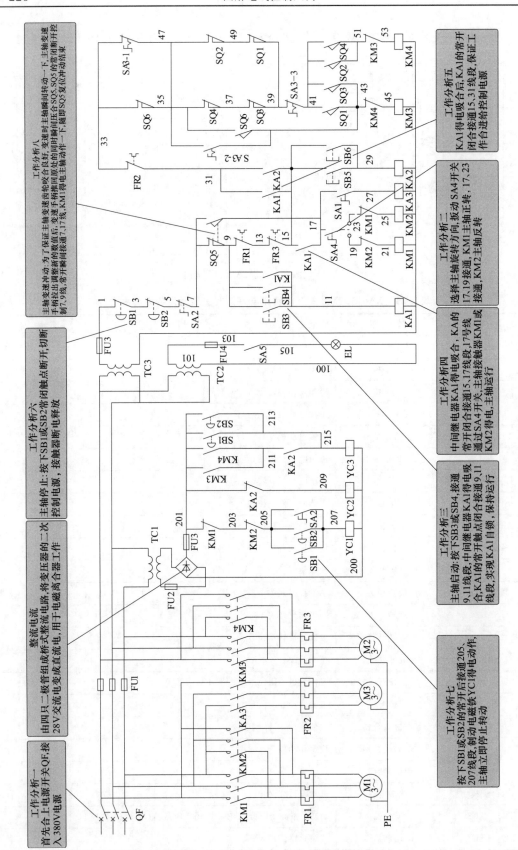

图 7-91　XA6132 型卧式万能铣床主轴控制分析

工作分析一
首先合上电源开关 QF；接入 380V 电源

整流电流
由四只二极管组成桥式整流电路，将变压器的二次 28V 交流电变成直流电，用于电磁离合器工作

工作分析六
主轴停止：按下 SB1 或 SB2 常闭触点断开，切断控制电源，接触器断电释放

工作分析八
主轴变速冲动：为了保证主轴变速齿轮啮合良好，变速时主轴瞬间转动一下。主轴变速手柄拉出调整新的数值后，变速手柄推回原处的同时压合 SQ5，SQ5 的常闭触点断开控制 7、9 线，常开瞬间接通 7、17 线，KM1 得电主轴瞬动一下随即 SQ5 复位冲动结果

工作分析五
KA1 得电吸合后，KA1 的常开闭合接通 15、31 线段，保证工作合进给控制电源

工作分析二
选择主轴旋转方向，扳动 SA4 开关 17、19接通，KM1 主轴正转 17、23接通，KM2 主轴反转

工作分析四
中间继电器 KA1 得电吸合，KA 的常开闭合接通 15、17 线段，17 号线常开闭合接通 SA4 开关，主轴接触器 KM1 或 KM2 得电，主轴运行

工作分析三
主轴启动：按下 SB3 或 SB4，接通 9、11 线段，中间继电器 KA1 得电吸合，KA1 的常开触点闭合接通 9、11 线段，实现 KA1 自锁，主轴运行

工作分析七
按下 SB1 或 SB2 的常开开关后接通 205、207 线段，制动电磁铁 YC1 得电动作，主轴立即停止转动

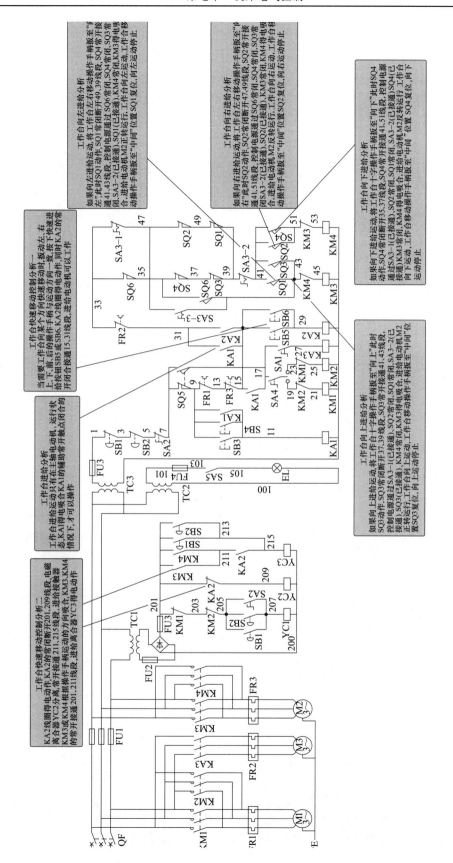

图 7-92 XA6132 型卧式万能铣床进给、快速控制分析

表 7-16 所示为 X62W 型卧式万能铣床电气控制主要元件名称及用途。

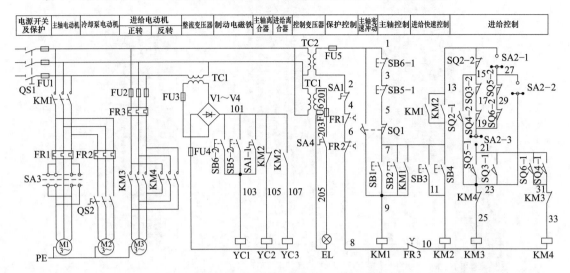

图 7-93　X62W 型卧式万能铣床电气控制原理图

表 7-16　X62W 型卧式万能铣床电气控制主要元件名称及用途

元件符号	名称	用途
M1	电动机	铣床主轴电动机，刀具工作动力
M2	电动机	冷却泵动力，保证冷却液循环
M3	电动机	铣床工作进给动力
KM1	交流接触器	主轴电动机正向运行
KM2	交流接触器	主轴变速冲动控制
KM3	交流接触器	进给电动机正转运行
KM4	交流接触器	进给电动机反转运行
SB1、SB2	按钮	主轴两地启动按钮
SB5、SB6	按钮	主轴两地停止按钮
SB3、SB4	按钮	快速进给两地控制点动按钮
SA1	旋转开关	主轴换刀开关
SA2	旋转开关	圆工作台控制开关
SA3	旋转开关	主轴正反转变换开关
SA4	旋转开关	工作照明开关
QS1	旋转开关	总电源开关
QS2	限位开关	冷却泵开关
SQ1	限位开关	主轴冲动控制
SQ2	限位开关	进给变速冲动控制
SQ3～SQ6	限位开关	进给控制开关
YC3	电磁离合器	进给离合器
FR1～FR3	热继电器	电动机过载保护
TC1～TC3	变压器	TC1—整流变压器、TC2—控制变压器、TC3—照明变压器

图 7-94 所示为 X62W 型卧式万能铣床主轴启动、变速、停止动作分析。

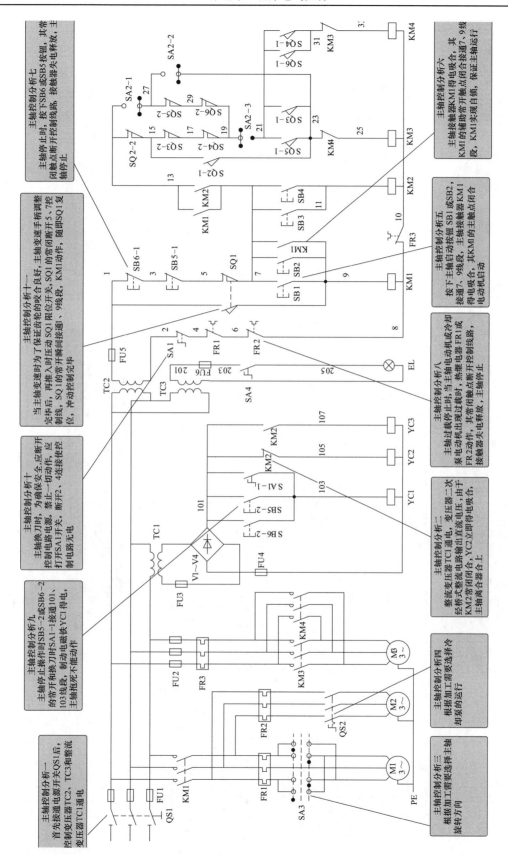

图 7-94　X62W 型卧式万能铣床主轴启动、变速、停止动作分析

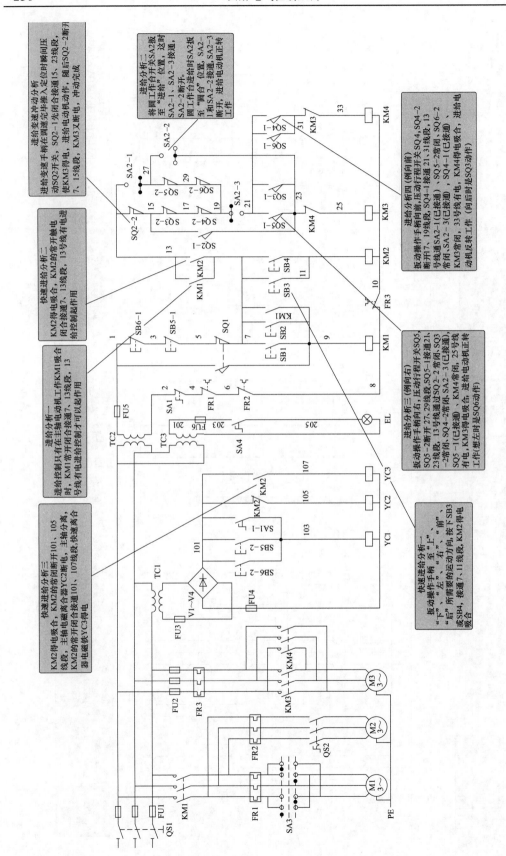

进给变速冲动分析
进给变速手柄在调速完毕再推入定位时瞬间压动SQ2开关，SQ2－1先闭合调速通15、23线段，这时合上接通，进给电动机动作，随后SQ2－2断开，使KM3得电，进给电动机正转7、15线段，KM3又断电，冲动完成

进给分析二
将圆工作台进给SA2板至"进给"位置，这时SA2－1、SA2－3接通，SA2－2断开，圆工作台进给时SA2板至"圆台"位置，SA2－1和SA2－2接通，SA2－3断开，进给电动机正转工作

进给分析四（例向前）
扳动操作手柄向前，压动行程开关SQ4、SQ4－2断开7、19线段，SQ4－1接通21、31线段，13号线通过SA2－1（已接通），SA2－3（已接通），SQ5－2常闭、SQ6－2常闭，SQ5－1（已接通），SQ4－1（已接通），33号线有电，KM4得电吸合，进给电动机反转工作（向后是SQ3动作）

快速进给分析二
KM2得电吸合，KM2的常开触电闭合接通7、13线段，13号线有进给控制起作用

进给分析一
进给控制只有在主轴电动机工作时KM1吸合，13号线有电进给控制才可以起作用

进给分析三（例向右）
扳动操作手柄向右，压动行程开关SQ5，SQ5－2断开7、29线段SQ5－1接通21、23线段，13号线通过SQ2－2常闭，SQ3－2常闭，SA2－3（已接通），SQ5－1（已接通），25号线有电，KM3得电吸合，进给电动机正转工作（想左时是SQ6动作）

快速进给分析一
扳动操作手柄至"上"、"下"、"左"、"右"、"前"、"后"所需要的运动方向，按下SB3或SB4，接通7、11线段，KM2得电吸合

快速进给分析三
KM2得电吸合，KM2的常闭断开101、105线段，主轴电磁离合器YC2断电，主轴分离，KM2的常开闭合接通101、107线段，快速电磁器电磁铁YC3得电

图 7-95 所示为 X62W 型卧式万能铣床进给、快速、变速冲动控制分析。

四、X8120 型万能工具铣床电气控制

X8120 型万能工具铣床适用于加工各种刀具、夹具、冲模、压模等中小型模具及其他复杂零件，而且借助附件能完成圆弧、齿条、齿轮、花键等零件加工，具有应用广泛、精度高、操作简便等优点，X8120 型万能工具铣床电气控制原理如图 7-96 所示。

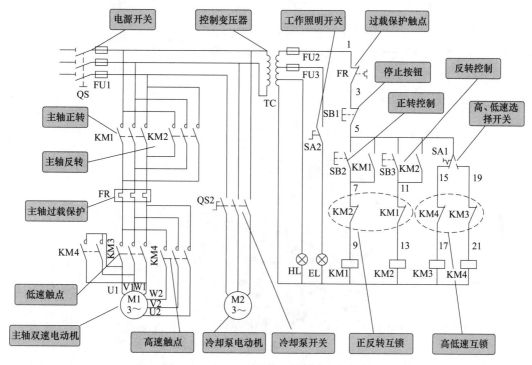

图 7-96　X8120 型万能工具铣床电气控制

X8120 型万能工具铣床工作原理如下。

主轴电动机采用正反转双速控制电路结构，在实际应用中根据加工需求扳动 SA1 开关选择"低速"或"高速"，"低速"时 SA1 开关 5、15 接通，KM3 接触器得电吸合，接主轴电动机 U1、V1、W1 端，这时主轴电动机呈△形连接；"高速"时 SA1 开关 5、19 接通，KM4 接触器得电吸合，接主轴电动机 U2、V2、W2 端，这时主轴电动机呈 YY 形连接。

当 KM1 和 KM3 同时得电吸合时，主轴电动机 M1 正转低速运行；当 KM1 和 KM4 同时得电吸合时，主轴电动机 M1 正转高速运行；当 KM2 和 KM3 同时得电吸合时，主轴电动机 M1 反转低速运行；KM2 和 KM4 同时得电吸合时，主轴电动机 M1 反转高速运行。热继电器 FR 实现对主轴电动机过载保护。

主轴电动机正反转和高低速控制电路采取串联对应接触器常闭触点的互锁保护电路接线。

合上电源开关 QS 后，控制变压器 TC 得电，变压器二次绕组端输出 110V 交流电压给控制电路供电，另外 24V 交流电压为机床工作照明灯供电，6V 交流电为信号灯电路电压。

五、X5032 型立式铣床电气控制

X5032 型立式铣床属于铣床中广泛应用的一种机床，是一种强力金属切削机，该机床刚性强，进给变速范围广，能承受重负荷切削。图 7-97 是 X5032 型立式铣床构造。

　　X5032 型立式铣床主轴锥孔可直接或通过附件安装各种圆柱铣刀、圆片铣刀、成型铣刀、端面铣刀等，适于加工各种零件的平面、斜面、沟槽、孔等，是机械制造、模具、仪器、仪表、汽车、摩托车等行业的理想加工设备。铣床的立式铣头可在垂直平面内顺、逆回转调整 ±45°，拓展机床的加工范围；主轴轴承为圆锥滚子轴承，承载能力强，且主轴采用能耗制动，制动转矩大，停止迅速、可靠。

　　X5032 型立式铣床工作台 $X/Y/Z$ 向由手动进给、机动进给和机动快进三种，进给速度能满足不同的加工要求；快速进给可使工件迅速到达加工位置，加工方便、快捷，缩短非加工时间。X5032 型立式铣床的电气控制原理如图 7-98 所示。

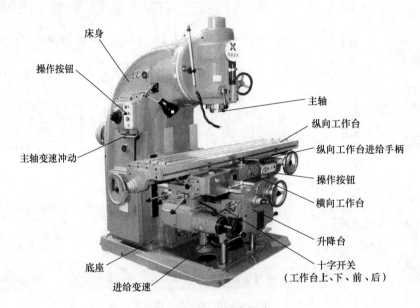

图 7-97　立式铣床构造

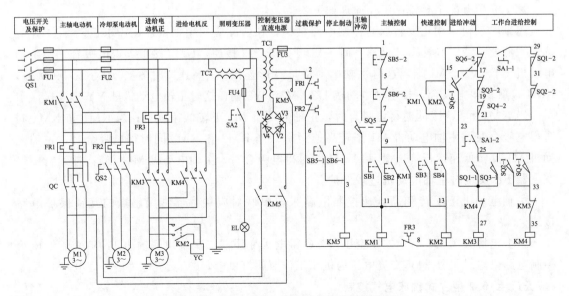

图 7-98　X5032 型立式铣床电气控制原理图

　　图 7-99 所示为 X5032 型立式铣床电气控制主要元件名称及用途。

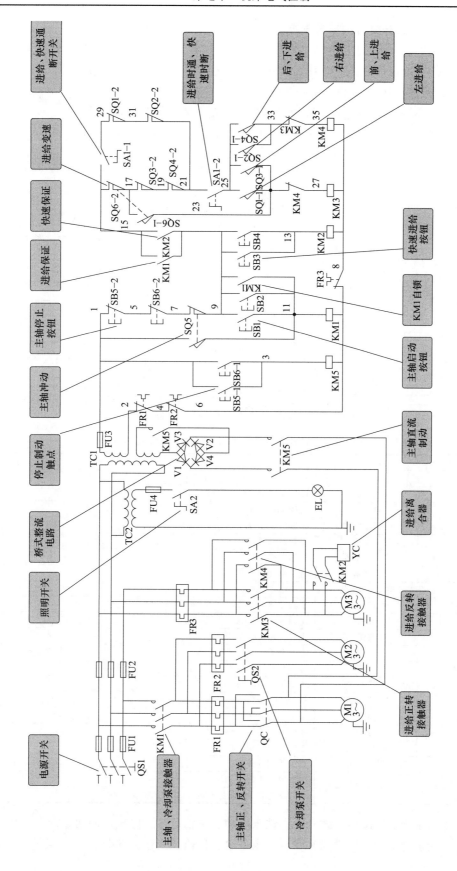

图 7-99　X5032 型立式铣床电气控制主要元件名称及用途

六、X52K 型立式升降台铣床电气控制

X52K 型立式升降台铣床适用于各种圆柱铣刀、棒状铣刀、角度铣刀和端面铣刀加工平面、斜面、沟槽和齿轮等工件，而且安装分度头后还可以铣切直线齿轮等零件。X52K 型立式升降台铣床电气控制原理如图 7-100 所示。

图 7-17 所示为 X52K 型立式升降台铣床电气控制主要元件名称及用途。

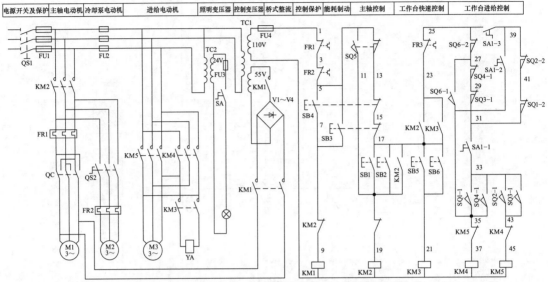

图 7-100　X52K 型立式升降台铣床电气控制原理图

表 7-17　X52K 型立式升降台铣床电气控制主要元件名称及用途

元件符号	名称	用途
M1	电动机	铣床主轴电动机,刀具工作动力
M2	电动机	冷却泵动力,保证冷却液循环
M3	电动机	铣床工作进给动力
KM1	交流接触器	主轴电动机制动
KM2	交流接触器	主轴电动机控制
KM3	交流接触器	快速进给控制
KM4	交流接触器	进给电动机正转运行
KM5	交流接触器	进给电动机反转运行
SB1、SB2	按钮	主轴两地启动按钮
SB3、SB4	按钮	主轴两地停止制动按钮
SB5、SB6	按钮	工作台快速控制按钮
QS1	开关	电源开关
QS2	开关	冷却泵开关
QC	转换开关	主轴正反转转换开关
YA	电磁离合器	进给、快速离合器
SA1	转换开关	圆工作台应用开关
SQ5	限位开关	主轴冲动控制
SQ6	限位开关	进给变速冲动控制
SQ1~SQ4	限位开关	进给控制开关
V1~V4	二极管	主轴电动机能耗制动
TC1、TC2	变压器	TC1 为控制、整流变压器,TC2 为照明变压器

图 7-101 所示为 X52K 型立式升降台铣床启动、主轴运行、停止、冲动分析。

图 7-102 所示为 X52K 型立式升降台铣床进给、快速、变速冲动分析。

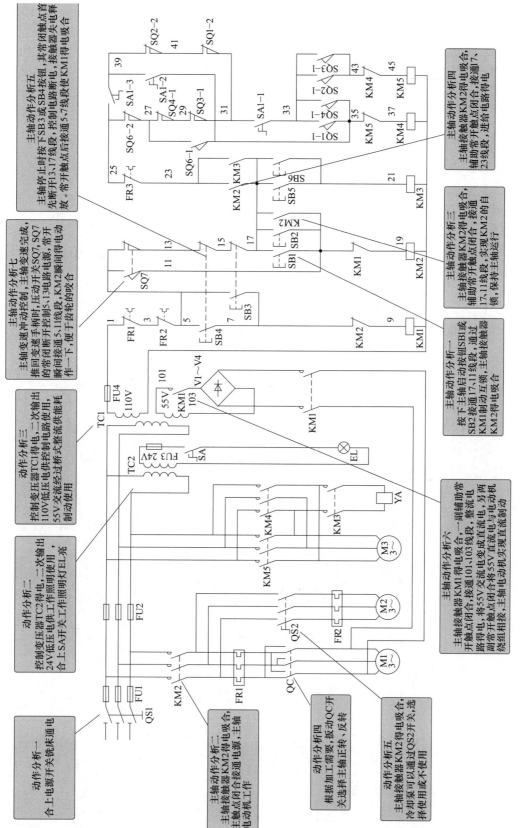

图 7-101 X52K 型立式升降台铣床启动、主轴运行、停止、冲动分析

主轴动作分析五
主轴停止时按下SB3或SB4按钮，其常闭触点断电，控制电路先断开13.17线段，控制电路断开5.13电源通断后，常开触点后后接通5.7线段使KM1得电吸合

主轴动作分析七
主轴变速冲动控制，主轴变速完成，推回变速手柄时，压动开关SQ7，SQ7的常闭触点断开接通5.13电源，常开瞬间接通5.11线段，KM2瞬间得电动作一下，便于齿轮的吸合

动作分析三
控制变压器TC1得电，二次输出110V低压电供控制电路使用，55V交流经过桥式整流床能耗制动使用

动作分析二
控制变压器TC2得电，二次输出24V低压电供工作照明使用，合上SA开关工作照明灯EL亮

动作分析一
合上电源开关铣床通电

主轴动作分析二
主轴接触器KM2闭合接通电源，主轴电动机工作

动作分析四
根据加工需要，扳动QC开关主轴正转、反转

动作分析五
主轴接触器KM2得电吸合，冷却泵可以通过QS2开关，选择使用或不使用

主轴动作分析六
主轴接触器KM1得电吸合，一副辅助常开触点闭合，接通101.103线段，另两路得电，将55V交流变成直流电，另一副常开触点闭合将55V直流电与电动机绕组相接，主轴电动机实现直流制动

主轴动作分析一
按下主轴启动按钮SB1或SB2接通17.11线段，主轴接触器KM1制动互锁，主轴接触器KM2得电吸合

主轴动作分析三
主轴接触器KM2得电吸合，辅助常开触点闭合，接通17.11线段，实现主轴运行锁，保持主轴运行

主轴动作分析四
主轴接触器KM2得电吸合，辅助常开触点闭合，接通7.23线段，进给电路得电

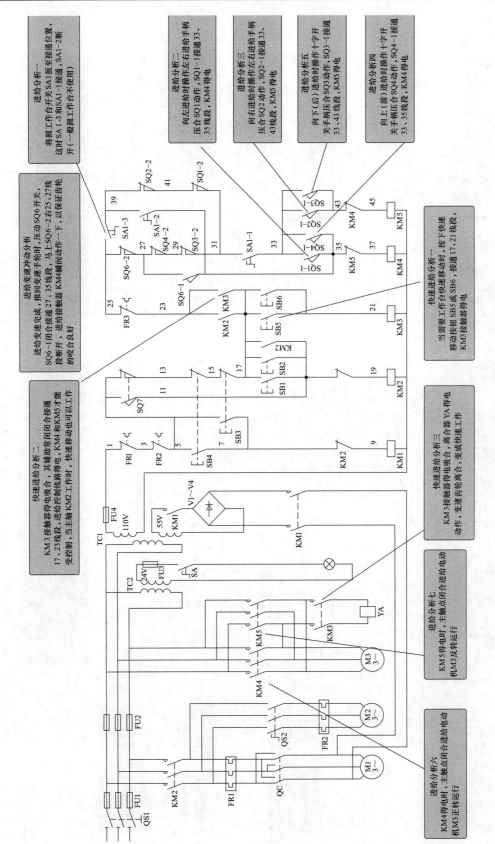

进给分析一
将圆工作开关SA1扳至接通位置，将圆工作进给手柄反至接通位置，这时SA1-3接通，SA1-2断开（一般圆工作台不使用）

进给分析二
向左进给时操作左右进给手柄压合SQ1动作，SQ1-1接通33、35线段，KM4得电

进给分析三
向右进给时操作左右进给手柄压合SQ2动作，SQ2-1接通33、43线段，KM5得电

进给分析五
向下（后）进给时操作十字开关手柄压合SQ3动作，SQ3-1接通33、43线段，KM5得电

进给分析四
向上（前）进给时操作十字开关手柄压合SQ4动作，SQ4-1接通33、35线段，KM4得电

进给变速冲动分析
推回变速手轮时，压动SQ6开关，马上SQ6-2右25、27线段断开，进给接触器得电，KM4瞬间动作一下，以保证齿轮的咬合良好

进给变速冲动分析
进给变速完成，SQ6-1闭合接通27、35线段，SQ6-2接通23、25线段，KM4和KM5才能变速控制，进给移动电可以工作

快速进给分析一
当需要工作台快速移动时，按下快速移动按钮SB5或SB6，接通17、21线段，KM3接触器得电

快速进给分析二
KM3接触器得电吸合，其辅助常闭闭合接通17、23线段，进给控制线路得电，KM4、KM5才能变速控制，当主轴KM2工作时，快速移动电可以工作

快速进给分析三
KM3接触器得电吸合，离合器YA得电动作，变速齿轮离合，变成快速工作

进给分析七
KM5得电时，主触点闭合进给电动机M3反转运行

进给分析六
KM4得电时，主触点闭合进给电动机M3正转运行

图 7-102 X52K 型立式升降台铣床进给、快速、变速冲动分析

七、XS5040 型立式升降台铣床电气控制

XS5040 型立式升降台铣床适用于各种圆柱铣刀、棒状铣刀、角度铣刀和端面铣刀加工平面、斜面、沟槽和齿轮等工件，XS5040 型立式铣床具有很好的刚性和足够的功率，能进行高速铣削和承受重负荷的铣削加工，XS5040 型立式升降台铣床的电气控制原理如图7-103所示。

表 7-18 所示为 XS5040 型立式升降台铣床电气控制主要元件名称及用途。

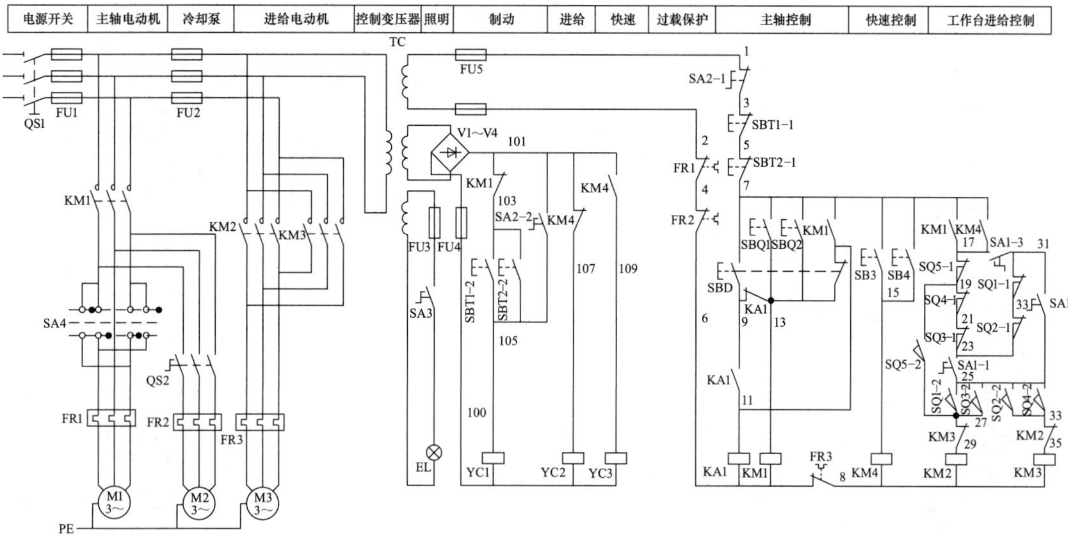

图 7-103　XS5040 型立式升降台铣床的电气控制原理图

表 7-18　XS5040 型立式升降台铣床电气控制主要元件名称及用途

元 件 符 号	名　　称	用　　途
M1	电动机	铣床主轴电动机，刀具工作动力
M2	电动机	冷却泵动力，保证冷却液循环
M3	电动机	铣床工作进给动力
KM1	交流接触器	主轴电动机制动
KM2	交流接触器	进给电动机控制
KM3	交流接触器	进给电动机控制
KM4	交流接触器	快速控制
SBT1、SBT2	按钮	主轴两地停止制动按钮
SBQ1、SBQ2	按钮	主轴两地启动按钮
SB3、SB4	按钮	工作台快速控制
SBD	按钮	主轴冲动控制
QS1	开关	电源开关
QS2	开关	冷却泵开关
YC	电磁离合器	进给、快速离合器
SA1	旋转开关	进给、圆工作台选择开关
SQ1、SQ2	限位开关	工作台左右进给
SQ3、SQ4	限位开关	上下、前后控制
SQ5	限位开关	进给冲动控制
KA1	中间继电器	主轴冲动控制
SA2	旋转开关	主轴换刀开关
SA4	倒顺开关	主轴正反转
V1～V4	二极管	桥式整流电路

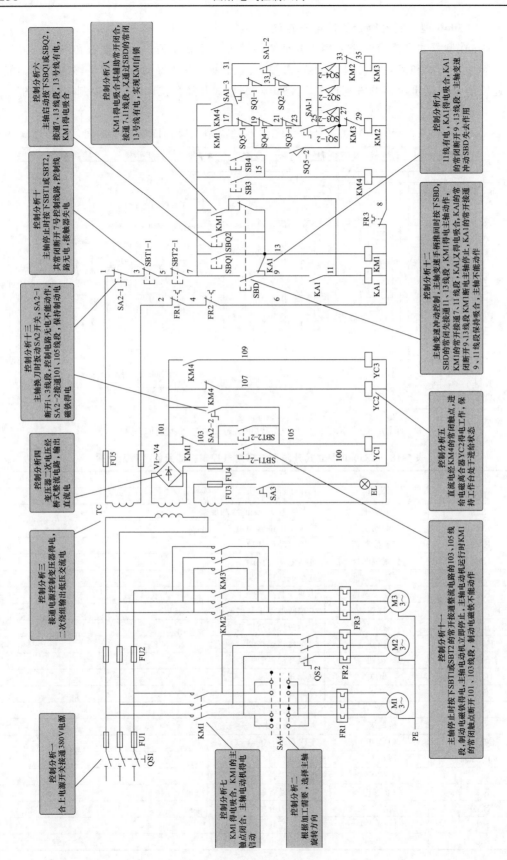

图 7-104　XS5040 型立式升降台铣床主轴电气控制分析

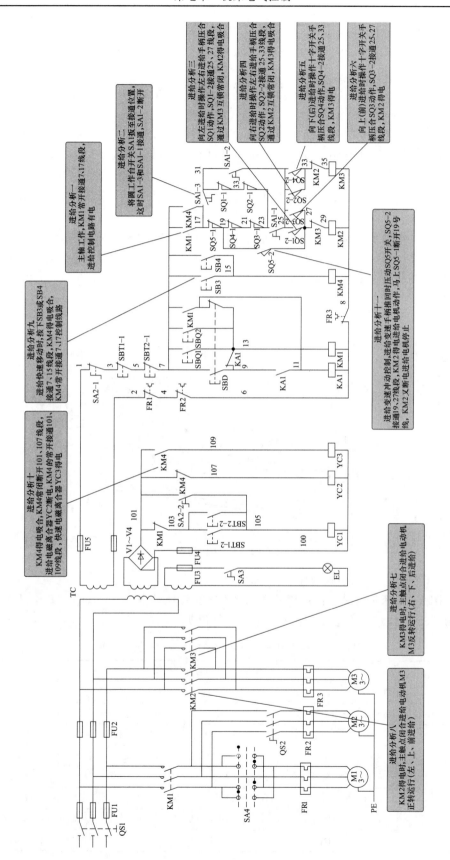

图 7-105 XS5040 型立式升降台铣床进给电气控制分析

进给分析三
向右进给时操作手柄压合
SQ1动作,SQ1-2接通25,27线段,
通过KM3互锁常闭,KM2得电吸合

进给分析四
向右进给时操作手柄压合进给手柄压合
SQ2动作,SQ2-2接通25,33线段,
通过KM2互锁常闭,KM3得电吸合

进给分析五
向下进给时操作十字开关手
柄压合SQ4动作,SQ4-2接通25,33
线段,KM3得电

进给分析六
向上(前)进给时操作十字开关手
柄压合SQ3动作,SQ3-2接通25,27
线段,KM2得电

进给分析一
主轴工作,KM1常开接通7,17线段,
进给控制电路有电

进给分析二
将圆工作台开关SA1扳至接通位置,
这时SA1-3和SA1-1接通,SA1-2断开

进给分析九
进给快速移动时,按下SB3或SB4
接通7~15线段,KM4得电吸合,
KM4常开接通7,17线段,快速电磁离合器

进给分析十一
进给变速冲动控制,进给变速手柄推到时压动SQ5开关,SQ5-2
接通19,27线段,KM2得电进给电机动作,马上SQ5-1断开19号
线,KM2又断电进给电机停止

进给分析十
KM4得电吸合,KM4常闭断开101,107线段,
进给电磁离合器YC2断电,KM4得电吸合,
109线段,快速电磁离合器YC3得电

进给分析七
KM3得电时,主轴点闭合进给电动机
M3反转运行(右、下、后进给)

进给分析八
KM2得电时,主轴点闭合进给电动机M3
正转运行(左、上、前进给)

图 7-104 所示为 XS5040 型立式升降台铣床主轴电气控制分析。

图 7-105 所示为 XS5040 型立式升降台铣床进给电气控制分析。

第六节　镗床电气控制

镗床构造如图 7-106 所示，主要是用镗刀在工件上镗孔的机床，通常，镗刀旋转为主运动，镗刀或工件的移动为进给运动。它的加工精度和表面质量要高于钻床。镗床是大型箱体零件加工的主要设备。

加工特点：加工过程中工件不动，让刀具移动，将刀具中心对正孔中心，并使刀具转动（主运动）。

卧式镗床：镗轴水平布置并作轴向进给，主轴箱沿前立柱导轨垂直移动，工作台作纵向或横向移动，进行镗削加工。这种机床应用广泛且比较经济，它主要用于箱体（或支架）类零件的孔加工及其与孔有关的其他加工面加工。

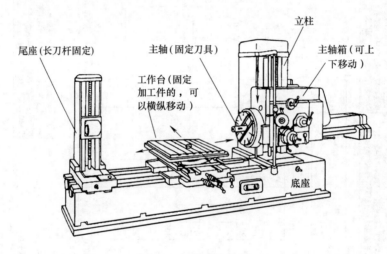

图 7-106　镗床构造图

以下主要讲述 T68 型卧式镗床电气控制。

T68 型卧式镗床是一种广泛应用的镗床，T68 型镗床的电气控制如图 7-107 所示。表 7-19 所示为 T68 型卧式镗床电气控制主要电气元件说明。

表 7-19　**T68 型卧式镗床电气控制主要电气元件说明**

符　号	名称及用途				
QS	电源开关				
KM1～KM5	主轴控制接触器				
	KM1～KM5 主轴接触器工作状态				
KM1	KM2	KM3	KM4	KM5	主轴电动机工作状态
闭合	断开	闭合	闭合	断开	主轴低速正向运行
闭合	断开	闭合	断开	闭合	主轴高速正向运行
断开	闭合	闭合	闭合	断开	主轴低速反向运行
断开	闭合	闭合	断开	闭合	主轴高速反向运行

续表

符　号	名称及用途					
	KM1～KM5 主轴接触器工作状态					
	闭合	断开	断开	闭合	断开	串电阻正向点动运行
	断开	闭合	断开	闭合	断开	串电阻反向点动运行
KM6,KM7	进给电动机正、反转接触器					
SB1	主轴电动机停止制动按钮					
SB2	主轴电动机正转启动按钮					
SB3	主轴电动机反转启动按钮					
SB4	主轴电动机正转点动按钮					
SB5	主轴电动机反转点动按钮					
SQ1	联锁保护行程开关					
SQ2	联锁保护行程开关					
SQ3	主轴变速行程开关					
SQ4	进给变速行程开关					
SQ5	进给变速冲动行程开关					
SQ6	主轴变速冲动行程开关					
SQ7	反向进给快速移动行程开关					
SQ8	正向进给快速移动行程开关					
SQ9	高、低速转换开关					
KS	速度继电器					
KS1	主轴反向制动触点					
KS2	速度限制触点					
KS3	主轴正向制动触点					
KA1,KA2	中间继电器					
TC	控制变压器					
SA	单极工作照明开关					
KT	通电延时型时间继电器					
FR	热继电器主轴电动机过载保护					
FU	熔断器,短路保护					
EL	工作照明灯					
HL	指示灯					
R	限流电阻					

图 7-108 所示为 T68 型卧式镗床主轴低速正向启动控制分析，图 7-109 所示为 T68 型卧式镗床主轴高速正向启动控制分析，图 7-110 所示为 T68 型卧式镗床主轴点动、进给控制分析，图 7-111 所示为 T68 型卧式镗床进给变速控制分析。

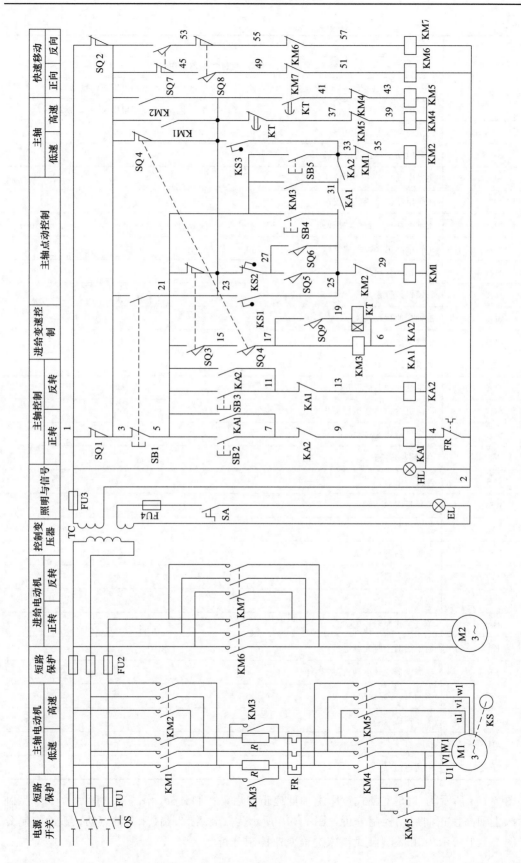

图 7-107 T68 型卧式镗床电气控制原理图

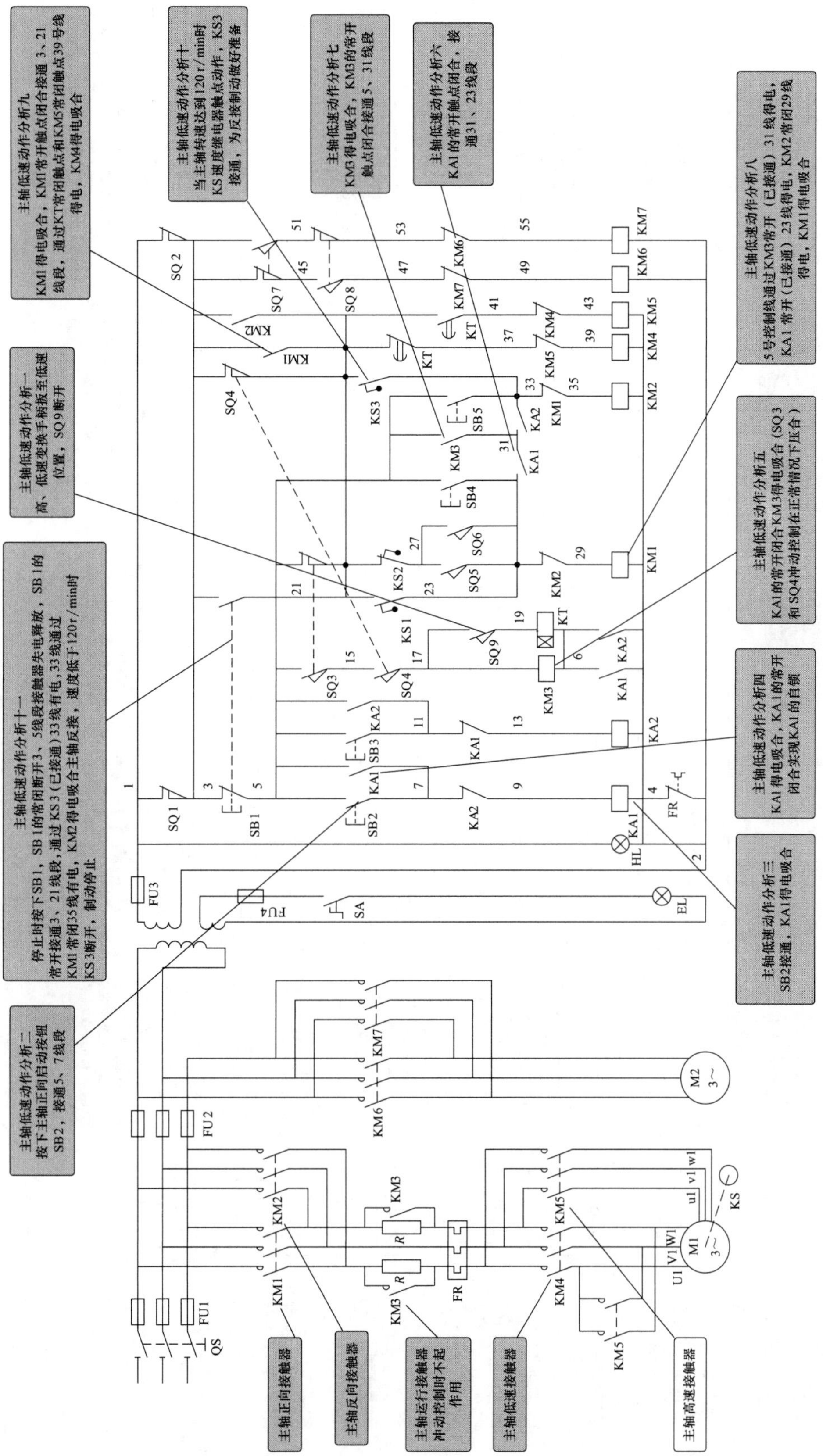
主轴低速动作分析九
KM1得电吸合，KM1常开触点闭合接通3、21线段，通过KT常闭触点和KM5常闭触点39号线得电，KM4得电吸合
主轴低速动作分析十
当主轴转速达到120 r/min时KS速度继电器触点动作，KS3接通，为反接制动做好准备
主轴低速动作分析七
KM3得电吸合，KM3的常开触点闭合接通5、31线段
主轴低速动作分析六
KA1的常开触点闭合，接通31、23线段
主轴低速动作分析八
5号控制线通过KM3常开（已接通）31线得电，KA1常开（已接通）23线得电，KM2常闭29线得电，KM1得电吸合
主轴低速动作分析一
高、低速变换手柄拨至低速位置，SQ9断开
主轴低速动作分析十一
停止时按下SB1，SB1的常闭断开3、5线段接触器失电释放，SB1的常开接通3、21线段，通过KS3（已接通）33线有电，33线通过KM1常闭35线有电，KM2得电吸合主轴反接，速度低于120r/min时KS3断开，制动停止
主轴低速动作分析五
KA1的常开闭合KM3得电吸合（SQ3和SQ4冲动控制在正常情况下压合）
主轴低速动作分析四
KA1得电吸合，KA1的常开闭合实现KA1的自锁
主轴低速动作分析三
SB2接通，KA1得电吸合
主轴低速动作分析二
按下主轴正向启动按钮SB2，接通5、7线段
主轴正向接触器
主轴反向接触器
主轴运行接触器冲动控制时不起作用
主轴低速接触器
主轴高速接触器
QS
FU1
FU2
FU3
FU4
KM1
KM2
KM3
KM4
KM5
KM6
KM7
R
FR
M1
M2
KS
U1
V1
W1
u1
v1
w1
SA
EL
HL
SQ1
SQ2
SQ3
SQ4
SQ5
SQ6
SQ7
SQ8
SQ9
SB1
SB2
SB3
SB4
SB5
KA1
KA2
KT
KS1
KS2
KS3

图 7-108　T68型卧式镗床主轴低速正向启动控制分析

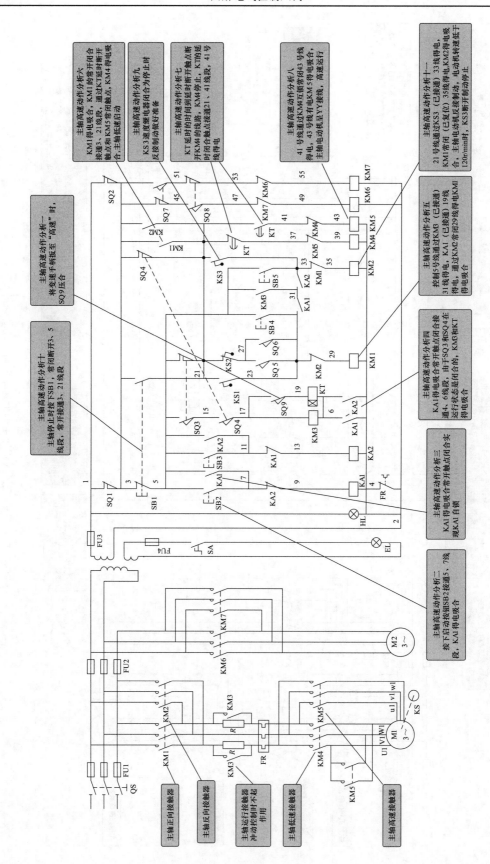

图 7-109 T68 型卧式镗床主轴高速正向启动控制分析

主轴高速动作分析六
KM1 得电吸合，KM1 的常开闭合自锁接通 3、21 线段，通过 KT 延时断开触点和 KM5 常闭触点，KM4 得电吸合，主轴低速启动

主轴高速动作分析七
主轴速度继电器闭合触点为停止时反接制动做好准备

主轴高速动作分析八
KT 延时的时间到到延时断开触点断开 KM4 的线路，KM4 停止，KT 的延时闭合触点接通 21、41 线段，41 号线得电

主轴高速动作分析九
41 号线通过 KM4 反锁得电常带 43 号线得电吸合，43 号线电动机绕组 YY 接线，高速运行

主轴高速动作分析十一
21 号线通过 KS3（已接通）33 线得电，KM1 常闭（已复位）35 线得电吸合，37 线得电，KM2 得电吸合，主轴电动机反接制动，电动机转速低于 120r/min时，KS3 断开停止制动

主轴高速动作分析一
将变速手柄扳至"高速"时，SQ9 压合

主轴高速动作分析五
控制 5 号线通过 KM5（已接通）31 线得电，KA1（已接通）19 线得电，通过 KM2 常闭 29 线得电吸合 KM1 得电吸合

主轴高速动作分析十
主轴停止时按 FSB1，常闭断开 3、5 线段，常开接通 3、21 段

主轴高速动作分析四
KA1 得电吸合常开触点常开闭合接通 4、6 线段，由于 SQ3 和 SQ4 在运行状态是闭合的，KM6 和 KT 得电吸合

主轴高速动作分析三
KA1 得电吸合常开触点常开闭合实现 KA1 自锁

主轴高速动作分析二
按下启动按钮 SB2 接通 5、7 线段，KA1 得电吸合

SQ2
SQ7
SQ8
KM2
KM1
SQ4
KS3
SB5
KM8
SB4
SQ6
KS2
SQ5
SQ9
KT
KA2
KS1
SQ3
SQ4
KM3
SB3
KA2
KA1
SB1
SB2
KA1
KA2
KT
KM6
KM7
KM5
KM4
KM2
KM1
HL
KM7
KM6
KT
KT
FR
EL
SA
FU4
FU3

主轴高速动作分析二
按下启动接钮 SB2 接通 5、7 线段，KA1 得电吸合

主轴正向接触器
主轴反向接触器
主轴运行接触器冲动控制时不起作用
主轴低速接触器
主轴高速接触器

KM2
KM3
KM3
FR
KM4
KM5
KM1
FU1
QS
FU2
M2 3~
M1 3~
KS
R
R

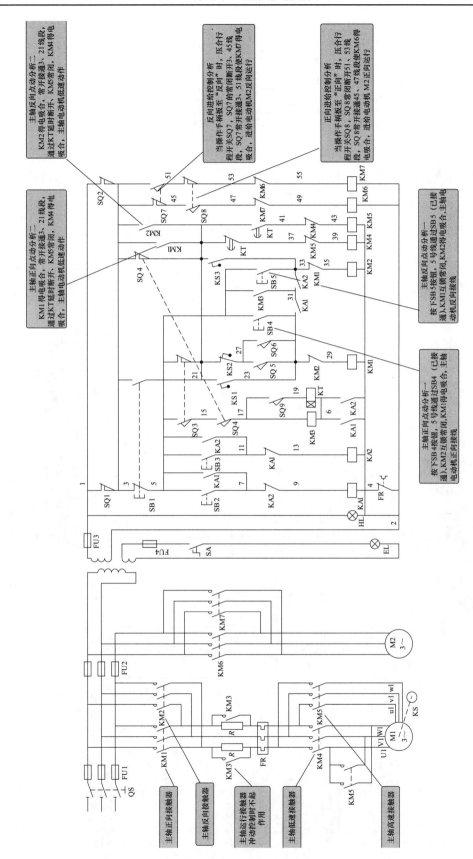

图 7-110　T68 型卧式镗床主轴点动、进给控制分析

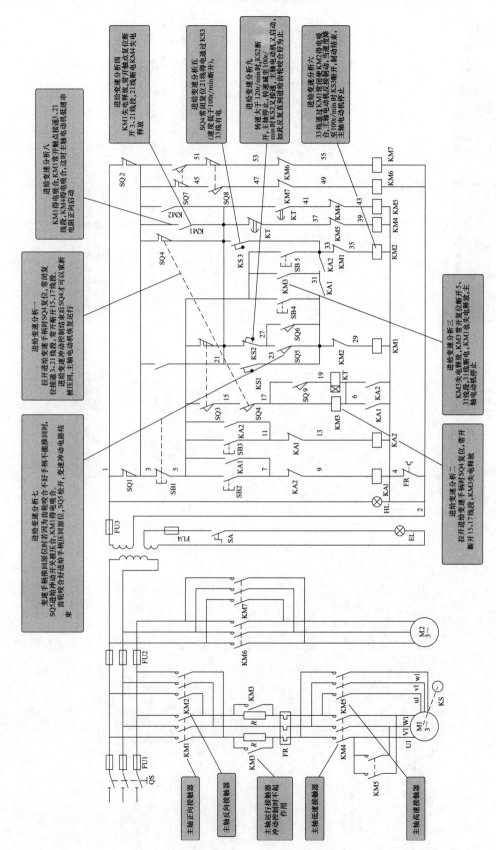

图 7-111 T68 型卧式镗床进给变速控制分析（主轴变速 SQ3 的控制原理与进给变速原理相同）

第七节　工程常用设备电气控制

一、金属圆锯床电气控制

圆锯床是采用圆锯片作为切削工具的切割机床，在冶金和机械制造行业是常用的机床，主要用于各种黑色金属材料型材的锯割，具有性能稳定可靠，操作简单方便，效率高等特点。图 7-112 是圆锯床实物，主要由主轴电动机、液压泵电动机、冷却泵电动机、工件升降和左右移动电动机组成。图 7-113 是圆锯床电气控制原理图。

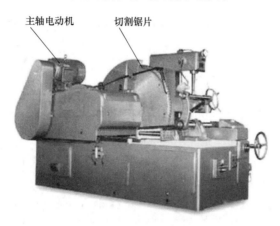

图 7-112　圆锯床实物

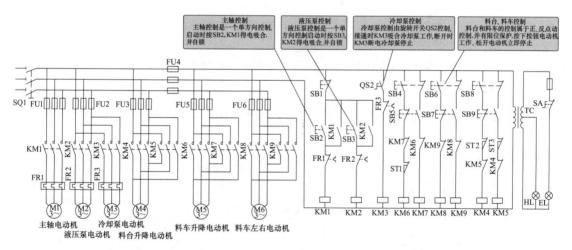

图 7-113　圆锯床电气控制原理图及控制介绍

二、电动葫芦控制电路

电动葫芦是一种轻小型的起重设备，它可以安装在单梁吊车、桥式吊车、门式吊车、悬臂吊车上，在设备维护、安装应用很广泛。图 7-114 是电动葫芦的应用。图 7-115 是电动葫芦的控制原理图。

工作原理如下。

吊钩升降电动机 M1 由 KM1 和 KM2 控制，KM1 是上升接触器，KM2 是下降接触器，吊钩升降采用按钮、接触器双互锁控制电路，上升控制电路中接有 SQ1 限位开关，是防止

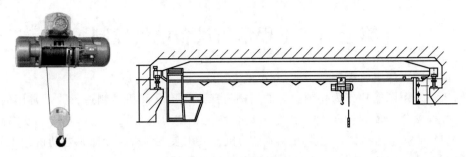

图 7-114　电动葫芦应用

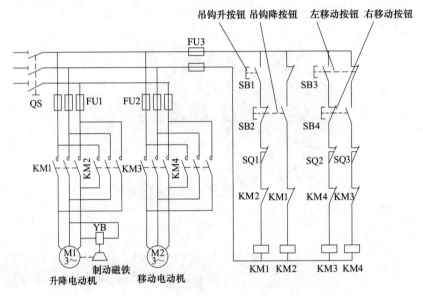

图 7-115　电动葫芦电气控制原理图

吊钩冲顶的。

水平移动电动机 M2 由 KM3 和 KM4 控制，采用的也是按钮、接触器双互锁控制电路，

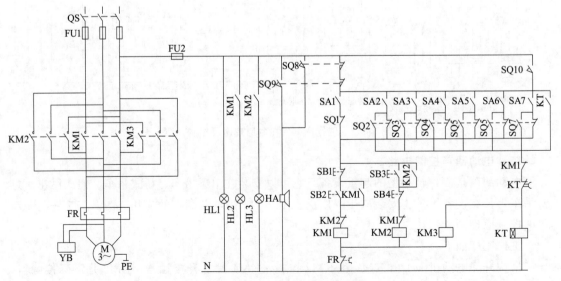

图 7-116　7 层吊篮起重机控制电路

在电路中分别接有 SQ2 和 SQ3 限位保护。

由于电动葫芦是短暂工作，所以只采用熔断器短路保护，没有热继电器过流保护，是防止因为电动机冲动运行电流太大而造成热继电器经常跳闸，影响工作。

三、吊篮式起重机控制电路

吊篮式起重机是建筑工地使用最大的一种运输设备，它可以根据建筑楼层的需要设定多个工作位置，图 7-116 所示是一个 7 层的吊篮起重机控制电路。表 7-20 所示为吊篮起重机控制主要元件。

表 7-20　吊篮起重机控制主要元件

元件符号	名称及作用	元件符号	名称及作用
KM1	上升接触器	SQ8、SQ9	超高限位保护开关
KM2	下降接触器	SQ10	超高解除开关
KM3	反接制动接触器	SQ1～SQ7	楼层位置开关
KT	时间继电器	YB	制动磁铁
SA1～SA7	琴键开关（楼层选择）	HA	警铃
SB1～SB4	按钮		

1. 吊篮上升控制分析

吊篮从 1 层到 5 层工作分析如图 7-117 所示，其他楼层的控制大家可以自己参照分析。

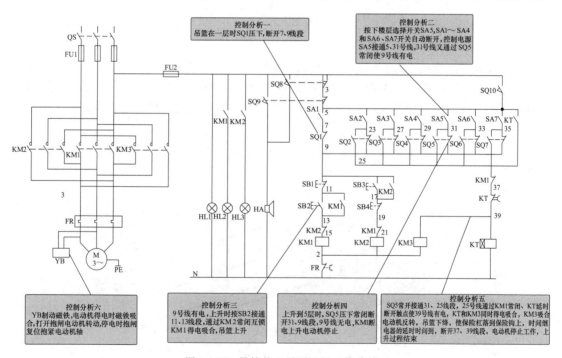

图 7-117　吊篮从 1 层到 5 层工作分析

2. 吊篮下降和超极限控制分析

吊篮从 6 层下降到 3 层工作分析如图 7-118 所示，其他楼层的控制大家可以自己参照分析，如果直接下降到 1 层，可以按下楼层选择开关 SA1，先按 SB2 让吊篮上升脱离保险钩，再按 SB3，使吊篮下降到底层碰压 SQ1，SQ1 的常闭触点断开 7、9 线段，电动机失电停止工作，下降过程结束。

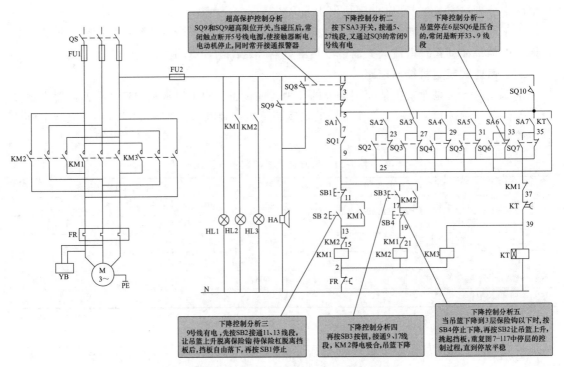

图 7-118 吊篮从 6 层下降到 3 层工作分析

四、大型皮带输送机控制电路

大型皮带输送机是矿山、建筑、仓储业不可缺少的物资输送设备，主要由电动机、变速器、输送皮带、保护部件等组成，电磁分拣器用于挑选物料中的金属杂质，测速开关用以保证传输速度的准确，防偏开关和拉线保护开关是防止运行中输送机打滑或者输送带跑偏。图7-119是大型皮带输送机的示意图。

图 7-120 为大型皮带输送机电气控制原理图，表 7-21 为大型皮带输送机电气控制主要元件说明。

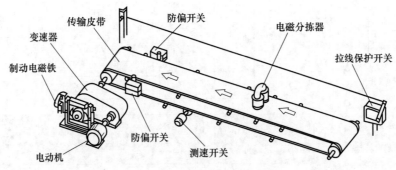

图 7-119 大型皮带输送机示意图

皮带机启动前的准备：合上电源开关 QS，信号灯 HL1 立即点亮，旋转开关 SA 扳至"0"位，接通 1、13 线段，如果各个保护功能完好，13 号线通过 SQ1～SQ4 和 KT2 常闭，使 KA1 得电吸合，KA1 的常闭触点断开 13、25 线段，信号灯 HL4 熄灭，表示设备良好，如果 HL4 信号灯不灭，则表示设备有缺陷，需要检查后再运行，SA 开关同时接通 1、19 线段，TC 变压器投入运行，YA 电磁分拣器工作。

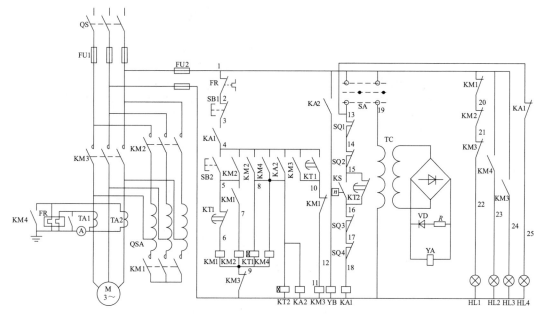

图 7-120 大型皮带输送机电气控制原理图

表 7-21 大型皮带输送机电气控制主要元件说明

符号	名称及作用	符号	名称及作用
KM1	接触器:自耦变压器绕组封星	KT1	时间继电器:启动时间
KM2	接触器:自耦变压器投入	KT2	时间继电器:启动时安全装置的投入
KM3	接触器:电动机全压运行	KA1、KA2	中间继电器
KM4	热继电器暂时退出	KS	速度继电器
TA	电流互感器:检测电动机电流	SQ1	限位开关:左跑偏保护
FR	热继电器:电动机过流保护	SQ2	限位开关:右跑偏保护
SB1	按钮:电动机停止	SQ3、SQ4	限位开关:拉线保护
SB2	按钮:电动机启动	YB	制动电磁铁
SA	旋转开关:保护功能投入、退出	YA	电磁分拣器
QSA	自耦变压器:降压启动	TC	变压器:电磁分拣电源

运行操作时先 KM2 和 KM4 吸合变压器投入运行,KM4 吸合短路热继电器,使过流保护暂时退出,待电动机运行后再打开,热继电器投入运行。HL2 和 HL3 是运行指示灯。运行操作分析如图 7-121 所示。

五、电动阀门控制电路

电动阀门是靠电动机的旋转开启和关闭的,是一种可以远距离操作又可人工操作的阀门,电动阀门的实物如图 7-122 所示,电动阀门的控制电路由三部分组成:主电路、控制电路和能耗制动电路。主电路包括电源开关 QF,交流接触器 KM1 和 KM2 的主触点,热继电器 FR 和三相电动机。控制电路包括控制按钮 SB1~SB5,变压器 T1、T2,信号灯 HL1 和 HL2,闪光开关 S1 和 S2,状态选择开关 SA1,限位开关 SQ1 和 SQ2 等。能耗制动电路包括了桥式整流电路、制动限流电阻 R、滤波储能电容器 C 和制动接触器 KM3。电动阀门的控制原理如图 7-123 所示。

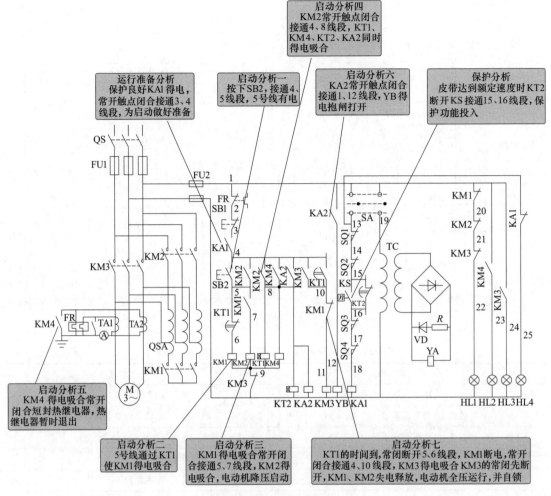

运行准备分析
保护良好KA1得电，
常开触点闭合接通3、4
线段，为启动做好准备

启动分析一
按下SB2，接通4、
5线段，5号线有电

启动分析四
KM2常开触点闭合
接通4、8线段，KT1、
KM4、KT2、KA2同时
得电吸合

启动分析六
KA2常开触点闭合
接通1、12线段，YB得
电抱闸打开

保护分析
皮带达到额定速度时KT2
断开KS接通15、16线段，保
护功能投入

启动分析五
KM4 得电吸合常开
闭合短封热继电器，热
继电器暂时退出

启动分析二
5号线通过KT1
使KM1得电吸合

启动分析三
KM1得电合常闭
合接通5、7线段，KM2得
电吸合，电动机降压启动

启动分析七
KT1的时间到，常闭合5、6线段，KM1断电，常开
闭合接通4、10线段，KM3得电吸合 KM3的常闭先断
开，KM1、KM2失电释放，电动机全压运行，并自锁

图 7-121　运行操作分析

图 7-124 所示为电动阀门开启、关闭控制分析。

六、两台水泵互为备用控制电路

水泵是大型建筑内必备的水源保障设备，为了保证水源的可靠性，往往是采用两台水泵互为备用的控制方式，这样可以有效地防止因为一台水泵出现故障，造成用水问题，图 7-125 是一种两台水泵互为备用的控制电路，这个电路可以通过转换开关 SA 实现对两台水泵的手动控制和自动控制。SA 开关触点连通状态见表 7-22。

图 7-125 中的几个特殊功能元件介绍：以低位集水箱为例设定水位控制，如果是高位水箱。水位控制正好相反。

SL1——上水位液面控制器，当达到水箱高位时接通。

SL2——下水位液面控制器，当达到水箱低位时断开。

图 7-122　电动阀门

SL3——水位溢出液面控制器，当水箱水位已满，即将溢出时开关闭合。

SB5——报警试验按钮，供检修时使用。

SB6——报警电铃解除按钮。

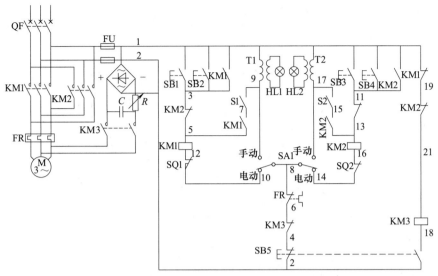

图 7-123　电动阀门的控制原理图

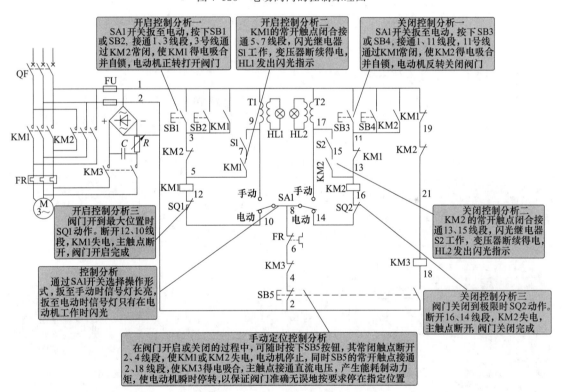

图 7-124　电动阀门开启、关闭控制分析

表 7-22　SA 开关触点状态与水泵运行

水泵运行	SA 开关对应的触点状态					
	5-6	11-12	3-4	7-8	1-2	9-10
1#用 2#备	断开	接通	断开	断开	断开	接通
手动	接通	断开	断开	接通	断开	断开
2#用 1#备	断开	断开	接通	断开	接通	断开

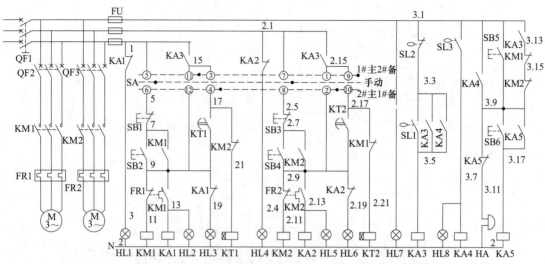

图 7-125　两台水泵互为备用电气控制原理图

手动和水位控制分析如图 7-126 所示。

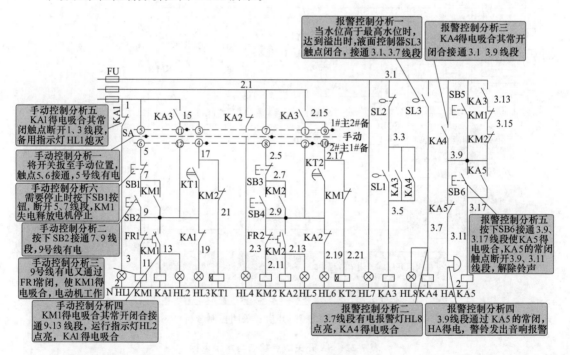

图 7-126　手动和水位控制步骤分析

　　自动控制以 1♯水泵使用 2♯水泵备用为例进行控制步骤分析（见图 7-127），2♯水泵使用 1♯水泵备用的控制分析大家可以参照自己练习分析。

七、混凝土搅拌机电气控制电路

　　混凝土搅拌机是建筑工地上必用的机械设备，主要由三个电动机配合完成混凝土搅

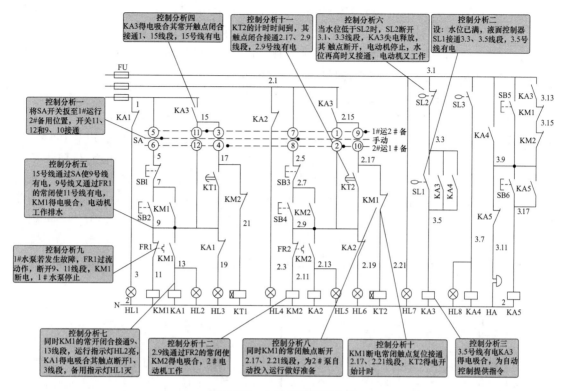

图 7-127 自动控制步骤分析

拌工作。搅拌电动机正转时完成混凝土的搅拌，反转时出料。上料电动机负责进料斗的上升和下降。供水电动机由时间继电器控制定量供水。图 7-128 是混凝土搅拌机的电气控制原理图。

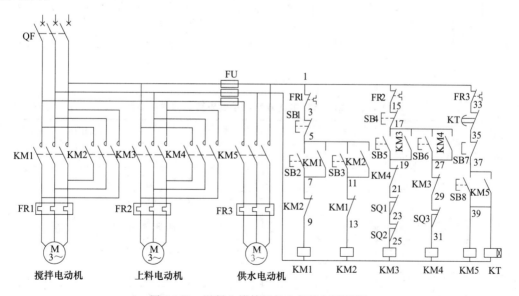

图 7-128 混凝土搅拌机的电气控制原理图

混凝土搅拌机的电气控制并不复杂，搅拌电动机由 KM1 和 KM2 控制，KM1 正转搅拌混凝土，KM2 反转搅拌好的混凝土出料。KM3 和 KM4 是料斗的升降控制，KM3 料斗上升时采用双重上限保护 SQ1 和 SQ2，KM4 料斗下降由 SQ3 下限保护。供水水泵由 KM5 控制，当按下 SB8 时，接通 37、39 线段，39 号线有电，KM5 得电吸合，水泵控制向搅拌机内供水，同时 KT 时间继电器得电开始计时，时间到 KT 的延时断开触点断开 33、35 线段，KM5 失电释放，供水停止，通过时间保证供水量的一致。

八、防火电动卷帘门控制电路

防火电动卷帘门的电气控制原理如图 7-129 所示，电路分成两部分，主回路采取 380V 电动机电路，控制回路采用低电压控制，这是为了更便于与电子监控设备连接。防火卷帘门落下分隔事故区域，阻止火势的蔓延。当建筑内发生火情时，电动机防火门采取两次落下的方式隔离区域。第一次是由感烟探测器发出控制信号，卷帘门下落距地面 1.2m（或 1.5m）位置停止，用以防止烟雾扩散到另一防火区域；第二次是由温度探测器发出控制信号，直接下落到地面，以阻止火势的蔓延，并分别报警和将动作信号传到消防控制中心。

表 7-23 所示为防火电动卷帘门控制电路元件说明。控制分析如图 7-130～图 7-132。

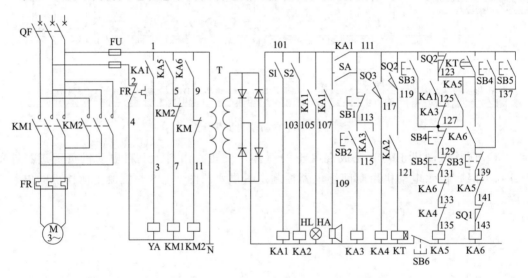

图 7-129　防火电动卷帘门控制电路原理图

表 7-23　防火电动卷帘门控制电路元件说明

元件符号	名称及作用	元件符号	名称及作用
S1	感烟传感器开关	SQ2	限位开关：第一位置停止
S2	温度传感器开关	SQ3	限位开关：到底停止
HA	警铃	YA	电磁铁：门帘电锁
SA	卷帘门下降手动控制开关	KM1	电动机正转接触器（下降）
SB1、SB2	按钮：手动下降锁定	KM2	电动机反转接触器（上升）
SB3	按钮：手动下降	KA1～KA6	中间继电器
SB4、SB5	按钮：手动上升	KT	通电型时间继电器
SB6	按钮：手动上下停止	T	变压器
SQ1	限位开关：上升限位保护	HL	报警指示灯

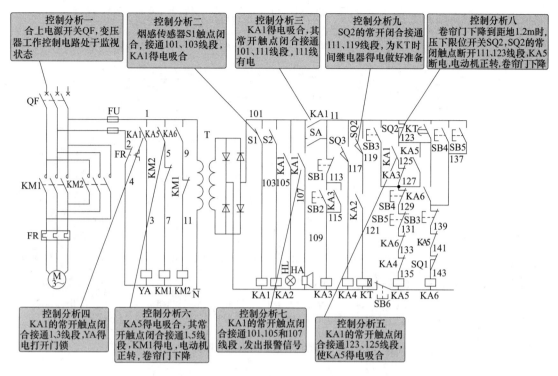

图 7-130　防火电动卷帘门控制分析一（烟感控制）

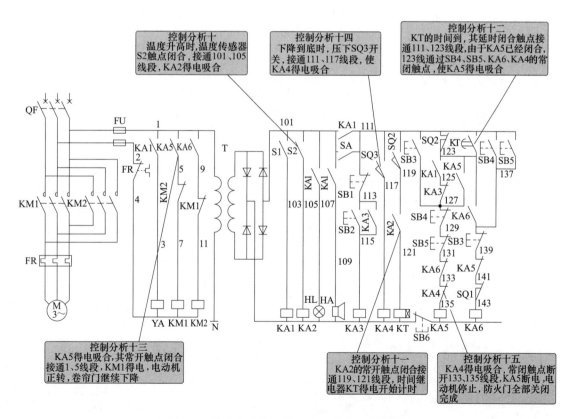

图 7-131　防火电动卷帘门控制分析二（温度控制）

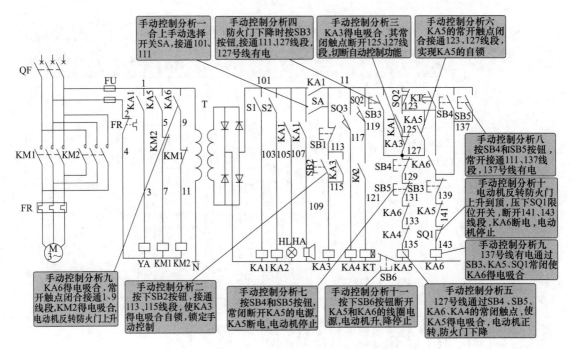

图 7-132 防火电动卷帘门手动控制分析

参 考 文 献

[1] 王敏. 实用电工电路图集. 北京：中国电力出版社，2004.

[2] 王礽忠. 怎样看电气线路图. 福州：福建科学技术出版社，2001.

[3] 李响初. 实用机床电器控制线路200例. 北京：中国电力出版社，2009.

[4] 杨伟. 电气控制图识读快速入门. 北京：化学工业出版社，2010.